室内环境与健康丛书

建筑潮湿与
儿童过敏性疾病

喻　伟　李百战　杜晨秋　姚润明　著
杨　旭　主　审

中国建筑工业出版社

图书在版编目（CIP）数据

建筑潮湿与儿童过敏性疾病/喻伟等著．—北京：中国建筑工业出版社，2022.10
（室内环境与健康丛书）
ISBN 978-7-112-27257-0

Ⅰ.①建…　Ⅱ.①喻…　Ⅲ.①潮湿-室内环境-关系-小儿疾病-变态反应病-研究　Ⅳ.①X503.1 ②R725.9

中国版本图书馆CIP数据核字（2022）第054859号

本书阐述了保障儿童健康的重要意义，介绍了室内环境与儿童健康完备的研究方法和数据分析方法，梳理了住宅建筑室内环境特性与潮湿特征，分析影响住宅潮湿的相关影响因素，分析了住宅室内潮湿与儿童过敏性疾病的关系，探究出室内环境和住宅通风与儿童过敏性疾病的相关性。最后基于上述研究结果，通过动物试验探究了室内潮湿环境暴露的分子生物学机理，通过建立哮喘动物模型、构建潮湿和其他室内污染物的耦合暴露，探究潮湿在机体过敏性疾病发病中的作用。本书涉及室内环境、通风空调、医学、生物学等诸多学科，可供相关专业的研究人员、工程技术人员等参考。

责任编辑：齐庆梅
文字编辑：胡欣蕊
责任校对：姜小莲

室内环境与健康丛书
建筑潮湿与儿童过敏性疾病
喻　伟　李百战　杜晨秋　姚润明　著
杨　旭　主　审

*

中国建筑工业出版社出版、发行（北京海淀三里河路9号）
各地新华书店、建筑书店经销
北京科地亚盟排版公司制版
北京建筑工业印刷厂印刷

*

开本：787毫米×1092毫米　1/16　印张：13¾　字数：326千字
2022年9月第一版　2022年9月第一次印刷
定价：**58.00**元

ISBN 978-7-112-27257-0
（39064）

序

党的十九大报告提出“实施健康中国战略”，指出要为人民群众提供全方位、全周期的健康服务，并将建设健康环境列为五大重点任务之一。2020 年 6 月 2 日，习近平总书记强调“要推动将健康融入所有政策，把全生命周期健康管理理念贯穿城市规划、建设、管理全过程各环节”。2020 年 7 月 15 日，住房和城乡建设部等七部委下发《关于印发绿色建筑创建行动方案的通知》，指出“提高建筑室内空气、水质、隔声等健康性能指标，提升建筑视觉和心理舒适性”，推动健康建筑发展，服务健康环境建设，保障人民身心健康，是住房和城乡建设工作的重要内容。

近几十年来，世界范围内哮喘、鼻炎、湿疹（过敏性和非过敏性）患病率尤其是儿童患病率显著增长，室内环境的变化被怀疑是重要原因。儿童占我国总人口的 28.9%，是社会的财富、国家的未来。因此，在健康中国发展战略下，以人为本，关注室内环境对儿童健康影响，有效预防和降低儿童过敏性疾病发生，将是建筑行业深层次发展的需求，对于健康城市建设和健康中国目标的实现都具有重要意义。

建筑潮湿是影响室内环境质量的重要因素。欧洲、北美和亚洲多个国家的研究都发现，建筑潮湿表征（霉点湿点、窗户凝水、水损、发霉气味等）与儿童哮喘及过敏性症状（喘息、咽喉痛和流鼻涕）之间有着显著的相关性。2010 年 11 月，重庆大学李百战教授和清华大学张寅平教授，以及瑞典学者 Jan Sundell 教授，率先发起了中国室内环境与儿童健康研究项目（CCHH：China，Children，Homes，Health），成立了以重庆大学、清华大学为首，由东南大学、哈尔滨工业大学、华中师范大学、上海理工大学 、西安建筑科技大学和中南大学八所大学组成的 CCHH 联合研究团队（后来陆续加入的大学还有华南理工大学、山西大学、复旦大学、中国石油大学、新疆医科大学、宁波工程学院、香港大学等），在全国开展了“中国室内环境与儿童健康”流行病学调研，系统地研究遗传（内因）及环境（外因）因素对儿童哮喘及过敏性疾病的影响。

本书有一半以上的内容是来自 CCHH 研究团队成果，特别是其中的“潮湿”和“过敏性疾病”相关性研究。全书共分为 7 个部分，包括绪论、室内环境与儿童健康的流行病学研究方法、住宅建筑室内环境与儿童健康、住宅室内潮湿暴露对儿童过敏性疾病的影响、建筑潮湿对儿童过敏性疾病影响的追踪研究、室内潮湿环境下空气霉菌暴露对儿童健康影响、室内潮湿暴露的分子生物学机理。值得一提的是，本书还展示了作者课题组所从事的一系列分子生物学机理研究，他们力争在分子水平上揭示建筑室内热环境与儿童健康关系的神秘面纱，提出基于人体健康舒适的室内环境营造方法，这对创建“以人为本”的人居环境至关重要。

通过对著作内容的了解，本人荣幸地为本书作序。这本专著不但是一本很好的理论书，而且也是一本能够指导科研工作的工具书。希望相关的研究工作不断地进行下去，为中国儿童的健康做出更大的贡献。

健康建筑产业技术创新战略联盟理事长
中国建筑科学研究院有限公司副总经理

前　言

室内环境是人类生存和进行各种活动的重要场所，随着社会经济和人类文明的不断发展，人类从事各种社会活动的场所逐渐集中在室内，每天70%～90%的时间在室内度过。2020年因新冠肺炎疫情，人们居家隔离，长时间置身于建筑室内环境，建筑室内环境与人类关系更加密切，人们更加深刻地意识到室内环境的极端重要性。

2017年10月18日，习近平同志在党的十九大报告中提出“实施健康中国战略”的发展战略，提出人民健康是民族昌盛和国家富强的重要标志，要完善国民健康政策，为人民群众提供全方位全周期健康服务。2019年7月，国务院印发《国务院关于实施健康中国行动的意见》，成立健康中国行动推进委员会，出台《健康中国行动组织实施和考核方案》，保障人民健康已经成为重要的社会问题。儿童早期作为成长发育的黄金期，对未来人生成长发展具有十分重要的作用，关系到国家和民族的未来。儿童阶段由于发育不完全，室内不良环境更容易侵害儿童健康。国际儿童哮喘及过敏研究机构在世界范围内对近50万名儿童进行调查，表明儿童哮喘、鼻炎和湿疹的患病率在全球大部分范围内仍在不断提高，儿童健康问题与颗粒物、甲醛、挥发性有机物、半挥发性有机物、真菌等室内污染物息息相关。究竟什么因素会影响室内环境，室内不同污染物是如何影响儿童健康的，室内多种环境因素是否对儿童过敏性疾病有协同作用，室内各环境因素及污染物水平在什么范围内对儿童不造成危害等，这些问题已经成为建设健康建筑、制定健康建筑标准的重要课题，是关系到每个家庭和国计民生的重要社会问题，也是室内环境与健康领域亟待解决的难题。

建筑潮湿是影响室内环境质量的重要因素，建筑潮湿表征（霉点湿点、窗户凝水、水损、发霉气味等）与儿童哮喘及过敏性症状（喘息、咽喉痛和流鼻涕）之间有着显著的相关性。本书是笔者及团队多年研究成果的归纳总结，本书分为7章，主要调研了2010年及2019年儿童住宅室内环境状况、人员生活习惯状况、儿童过敏性疾病患病状况、住宅室内污染物浓度情况及室内霉菌浓度情况，探究了室内环境与儿童过敏性疾病间的关系，理清了针对儿童过敏性疾病的室内风险/保护因素清单，建立了室内环境与儿童过敏性疾病的关联模型，对比了这十年间住宅室内环境与儿童过敏性疾病患病率的变化情况，同时，本书从分子机理的角度探究了室内多种因素联合暴露对过敏性疾病的影响。本书汇集了近十几年来室内环境与儿童健康方面的最新研究成果、研究热点及研究进展。本书可为室内空气质量与健康方向的研究提供理论、方法和技术上的参考。

本书由重庆大学喻伟、李百战、杜晨秋、姚润明著。撰写过程中，中国室内环境与儿童健康项目参加单位（包括重庆大学、清华大学、上海理工大学、华中师范大学、复旦大学、中南大学、东南大学、西安建筑科技大学、哈尔滨工业大学、华南理工大学、山西大学、中国石油大学、新疆医科大学等）给予了极大的支持和帮助，来自不同单位的中国室内环境与儿童健康项目组成员也提出了众多宝贵建议和意见。本书成稿过程中，蔡姣、郭淼、张彦、程丹丹、郭瑞、孙誉琦、杨婷参加了资料收集整理、格式调整和撰写等工作。本书编写过程中参考引用了世界各国研究人员在该领域的最新研究成果，包括一些知名专家的著作、国际权威期刊论文等，使本书内容得以充实、提高。在此，谨向以上同行专家及人员表示诚挚的谢意。在编撰、出版过程中，中国建筑工业出版社给予了大力支持和帮助，特别是齐庆梅编审、胡欣蕊编辑在整个编写和出版过程中给予了热情的帮助，在此一并表示衷心感谢！

由于室内环境与健康领域涉及交叉学科，内容丰富，跨度大，难免遗漏一些信息。由于时间仓促和作者水平所限，错误和不妥之处在所难免，恳请广大读者批评指正！

目　录

第1章

绪　论

1.1　健康中国发展战略与儿童健康重要性

2015年，党的十八届五中全会提出“推进健康中国建设”，2016年，中共中央国务院印发并实施《“健康中国2030”规划纲要》，要求以提高人民健康水平为核心，以普及健康生活、优化健康服务、完善健康保障、建设健康环境、发展健康产业为重点，推行健康文明的生活方式，营造绿色安全的健康环境。纲要明确把健康教育纳入国民教育体系，把健康教育作为所有教育阶段素质教育的重要内容，对加强健康校园建设提出了新要求。2017年，党的十九大报告提出“实施健康中国战略”，2019年健康中国行动推进委员会成立，并印发《健康中国行动（2019—2030）》，2020年习近平主席明确了当前构建公共卫生体系，健全预警响应机制的重要性，提出要建立公共卫生机构和医疗季候协同监测机制、健全突发公共卫生事件应对预案体系，要深入开展卫生应急知识宣教。以上政策的颁布和实施标志着我国已将民众的健康和环境的健康放在了举足轻重的位置。

科学技术部在“十三五”重点科研专项“绿色建筑与工业化”中，将健康城市、健康建筑的发展列为重点内容，同时科学技术部也将进一步加大对环境与健康科研的支持力度。住房和城乡建设部《建筑节能与绿色建筑发展“十三五”规划》中提出要“以人为本”“满足人民群众对建筑舒适性、健康性不断提高的要求”。住房和城乡建设部也提出了绿色建筑的深层次发展方向，加强健康建筑在中国的发展，制定了健康建筑发展策略与标准体系。健康建筑致力于追求可以支持人类健康和舒适的建筑环境，改善人类身体健康、心情、舒适、睡眠等因素，鼓励健康、积极的生活方式，减少化学物质和污染物的危害，发展健康建筑需以健康为核心、以使用者的实际满意度为重点，提升建筑的品质，引领我国绿色建筑达到更高的目标。

国内外研究表明，儿童比成年人在室内停留的时间更长，儿童呼吸量按体重比成人高50%，单位体重暴露量更大。室内环境尤其是住宅内环境（包括幼儿园室内环境）中的污染暴露被认为在发生和加重儿童哮喘和过敏过程中具有巨大影响。另外一方面，儿童机体免疫能力仍处于逐步完善阶段，较成人而言，免疫力稍低下，对病毒、细菌等致病能力强的外来病原体抵抗能力弱，容易引起感染。除此以外，由于儿童整体免疫屏障、机体调节能力尚未完善，对外源性刺激更是敏感。上述特征决定了儿童发生呼吸道感染性疾病的机会多，其中以感冒发烧、咳嗽、支气管炎、哮喘、肺炎等疾病最为常见。

近几十年来，世界范围内哮喘、鼻炎、湿疹（过敏性和非过敏性）患病率尤其是儿童患病率显著增长，室内环境的变化被怀疑是重要原因。过去20年，中国的室内环境经历了举世瞩目的巨大变化，人们承受了很多前所未有的（室内）环境污染暴露，它们与日趋严重的儿童哮喘及其他过敏性疾病之间被怀疑存在着很强的关联。

儿童占我国总人口的28.9%，今天的儿童就是21世纪社会主义现代化建设的主力军。因此，在健康中国发展战略下，以人为本，关注儿童健康，将是建筑行业深层次发展的重要方向。

1.2 建筑室内潮湿与儿童过敏性疾病

1.2.1 建筑室内潮湿特征

目前，国内外研究对建筑室内潮湿环境并没有统一的定义，建筑潮湿问题的成因也不尽相同。室内潮湿，简言之，指室内存在多余水分，这些水分通过墙壁、地面、屋顶、水管等途径进入或渗漏入室，即水分渗透，如图1-1(a)所示为建筑常见渗透部位，图1-1(b)为常见室内水分致因，同时，一些建筑由于水泛滥造成的损害也会造成可见或潜在的建筑潮湿问题，一般统称为水损。导致室内潮湿的原因有很多，诸如雨水渗漏，建筑基线高度过低，土壤的排水能力差，室外高湿气候特征。2000年瑞典的DBH（Dampness in Building and Health）研究表明，建筑室内潮湿与室外气候特征密切相关，处于热带气候地区中的建筑出现霉斑的概率为23%～79%，气候寒冷地区的建筑出现潮湿特征的概率为4%～25%。此外，建筑朝向设计不合理，施工不当，建材水分含量高，建筑本身存在问题（水损，渗透），通风不佳等，都可能导致潮湿问题。建筑潮湿会在建筑围护结构（墙、窗等）和室内空气质量产生显著的可视和可感知的表征，例如霉点、霉斑、湿点、窗户凝水、发霉气味等。近年来，由于建筑节能意识的倡导和推进，越来越多的建筑减少了通风或者增加了建筑的密闭性，导致潮湿问题日益严重。

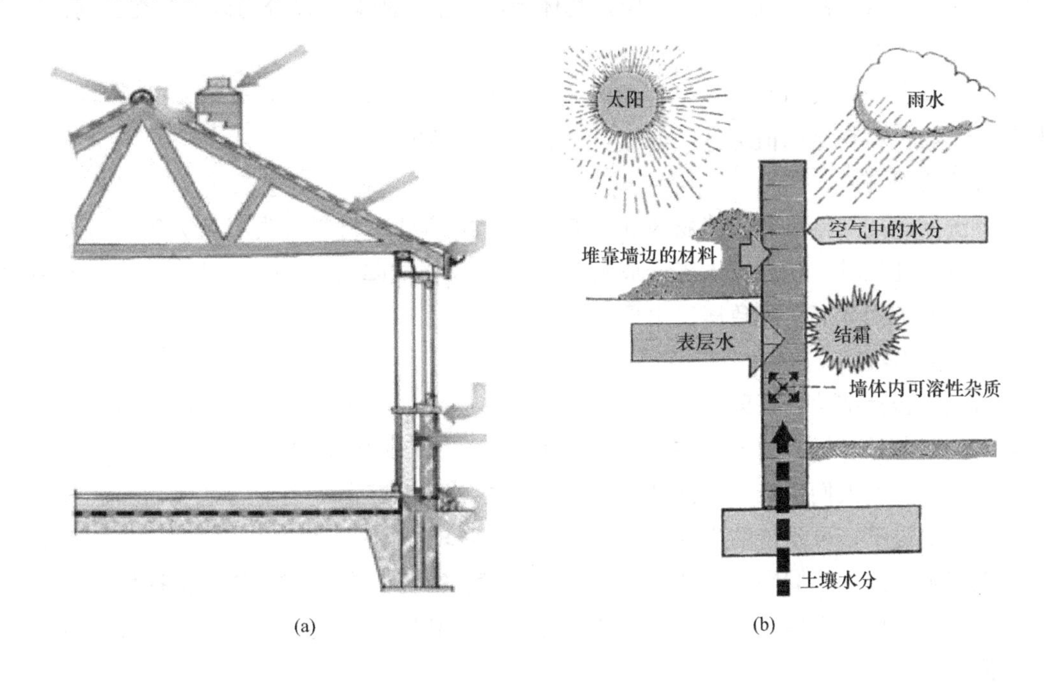

图1-1 导致室内潮湿的原因

(a) 建筑常见渗透部位；(b) 常见室内水分致因

建筑墙体内的水分转移相当复杂，例如吸附、蒸发、扩散、渗透以及毛细管作用等。尽管水分迁移过程多种多样，但建筑水分迁移的本质可概括为“从高向低扩散”（High-low diffusion）原则，由 Addleson 和 Rice 于 1991 年提出，如图 1-2 所示：室内初始的高热高湿状态最终将变化为室内、室外温度接近且室内水分向室外扩散。一般来讲，建材、设备等在较为干燥的环境下更为经久耐用，但人们对室内相对湿度的舒适范围是 40%～65%，湿度过低可能导致空气干燥引起人体不适，而当空气湿度超过 70%时，则可能导致建筑材料表面吸收过多的水分，导致室内微生物繁殖。一般只有当空气湿度超过 80%，居民才能看出材料表面明显潮湿，并意识到室内潮湿问题。

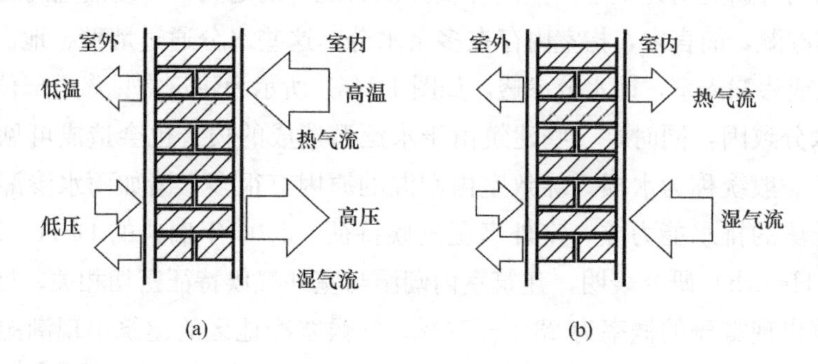

图 1-2　潮湿从低向高扩散示意
(a) 房间初始状态；(b) 房间最终状态

室内潮湿可引发一系列的问题，诸如木材类物品腐烂，金属固定装置锈蚀，电气设备、地毯和家具等损坏，地板和墙壁出现霉斑，墙皮脱落，油漆褪色、起泡，风化现象等，缩短建筑寿命甚至危害居民健康。总体来讲，室内潮湿可以分为以下 3 类影响：

1. 物理影响

建筑潮湿问题会引起众多物理性影响，比如建筑冻结、解冻过程的反复循环，木材朽烂、水斑，材料绝缘值降低，电气设备使用出现隐患等。

2. 化学影响

潮湿问题的加剧可致使建材风化、有色金属的腐蚀、材料丧失凝聚力等。另外，室内潮湿可促使家具、建材、人工合成材料中的化学物质降解（PVC 地板），散发出刺激性气味、有害气体等，导致居民出现过敏反应。

3. 生物影响

微生物包括细菌、真菌、病毒，动物身上的皮屑，尘螨等在内的一百多种生物的统称，它们以各种各样的形式存在于人们的生活中。大气中的微生物主要来源于动物、植被、土体，以及人们生产生活活动等方面，人类本身也携带有大量的微生物。这些微生物在特定前提下，可维持的生存时间和致病性相对较长。

潮湿可导致人体周围环境恶化，为室内尘螨、霉菌、有毒孢子的繁衍提供温床，带来大量病毒，增加人体感染的机会，还会导致虫蛀和腐烂问题，增强细菌、霉菌对人体的暴露程度。

室内外气体交换就是微生物的一个主要来源，通过大气流动使飘浮在气体环境中的尘土及其吸附的微生物由户外进到户内，最终导致室内微生物污染。由于室内空间相对闭塞，空调的使用、浴室潮湿、家具潮湿、被褥潮湿以及宠物的喂养等是造成室内微生物污染的第二个来源。此外，人员本身在打喷嚏、咳嗽的时候会喷出大量携带病原微生物的飞沫，这些飞沫在空气中传播时会附着在空气中其他的微生物上，进而危害人体健康。

Haverinen认为潮湿与建筑的破坏程度与居民健康之间存在显著剂量关系[1]。该研究第一阶段，经过培训的检查人员实地检测获取潮湿数据，同时通过问卷调研获取潮湿及居民健康数据。第二阶段，选取部分受潮家庭和非受潮家庭，再次实地检测，查看受潮家庭潮湿的破坏情况（如查看潮湿发生的地点、损坏的建筑结构、受潮时间、受潮面积等），将其与非受潮家庭进行比较。根据Haverinen的研究，室内潮湿可分为8种情况，如表1-1所示。

常用潮湿研究分类表 表1-1

		潮湿分类					
		0	1	2	3	4	5
1	二分类潮湿	未受潮	受潮	—	—	—	—
2	按受潮地点	—	建筑外表面	室内非起居室区域	起居室	—	—
3	潮湿面积	—	0～1m^2	1～4m^2	＞4m^2	—	—
4	受潮时间	—	0～3年	3～10年	＞10年	—	—
5	潮湿观察结果	—	顶部潮湿	其他表征	可见霉斑	—	—
6	受潮程度	—	微量潮湿	表面受潮	内部结构受潮	建筑基架受潮	受潮严重
7	潮湿处理	—	已处理	不知道	未处理	—	—
8	受潮结构位置	—	顶层房间地板	除顶层外的上层房间地板	一楼地板	隔墙	外墙

目前来讲，国内外研究对潮湿的研究方法和手段主要包括以下几种：

1. 通过问卷调研的方式，让居住者回答室内的潮湿问题和自身健康状况。该分类的大部分结果显示，居民自我总结的潮湿情况与居民自检的个人症状间呈现正相关的关系（室内越潮湿，症状越明显），症状较为典型的是喘息和哮喘，仅极个别研究并未发现两者间的相关性。

2. 通过问卷调研的方式，让居住者回答室内的潮湿问题，并通过专业人士对该住所内的居民健康进行评估。该类的研究结果表明，问卷获得的建筑潮湿情况与专业鉴定获得的健康信息间存在相关联系，建筑潮湿对现有哮喘及哮喘发病剧烈程度有一定作用，建筑潮湿可能引起变应性致敏反应。

3. 对居室进行专业的实地观测了解室内的潮湿情况，结合居民自我汇报的健康数据进行分析研究。该类研究经过实地观测，建筑潮湿问题可导致室内灰尘中出现真菌胞外多糖EPS、霉菌孢子和β-(1,3)-D-葡聚糖。大部分研究结果表明建筑潮湿与症状间存在正相关的关系。

4. 利用相关的专业人员获取室内潮湿和居民健康的信息，该类研究发现，建筑潮湿可导致真菌滋生，空气中微生物颗粒增多，导致成人出现流鼻涕等发炎症状，甚至出现儿童支气管堵塞症状。

随着城镇化的快速发展和人们对室内环境品质要求的不断提高，建筑室内潮湿问题越来越受到人们的关注。2000年以来，世界各地的课题组最先开始与室内潮湿问题相关的研究，例如瑞典的《Dampness in Buildings and Health (DBH)》，保加利亚的《ALL-HOME》，美国得克萨斯州的《Children Health and Home Survey》等，随后欧洲、澳大利亚、韩国、中国等国家和地区也陆续开展了相关研究。世界卫生组织WHO的一项调查报告指出，建筑室内潮湿问题在各个国家和气候区普遍存在，据估计，在欧洲、北美、澳大利亚、印度、日本等国家和地区，有10%～50%建筑室内存在潮湿现象。Haverinen等[2]分析了欧洲31个国家住宅建筑潮湿数据，结果显示尽管部分地区存在气候差异，总体上12.1%的住宅存在潮湿现象。Norbäck1等[3]基于欧洲共同体呼吸健康调查对22个地区7127户住宅家庭的呼吸健康调查，统计得到用户自报告的水损、湿点和霉菌比例分别占调研住宅的10%、21%和16%。而Lanthier-Veillcux等[4]2016年的一项研究中指出，美国和欧洲住宅中面临潮湿问题的建筑高达25%～50%。而建筑室内潮湿会诱发一系列潜在危险因素，包括促进室内尘螨和霉菌等微生物生长，诱发室内装修材料中各种化学污染物挥发等，从而引起人群患呼吸系统疾病、呼吸道感染和哮喘恶化的风险增加，甚至会诱发过敏性鼻炎和哮喘，给国家和社会带来了巨大的经济和医疗负担。因此，如何识别建筑室内潮湿和人员健康的关系，定量评价建筑潮湿在诱发和易化过敏性疾病发病过程中的作用机制，对实现健康建筑需求和可持续城镇化发展都具有重要意义。

1.2.2 室内潮湿对儿童过敏性疾病影响

过敏性疾病是全球第六大疾病，在18岁及其以下少年儿童中是第三大常见疾病。近年来，随着过敏性疾病死亡率和发病率在国际和中国都呈快速上升趋势，WHO已经将过敏性疾病列为21世纪严重的公共卫生问题之一。以哮喘为例，根据全球疾病负担(GBD，Global Burden of Disease) 1990—2019年统计数据分析可知，全球因哮喘引起的死亡人数呈现先下降后上升的变化趋势，2013年达到最低，从2013—2019年，每10万人中因患哮喘病引起的死亡人数从1.19人缓慢增加到1.39人。而2019年最新数据统计显示，2019年全球人口中因哮喘引起的死亡人数已经占总人口的0.82%（0.65%～0.99%），其中5～14岁儿童的死亡率达0.56%。

1. 儿童过敏性疾病分类

儿童过敏主要指机体受抗原性物质（也称过敏原），如花粉、粉尘、食物、药物、寄生虫等刺激后，引起的组织损伤或生理功能紊乱，属于异常的或病理性的免疫反应。常见的过敏性疾病有过敏性鼻炎、哮喘、湿疹和过敏性皮炎。1973年Fouchard首先提出“过敏进程”一词，用于描述过敏性疾病由一种进展至另一种的趋势。过敏进程常以出生后早期特应性皮炎为主，并且常与食物（牛奶，鸡蛋）过敏相关，至学龄前期和学龄期可发展为哮喘和过敏性鼻炎。其中，湿疹和早期牛奶、鸡蛋过敏会随着成长而缓解，但哮喘和过敏性鼻炎却易在儿童中持续。

过敏性哮喘（以下简称哮喘）指由多种细胞特别是肥大细胞、嗜酸性粒细胞和T淋巴细胞参与的慢性气道炎症，其特征是气道高反应性和支气管痉挛，临床症状上表现为反复发作的喘息气促、咳嗽、气短和胸闷等。目前，其发病机制还不完全清楚，包括变态反应、气道慢性炎症、气道高反应性、气道神经调节失常、遗传机制、呼吸道病毒感染、神经信号转导机制和气道重构及其相互作用等。支气管哮喘是儿童常见的慢性气道炎症，也是当今最常见的慢性肺部疾病，其患病率及其死亡率均呈上升趋势。2006 年 Waltraud Eder 教授等对全球 1990—2005 年的儿童与青年哮喘和喘息患病率的变化趋势进行了总结，结果显示 1990—2005 年儿童与青年哮喘和喘息患病率在大部分国家或地区均存在明显的上升趋势，特别是在部分发展中的国家或地区。而西方发达国家（或具有西方生活方式的国家或地区，比如澳大利亚和新西兰）的儿童和青年哮喘和喘息患病率非常高，达到 30%左右。根据国际儿童哮喘及过敏性疾病研究协会(ISAAC：International Study of Asthma and Allergies in Childhood) 针对全球 6～7 岁和 13～14 岁儿童开展的横断面群组调查研究，1995—1997 年至 2002—2003 年，全球大部分国家的 6～7 岁和 13～14 岁儿童的哮喘患病率均呈现增长趋势，且 6～7 岁儿童的增长趋势比 13～14 岁儿童明显。刘传合等人[5]基于全国儿科哮喘协作组在 1990 年、2000 年、2010 年开展的全国规模的儿童哮喘调研，分析了 16 个城市 20 年内的患病规律和增长趋势，结果显示 16 个城市的儿童哮喘总的患病率呈显著上升趋势，1990 年、2000 年、2010 年分别为 0.96%、1.66%和 2.38%。

过敏性鼻炎也是一种儿童常见疾病，对病患的生活质量和学习效率影响巨大。它主要指因接触尘螨、花粉等外界过敏性抗原引起的非感染性炎性鼻部疾病，以喷嚏、清水样鼻涕、鼻痒和鼻塞为主要表现。其发病机制属于鼻黏膜的 I 型变态反应，空气中的吸入性颗粒进入鼻腔后，吸附于鼻黏膜表面，刺激机体使机体释放产生免疫球蛋白 E (IgE)。IgE 形成后就吸附在鼻黏膜浅层和表面的嗜碱性细胞、肥大细胞上，使机体处于致敏状态。当再次接触同一过敏物质后，该物质和 IgE 结合，激活了嗜碱性细胞内的酶，释放出组胺、慢反应物质等介质，作用于某些组织而引起一系列症状。儿童过敏性鼻炎的诊断主要依靠病史、特征性临床表现及特异性检查阳性，一般可以通过避免过敏原接触、药物治疗等有所改善。国际上绝大部分的相关流行病学研究均报告近 20 年儿童鼻炎患病率呈现上升趋势。2003 年 ISAAC 研究的第三阶段发现：与 1995 年儿童鼻炎患病率较高的发达国家或区域相比，1995 年儿童鼻炎患病率较低的低收入和中等收入国家或区域的患病率上升趋势更明显。

湿疹，或称特异性皮炎，也是一种儿童和成人常见的慢性、复发性、炎症性皮肤疾病。它多于婴幼儿时期发病，并迁延至儿童和成人期。以湿疹样皮疹、伴剧烈瘙痒、反复发作为临床特点，病患本人或家族中常有明显的“特应性”。患病儿童起初皮肤发红、出现皮疹，继之皮肤发糙、脱屑，遇热、遇湿都可使湿疹表现显著，严重影响生活质量。目前关于特应性皮炎的病因和发病机制尚不明确，认为与遗传、环境、免疫、生物因素有关，发病则主要是遗传因素和环境因素的共同作用。其中，有过敏体质家族史的小儿更容易发生湿疹，主要由于对食入物、吸入物或接触物不耐受或过敏所致，环境因素，特别是生活方式的改变（如过度洗涤、饮食、感染、环境改变等）等都是湿疹发病的重要危险因素。国际儿童哮喘和过敏症研究（ISAAC）发现：1995—2002 年间，1995 年湿疹患病率较低地区的湿疹患病率明显上升，且 6～7 岁儿童的湿疹患病率上升趋势比 13～14 岁儿童明显，而 1995 年湿疹患病率较高的国家或地区的湿疹患病率未明显改变或有下降趋势。一项相关研究的系统综述发现，1990—2010 年间东亚、西欧、北欧部分地区和非洲的儿童与成人患病率呈现上升趋势，但其他地区的患病率无明显变化趋势[6]。

2. 影响儿童过敏性疾病的危险因素

由于儿童相比成年人在室时间更长，且自身的免疫系统发展还不完善，儿童过敏性疾病近年来整体呈现逐年增加的趋势。ISAAC曾分别于1992—1998年和1999—2004年期间对全球56个国家的儿童进行调研，结果发现：在这两个时间段内，哮喘、鼻炎和湿疹三种过敏症状的总体平均患病率均有所上升。2010年，美国疾病控制和预防中心（CDC）公布的最新数据显示，美国哮喘病患者已占总人口的7.85%，并以每三年0.5%的速度增长。ISAAC对全球儿童开展的横断面群组调查也发现，儿童哮喘、特异性湿疹和过敏性鼻炎等过敏性疾病患病率存在明显的上升趋势，这些疾病对患病儿童的学习生活造成严重影响。为提高全球对哮喘的认识，增强患者及公众对该疾病的防治和管理，全球哮喘防治创议委员会（GINA）与健康护理小组及哮喘教育者已将每年5月的第一个周二定为全球哮喘日。

导致儿童哮喘发病及其他过敏性发病的因素错综复杂，包括遗传、生命早期暴露、外环境、生活方式、心理应激等因素。由于家庭遗传因素影响的人群相对固定，基因难以在短时间内发生改变，不可能在短时期内造成患病率如此快速地上升。与此同时，也有研究指出室外空气质量、社会经济发展等因素的改变也难以完全解释哮喘及其他呼吸系统疾病患病率的持续上升。因此，一些研究学者猜测上述过敏性疾病患病率的快速上升很可能与室内环境污染有关。住宅作为居民（特别是儿童、孕妇和老人等敏感人群）生活的主要场所，其室内环境对居民健康存在重要的影响。大量研究结果证明，室内环境因素，包括室内温湿度、细菌、霉菌微生物等，都是儿童呼吸系统疾病及哮喘的危险因素。但是，建筑特性（如建设年代、面积、装修形式、区域和周边环境等）及居民生活习惯和经济水平等的不同，住宅室内外环境很可能存在明显差异，从而导致上述过敏性疾病患病率在不同的家庭中可能存在显著差异。

3. 室内潮湿与儿童过敏性疾病的关联性

建筑室内潮湿环境是住宅室内环境的重要组成部分，形成原因有两方面：一方面是由于室内较高的水汽含量和不足的室内换气量；另一方面是由于建筑不合理的建造和使用，致使过多的水或较高的水汽存在于建筑结构和建筑材料内部。潮湿为微生物的生长创造了必要条件，是导致室内空气细菌污染的最重要原因，微生物本身及其代谢产物会对室内环境产生极大的影响，增加疾病感染率，尤其是孩子出生时的早期暴露。目前针对室内潮湿和儿童健康效应的研究主要有三类：流行病学调查、环境暴露评价和环境干预研究。国内外对建筑潮湿影响儿童哮喘的流行病学研究，始于20世纪80年代后期，一直持续到现在。其中，关于住宅室内环境与居民健康的绝大部分流行病学调查研究均发现住宅室内潮湿表征（霉斑、湿斑、水损等）与居民（成人和儿童）的过敏性疾病和呼吸道疾病存在密切关联。来自欧洲国家，包括瑞典、英国、意大利、荷兰、芬兰、撒丁岛以及其他地区的相关研究，通过问卷调查的方式，发现建筑潮湿表征（霉点湿点、窗户凝水、水损、发霉气味等）与儿童哮喘及过敏性症状（喘息、咽喉痛和流鼻涕）之间有着显著的相关性，其严重程度与哮喘发病的严重程度相关。

ISAAC收集了全球20个国家的相关数据，对室内潮湿表征与8～12岁儿童的哮喘和过敏性症状的关联性进行分析发现：在发达国家和发展中国家的特异性体质与非特异性体质的儿童中，室内潮湿表征暴露与儿童喘息等呼吸道症状均存在显著关联。Bornehag教授和Sundell教授等在瑞典韦姆兰地区开展了一项针对学龄前儿童的横断面群组调查（DBH：Dampness in Buildings and Health），对14077位儿童及其家长的过敏性疾病患病史和现患疾病进行了调查，对室内相关的环境因素（室内潮湿、宠物饲养、烟草烟雾暴露、装修时间和室内装饰材料等）也进行了问卷调查，并根据前期问卷调查获得的信息对400位儿童（198位病例）现有过敏性疾病的症状和202位健康对照的住宅室内环境进行了现场检测（病例-对照研究）。研究发现检查员观察的室内潮湿表征、低通风量、室内落尘内毒素和落尘霉菌等与儿童过敏性症状存在显著关联。

2004年在保加利亚针对4479位学龄前儿童开展的横断面群组问卷调查（ALLHOME-1）也与2000年在瑞典开展的DBH研究类似，对其中216位儿童的室内环境进行了现场检测（ALLHOME-2），同时现场检测员对室内潮湿表征、气味和住宅建筑特性等进行了现场探查。横断面群组问卷调查结果显示，住宅室内存在可见的潮湿表征（霉斑、湿斑、水损和窗户结露等）的儿童过敏性和哮喘类症状的患病风险明显更高。

北美地区也开展了相关的研究活动，Dales等人对加拿大17962名小学生家庭中影响健康的室内环境因素进行了问卷调查，研究发现存在室内潮湿的家庭，小学生发生呼吸道症状的概率比较高[7]。Brunekreef等人对美国六个城市的4625名8～12岁儿童家庭进行了问卷调查，有超过50%的家庭发现有潮湿问题，而室内潮湿与儿童呼吸道症状有显著联系[8]。Fisk等学者先后对住宅室内潮湿或发霉现象与儿童呼吸道健康关联性和住宅室内通风与住户呼吸道健康关联性等研究进行荟萃分析发现，住宅室内潮湿相关因子暴露均为影响儿童健康的显著风险因素[9]。Mendell等通过对PubMed数据库的潮湿与健康相关研究进行荟萃分析发现，明显的潮湿或霉菌与多种过敏和呼吸症状具有一致的正相关性，包括哮喘、呼吸困难、喘息、干咳、呼吸道感染、支气管炎、鼻炎、湿疹和上呼吸道症状等[10]。

关于住宅室内环境建筑潮湿问题与儿童哮喘的研究在亚洲也逐步开展起来，Kwok Wai Tham等人对新加坡6794名1.5～6岁儿童家庭进行了问卷调查，报告中发现有室内潮湿问题的占5.0%，研究发现室内潮湿与儿童鼻炎症状有显著联系，该研究也显示在热带地区儿童哮喘及过敏性症状在建筑潮湿的环境中会有显著的增加[11]。在韩国开展的一项流行病学的调查中，建筑潮湿是儿童哮喘及过敏性疾病和相关症状的危险因素[12]。但是，也有部分研究显示，建筑潮湿与儿童哮喘之间不存在显著的相关性[13]。

国内在该方面的研究起步较晚，吴金贵等人采用横断面研究方法，调查了上海市城区16所中小学和幼儿园的6551名4～17岁儿童青少年，通过多因素logistic回归分析，得到室内可见霉斑是哮喘和哮喘现患的独立危险因素[14]。天津大学开展的关于在校大学生宿舍潮湿问题和过敏性疾病以及呼吸道感染疾病的横断面调查中，潮湿是感冒和过敏性疾病的一个危险因素[15]。在香港、北京和广州的研究显示，住宅潮湿问题对于平均年龄为10～10.4岁学生的“当前喘息”症状（近十二个月出现喘息症状）是一个显著的危险因素[16]。中国台湾高雄地区研究显示，住宅潮湿是高雄地区6～12岁儿童患有呼吸道症状的一个显著预测因素和危险因素[17]。另外一项针对台湾台北市1340名8～12岁儿童的研究显示存在室内潮湿的家庭，儿童发生呼吸道症状的概率都比较高[18]。

目前，有较多的研究表明建筑潮湿表征与哮喘患病之间存在着显著的相关性，建筑潮湿问题对人体健康的影响被越来越广泛地讨论。一些研究发现室内潮湿表征暴露诱发的真菌或尘螨等微生物暴露可能与儿童过敏性疾病显著相关[19-23]。Kanchongkittiphon 等人为了探究哮喘的恶化与某些室内环境因素的关联性，综述了 2000－2013 年在 PubMed 检索的 69 篇该领域的文章，结果发现许多研究证实了哮喘的恶化与室内青霉菌以及室内浮游菌总体暴露有强烈的关联性[19]。Mendell 等人为了探究室内潮湿及潮湿相关的浮游菌暴露与过敏性疾病的关联，综述了 2009 年之前的相关文章，结果发现室内潮湿对浮游菌暴露与哮喘、过敏性鼻炎的发生、恶化有明显的正相关性[20]。Liu 等人以病例一对照的方法对 12 户完全健康对照组和 12 户有呼吸道疾病的病例组（包括哮喘、鼻炎、肺炎）的儿童家庭进行了问卷调查和室内环境检测，旨在探究室内浮游菌和颗粒物与儿童哮喘、鼻炎等过敏性疾病的关联性，结果发现：病例组室内特定直径范围内的浮游菌暴露水平和对照组有显著差异，侧面反映浮游菌暴露与儿童哮喘、鼻炎、肺炎过敏性疾病存在关联[21]。M. S. Zuraimi 等人为了确认室内浮游菌暴露对喘息、鼻炎症状的影响，分别对新加坡两家过敏性疾病高患病率和低患病率儿童保育中心的浮游菌浓度与粒径大小进行现场实测，结果发现由于高患病率儿童保育中心良好的通风习惯，两家儿童保育中心的浮游菌暴露水平没有明显差异，高患病率儿童保育中心室内空气动力学直径范围在 1.1～1.3μm 的地霉菌属和非产孢内生真菌浓度显著高于低患病率儿童保育中心[22]。Wang 等人为了探究室外污染物和室内变应原暴露对儿童过敏性疾病的交互作用，对 2661 名儿童进行了横断面问卷调查和过敏原皮肤测试，调查发现螨虫变应原显著增加了哮喘、过敏性鼻炎、过敏性皮炎的患病风险，同时发现螨虫变应原和室外 PM2.5 对哮喘、过敏性鼻炎的患病率增加有协同作用[23]。

4. 尘螨对儿童过敏性疾病的影响

许多研究认为住宅落尘中的尘螨变应原暴露是儿童哮喘和过敏性疾病的主要诱因。比如，2003 年 Schäfer 等在德国北部开展了一项室内环境与儿童湿疹的调查研究，其中根据医学上湿疹的临床表现症状以及皮肤检查来确诊患儿湿疹，并通过收集儿童床铺灰尘采用半定量式速测法得到其中的尘螨浓度，然后将尘螨浓度按百分位分为四个等级，发现随着尘螨浓度等级的增加，儿童湿疹患病率也相应升高 4.9%～13.9%[24]。2005 年 Miyake 等在日本开展了一项针对早期住宅室内环境暴露与幼儿过敏性疾病关联性的病例-对照研究，并通过双抗体夹心酶联免疫吸附试验（ELISA）测得了各家庭的室内落尘尘螨浓度，发现患者在怀孕期的尘螨暴露水平明显高于不患病家庭[25]。国内目前对室内环境尘螨含量检测并不普及，临床上主要是对就诊患者通过皮试等方法或检测患者血清中特异性 IgE 抗体等方法对其进行诊断，只有个别实验室进行科学研究时才进行室内落尘尘螨变应原含量检测。

总体而言，国外关于住宅室内潮湿表征与儿童健康的关联性研究相对较多且较早，比如在瑞典、韩国、保加利亚、丹麦、美国、新加坡和日本等国家相继开展了室内环境与儿童健康横断面群组调查和出生队列调查。国内类似研究起步相对较晚，但也逐渐意识到住宅室内环境对居民健康的影响，并有较多关于室内环境与居民哮喘和过敏性症状关联性的流行病学调查在国内不同省市和地区得到开展，比如北京、天津、上海、重庆、辽宁、宁夏、广州等。然而，随着时间的迁移，最新的室内环境水平、我国儿童哮喘等过敏性疾病患病现状及两者之间的因果关系仍不明晰。建筑潮湿尚未形成统一定义，目前仍主要以直接观察作为诊断手段，以主观感知作为测量方法，使得相关研究结果多停留在建筑潮湿的外在表征，对深入地揭示建筑潮湿致儿童哮喘的机理和机制研究以及健康风险定量评估有很大的局限性。

在日常环境和生活中，儿童健康往往同时受到多种因素的共同作用。室内环境暴露和生活方式对儿童过敏性疾病的影响起着举足轻重的作用，在无法改变遗传背景的前提下，寻找相关室内影响因素并采取相应的预防措施，能很大程度地降低儿童过敏性疾病的患病率，提高儿童免疫能力，改善儿童生活质量。

1.3 中国室内环境与儿童健康项目（CCHH）

世界范围内曾经做过很多项关于哮喘和过敏性疾病的研究，然而，由于缺乏哮喘的标准定义及较为统一的研究方法，国内外各个研究得到的患病情况和影响患病的因素并不具有可比性。近年来，人们对哮喘的遗传、病理及临床特点已经有了较深的认识。1991年在新西兰和德国的倡导下，国际儿童哮喘及过敏疾病调查（ISAAC）诞生，ISAAC采用标准化方法定义儿童哮喘及过敏性疾病。

ISAAC核心问卷对有关哮喘、过敏性鼻炎及湿疹症状及其严重度采用统一评价。尽管ISAAC第一阶段调查早已结束，世界各地的流行病学研究者仍继续采用ISAAC问卷关于哮喘、过敏性鼻炎及湿疹的核心问题，更有研究在核心问卷的基础上增加有关环境因素的问题，以考察地区差异等因素对哮喘及过敏性疾病的影响，并得出了很多可比性结论。关于儿童哮喘和过敏性疾病与室内环境的研究已经在瑞典、丹麦、保加利亚、美国、韩国等国家和我国台湾地区陆续开展。这些研究首先采用问卷调查、横断面整群抽样方法探索儿童哮喘及过敏性疾病的患病率及生活环境对患病的影响，然后根据问卷调查结果采集“病例”和“健康”儿童的住宅室内环境参数、空气样本及灰尘样本，研究室内微量化学或者生物成分对儿童哮喘等的影响。

我国大陆关于儿童哮喘及过敏性疾病的研究多为医学界进行的流行病学调查，研究成果包括参与ISAAC第一阶段的调查及全国儿科哮喘协作组进行的调查，患病率较以往显著上升。这些研究中除遗传学的研究之外，也有少数研究调查室内环境的影响，但大多为小样本量并只关注环境因素的某些方面。因此，为了系统地研究遗传（内因）及环境（外因）因素对儿童哮喘及过敏性疾病的影响，中国室内环境与儿童健康研究项目（CCHH：China，Children，Homes，Health）应运而生。

重庆大学作为中国室内环境与儿童健康项目的主要发起单位之一，很早就开始从事室内环境与健康相关方面的研究，主要集中于室内环境健康与热舒适领域。2010年9月份，国际室内空气专业刊物《Indoor Air》的前主编、国际环境研究领域著名学者、瑞典(Dampness in Buildings and Health) DBH研究的核心人物之一、美国得克萨斯大学Jan

Sundell 教授应邀对重庆大学和清华大学进行学术访问。Jan Sundell 教授的来访促成了中国室内环境与儿童健康研究项目的萌芽，随后重庆大学和清华大学率先发起了中国室内环境与儿童健康的研究，联合国内知名高校开展全国范围内主要城市住宅室内环境与儿童健康研究合作项目（CCHH），课题组成员高校包括重庆大学、清华大学、中南大学、上海理工大学、东南大学、西安建筑科技大学、哈尔滨工业大学、华南理工大学、华中师范大学、山西大学、复旦大学、中国石油大学（北京）、新疆医科大学、宁波工程学院和香港大学。

为了科学快速地开展课题研究，重庆大学率先成立了以李百战教授团队为核心的中国室内环境与儿童健康项目重庆课题组，聘请 Jan Sundell 教授作为客座教授，主要进行课题研究前期的准备工作以及调研问卷的设计工作，完成了中国室内环境与儿童健康项目调研问卷的设计初稿并在重庆地区进行了试调查。

2010 年 11 月中旬，为了更好地融合各个高校在室内环境领域的技术特点和硬件优势，中国室内环境与儿童健康项目的主要发起人重庆大学李百战教授、Jan Sundell 教授和清华大学张寅平教授联合邀请中南大学、东南大学、西安建筑科技大学、上海理工大学进行了项目第一次研讨会。重庆大学主办了该次研讨会，重庆大学刘红教授、郑洁教授、清华大学张金萍博士、中南大学邓启红教授、东南大学钱华教授、西安建筑科技大学李安桂教授和上海理工大学黄晨教授参加了研讨会。

在第一次研讨会中，参会的各高校专家积极探讨了项目实施的方向和具体路线（图 1-3），参照国外相关领域的成熟研究，明确项目研究分为两个阶段（现状研究与病例对照研究）先后进行的实施路线。根据项目各阶段的研究内容和方法的差异性以及各高校的技术基础和优势，第一阶段各参加高校根据实际情况，在某个时间段内收集调研城市的住宅室内环境现状水平和儿童健康分布特征的资料数据，即开展横断面调查，初步分析住宅室内环境特征与儿童哮喘及过敏性疾病之间的关联，为后期的病例对照研究提供研究基础和支持，第二阶段则基于第一阶段的初步分析，明确影响儿童健康的主要环境因素，采用入室测试、采样分析等手段进一步确定影响儿童健康的住宅室内环境危险因素，系统地分析和评价住宅室内环境对儿童健康的综合作用。项目各阶段的主要承担高校负责带头进行具体技术实施路线和方案，带动各阶段的项目任务开展，调研城市初步定为重庆、北京、上海、武汉、长沙以及南京。研讨会重点对调查问卷设计初稿的内容进行了论证分析，重庆大学参考国际通用问卷内容结合中国国情现状进行了修改和调整，设计完成了适用于中国的调查问卷初稿，研讨会上各高校专家充分肯定了问卷初稿，重庆大学根据研讨会各位专家意见，完善并最终确定了中国室内环境与儿童健康项目的调查问卷（图 1-4），各研究城市将根据实际特点和地域差异进行略微的调整和补充，以保证整个联合项目研究的一致性和完整性。重庆大学研究会的顺利召开标志着中国室内环境与儿童健康项目组正式建立。

2010 年 11 月底，重庆大学作为第一阶段的主要承担单位，率先在重庆地区开展了项目研究，并于 2011 年 5 月份率先完成第一阶段的现状研究，为第一阶段的项目调研开展起到了积极的促进作用。为了展示项目研究的阶段性成果，以重庆大学、清华大学、上海理工大学为代表的多名项目组成员应邀参加了在美国举行的 Indoor Air 2011 国际会

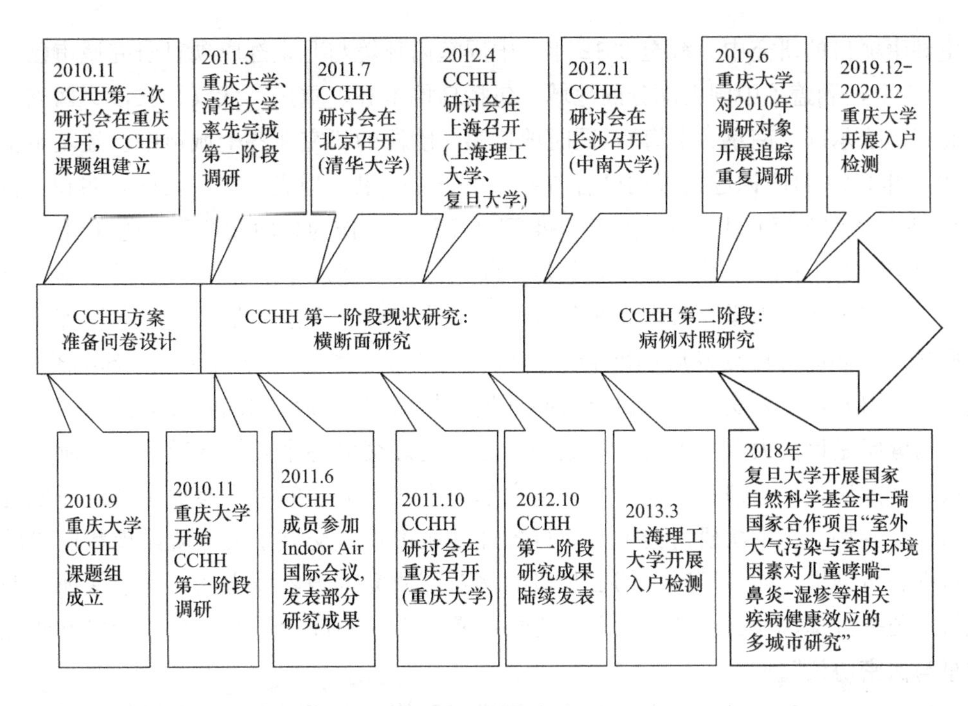

图 1-3 中国室内环境与儿童健康项目研究进程（截至 2020 年 12 月）

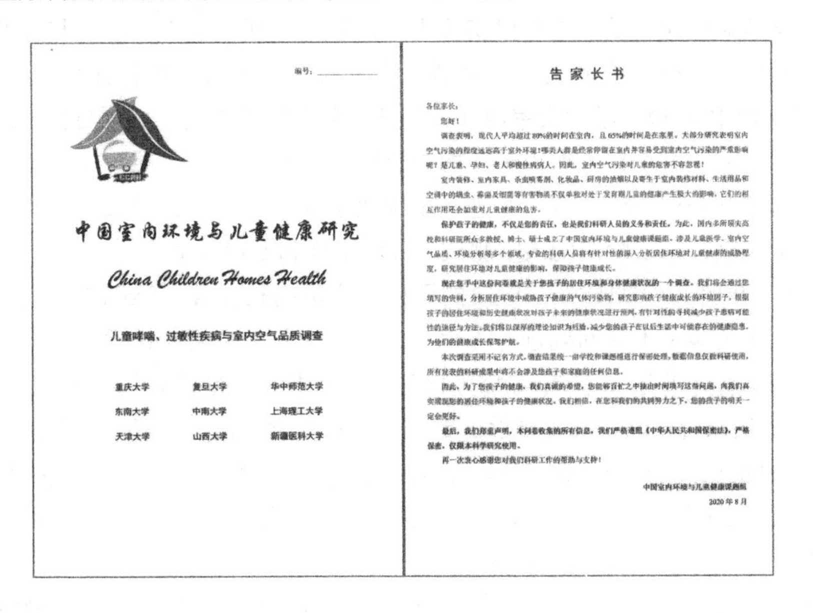

编号：__________

中国室内环境与儿童健康研究

China Children Homes Health

儿童哮喘、过敏性疾病与室内空气品质调查

重庆大学	复旦大学	华中师范大学
东南大学	中南大学	上海理工大学
天津大学	山西大学	新疆医科大学

告家长书

各位家长：

您好！

调查表明，现代人平均超过80%的时间在室内，且65%的时间是在家里。大部分研究表明室内空气污染的程度远远高于室外环境！哪类人群是经常停留在室内并容易受到室内空气污染的严重影响呢？是儿童、孕妇、老人和慢性病病人。因此，室内空气污染对儿童的危害不容忽视！

室内装饰、室内家具、杀虫喷雾剂、化妆品、厨房的油烟以及寄生于室内装修材料、生活用品和空调中的螨虫、霉菌及细菌等有害物质不仅单独对处于发育期儿童的健康产生极大的影响，它们的相互作用还会加重对儿童健康的危害。

保护孩子的健康，不仅是您的责任，也是我们科研人员的义务和责任。为此，国内多所顶尖高校和科研院所众多教授、博士、硕士成立了中国室内环境与儿童健康课题组，涉及儿童医学、室内空气品质、环境分析等多个领域。专业的科研人员将有针对性的深入分析居住环境对儿童健康的威胁程度，研究居住环境对儿童健康的影响，保障孩子健康成长。

现在您手中这份问卷就是关于您孩子的居住环境和身体健康状况的一个调查。我们将会通过您填写的资料，分析居住环境中威胁孩子健康的气体污染物，研究影响孩子健康成长的环境因子，根据孩子的居住环境和历史健康状况对孩子未来的健康状况进行预判，有针对性的寻找减少孩子患病可能性的途径与方法。我们将以深厚的理论知识为后盾，减少您的孩子在以后生活中可能存在的健康隐患，为他们的健康成长保驾护航。

本次调查采用不记名方式，调查结果统一由学校和课题组进行保密处理，数据信息仅做科研使用，所有发表的科研成果中将不会涉及您孩子和家庭的任何信息。

因此，为了您孩子的健康，我们真诚的希望，您能够百忙之中抽出时间填写这份问题，向我们真实提供您的居住环境和孩子的健康状况。我们相信，在您和我们的共同努力之下，您的孩子的明天一定会更好。

最后，我们郑重声明，本问卷收集的所有信息，我们严格遵照《中华人民共和国保密法》，严格保密，仅限本科学研究使用。

再一次衷心感谢您对我们科研工作的帮助与支持！

中国室内环境与儿童健康课题组

2020年8月

图 1-4 项目调研问卷

议。2011 年 7 月，项目第二次研讨会在北京召开。研讨会中，重庆大学和清华大学课题组成员针对第一阶段的经验进行了详细的介绍，包括问卷发放、回收以及录入过程中存在的问题和解决的方法，天津大学对课题研究即将进行的数据统计处理方法进行了详细的介绍说明。这次研讨会课题组中各高校成员很好地交流了在课题开展中的经验及教训，积极地推动了项目沿着科学合理有效的方向进行。随后，项目组各成员高校（华中师范大学、中南大学、东南大学、上海理工大学等）相继完成了第一阶段的调研工作，进入了调研数据处理阶段，更多城市（哈尔滨、乌鲁木齐、太原等）也加入到中国室内环境与儿童健康项目的研究中。截至2012年，中国室内环境与儿童健康项目研究城市已经扩大到了10个，涵盖了中国大部分的地域（包括乌鲁木齐、重庆、武汉、长沙、西安、太原、北京、哈尔滨、南京、上海），同时项目第一阶段的研究在各个城市中已经基本上完成。2013年，CCHH课题组根据已有研究，将研究成果整理成论文，在核心期刊《科学通报》（2013年25期）中英文版发表并得到高度认可，作为封面文章和专题刊出。

2011年10月下旬，由重庆大学主办，世界可再生能源学会、英国剑桥大学、英国雷丁大学、美国普渡大学、丹麦奥尔堡大学、清华大学、香港大学、中南大学等协办的第五届建筑与环境可持续发展国际会议暨世界可再生能源亚洲地区大会（SuDBE2011）在重庆隆重召开，主要交流和探讨建筑与环境可持续发展领域的国际社会热点问题，建筑环境与健康是该次大会的主要议题之一。为了更好交流各个高校在项目第一阶段中的研究成果，重庆大学邀请清华大学、东南大学等十几所大学的师生参加了建筑环境与健康的研讨会专场。在本次研讨会上，项目各开展城市重点交流了第一阶段现状调研的情况和数据分析结果，初步探讨了第二阶段病例对照研究的内容及方法。为了保证课题研究成果的公平分享，项目组各成员高校共同签署了“CCHH课题组各单位阶段性研究成果共享与保密协议”。

2012年4月，项目组各成员高校在上海进行了第四次研讨会，主要进行项目研究阶段性的成果交流和转化以及第二阶段实施方案的设计。研讨会上，各位与会的专家就课题成果的有效转化进行积极的交流，对第二阶段的实施方法也进行详细的讨论。随后，在11月召开的中国环境科学学会室内环境与健康分会学术年会上，项目针对即将进行的第二阶段病例对照研究中各个城市关注的焦点问题进行了探讨，明确了项目各研究城市的具体研究对象和测试分析内容，并进一步细化了项目第二阶段的实施方案，各研究城市开始陆续准备进行第二阶段的入室测试、现场采样和专业评估。

在2019年开展了CCHH第二阶段的调研，成员高校在2010到2019这十年中针对室内环境与儿童健康的不同问题进行深化研究。这一阶段主要支撑项目“室外大气污染与室内环境因素对儿童哮喘-鼻炎-湿疹等相关疾病健康效应的多城市研究”属于国家自然科学基金中-瑞国家合作项目，主要承担单位为复旦大学、山西大学、乌普萨拉大学，相关研究单位为重庆大学、中南大学、东南大学、武汉科技大学、上海健康医学院等CCHH主要研究团队。针对近十几年来儿童哮喘、鼻炎、湿疹患病率快速提高的特点，研究团队开展了CCHH第二阶段研究，其主要研究内容包括：①了解我国儿童最新的哮喘-鼻炎-湿疹的患病情况；②开展基于前瞻性的空气污染和儿童哮喘相关疾病队列研究，评估儿童当前和生命早期空气污染（PM2.5、PM10、O_3、NOx、SO_2及CO）对儿童哮喘及其相关疾病或症状的长期和短期健康效应；③初步深入探索甄别城市-农村不同环境中儿童化学性/生物性复杂多因素暴露下的效应因子，探索特应性体质对环境暴露对哮喘等疾病效应的修饰作用。

在相关项目支撑下，重庆大学在2019年开展了第二次横断面调查，选取与第一次相同的幼儿园，通过重复问卷调查，探究了儿童家中室内环境情况与儿童过敏性疾病的患病情况。通过两次横断面调查的对比分析，探究了2010—2019年这十年间儿童住宅室内环境的变迁和儿童过敏性疾病患病率的改变。上海理工大学和复旦大学开展了儿童生理指标测试，通过调查学龄前儿童的晨尿中代谢物浓度的差异及室内危险因素指标，研究不同室内环境对于儿童尿液中代谢物浓度水平的影响；根据第一阶段研究结果：儿童过敏性疾病的患病率与住宅室外环境紧密相关，山西大学在第二阶段将住宅环境推广到学校室外环境，开展了学校室外环境与学生呼吸道健康的关联研究，通过横断面调查与实地测量相结合的方式，得出室内外颗粒物浓度与呼吸道健康的关联关系；天津大学在第一阶段横断面调查后，针对第一阶段找出的影响儿童过敏性疾病患病的室内环境危险因素进行入户调查，完成了对学龄前儿童住宅的入户环境检测和灰尘采集，基于对灰尘中有害物质浓度的测定结果，研究了室内环境和儿童健康的关系，探究了室内环境因素对儿童过敏性疾病的剂量-反应关系。同时重庆大学的研究团队通过入户测试的方式，测试了室内潮湿程度、室内有害物质浓度。通过病例-对照研究，探究了室内有害物质的浓度与儿童过敏性疾病的关系，明确了容易导致儿童过敏性疾病的室内环境污染物与儿童过敏性疾病的剂量-反应关系。

CCHH研究是我国首次进行的全国范围内的对儿童住宅环境与过敏性疾病状况的调查。通过此次两阶段的住户自报告调查，明确了2010年及2019年儿童住宅室内环境污染和潮湿现状，以及儿童包括过敏性鼻炎、湿疹、哮喘、肺炎在内的各种过敏性疾病的患病率。重复调研更进一步明确了近些年儿童住宅建筑室内环境变迁特点，揭示了室内环境与儿童相关过敏性疾病间的相关性，确定了针对儿童过敏性疾病的室内环境保护因素与危险因素。CCHH研究成果有利于从室内环境营造方面降低儿童患过敏性疾病的风险，为儿童健康建筑营造提出要求，为儿童健康建筑标准的制定提供依据。

本章参考文献

[1] HAVERINEN U, HUSMAN T, PEKKANEN J, et al. Characteristics of moisture damage in houses and their association with self-reported symptoms of the occupants [J]. Indoor and Built Environment, 2001, 10 (2): 83-94.

[2] HAVERINEN-SHAUGHNESSY U. Prevalence of dampness and mold in European housing stock [J]. Journal of Exposure Science & Environmental Epidemiology, 2012, 22 (5): 461-467.

[3] NORBÄCK D, ZOCK J P, PLANA E, et al. Building dampness and mold in European homes in relation to climate, building characteristics and socio-economic status: The European Community Respiratory Health Survey ECRHS Ⅱ [J]. Indoor Air, 2017, 27 (5): 921-932.

[4] LANTHIER-VEILLEUX, M., GÉNÉREUX, M., BARON, G. Prevalence of residential dampness and mold exposure in a university student population [J]. International Journal of Environmental Research and Public Health, 2016, 13 (2): 194.

[5] 刘传合，洪建国，尚云晓，等. 中国16城市儿童哮喘患病率20年对比研究［J］. 中国实用儿科杂志，2015 (8)：596-600.

[6] WILLIAMS H, STEWART A, VON MUTIUS E, et al. Is eczema really on the increase worldwide? [J]. Journal of Allergy and Clinical Immunology, 2008, 121, 947-954.

[7] DALES R E, ZWANENBURG H, BURNETT R, et al. Respiratory health effects of home dampness and molds among Canadian children. [J]. American Journal of Epidemiology, 1991, 134 (2): 196-203.

[8] BRUNEKREEF B, DOCKERY D W, SPEIZER F E, et al. Home dampness and respiratory morbidity in chil-

dren. [J]. American Review of Respiratory Disease, 1989, 140 (5): 1363-7.

[9] FISK W J, LEI-GOMEZ Q, MENDELL M J. Meta-analyses of the associations of respiratory health effects with dampness and mold in homes [J]. Indoor air, 2007, 17 (4): 284-296.

[10] MENDELL M J, KUMAGAI K. Observation-based metrics for residential dampness and mold with dose-response relationships to health: A review [J]. Indoor Air, 2017, 27 (3): 506-517.

[11] THAM K W, ZURAIMI M S, KOH D, et al. Associations between home dampness and presence of molds with asthma and allergic symptoms among young children in the tropics [J]. Pediatric Allergy & Immunology, 2007, 18 (5): 418-424.

[12] CHOI J, CHUN C, SUN Y, et al. Associations between building characteristics and children's allergic symptoms-a cross-sectional study on child's health and home in Seoul, South Korea [J]. Building and Environment, 2014, 75: 176-181.

[13] MENDELL M J, MIRER A G, CHEUNG K, et al. Respiratory and allergic health effects of dampness, mold, and dampness-related agents: a review of the epidemiologic evidence. [J]. Environmental Health Perspectives, 2011, 119 (6): 748-756.

[14] 吴金贵，庄祖嘉，钮春瑾，等. 室内环境因素对儿童青少年呼吸道疾病影响的横断面研究 [J]. 中国预防医学杂志，2010 (5): 450-454.

[15] SUN Y, ZHANG Y, SUNDELL J, et al. Dampness in dorm rooms and its associations with allergy and airways infections among college students in China: a cross-sectional study [J]. Indoor Air-International Journal of Indoor Environment and Health, 2009, 19 (4): 348-56.

[16] WANG H Y, CHEN Y Z, YU M A, et al. Disparity of asthma prevalence in Chinese school children is due to differences in lifestyle factors [J]. Chinese Journal of Pediatrics, 2006, 44 (1): 41-45.

[17] CHUN-YUH Y, CHIU J F, CHIU H F, et al. Damp housing conditions and respiratory symptoms in primary school children [J]. Pediatric Pulmonology, 1997, 24 (2): 73-77.

[18] Li C S, Hsu L Y. Home dampness and childhood respiratory symptoms in a subtropical climate [J]. Archives of Environmental Health An International Journal, 1996, 51 (1): 42-6.

[19] KANCHONGKITTIPHON W., MENDELL M J., GAFFIN J M, et al. Indoor environmental exposures and exacerbation of asthma: an update to the 2000 review by the Institute of Medicine [J]. Enviromental health perspectives, 2015, 123: 6-20.

[20] MENDELL M J, MIRER A G, CHEUNG K, et al. Respiratory and allergic health effects of dampness, mold, and dampness-related agents: a review of the epidemiologic evidence [J]. Environmental Health Perspectives, 2011, 119 (6): 748-756.

[21] LIU, Z. J., LI, A. G., HU, Z. P., et al. Study on the potential relationships between indoor culturable fungi, particle load and children respiratory health in Xi'an, China [J]. Building and Environment, 2014, 80: 105-114.

[22] ZURAIMI, M S., FANG L., TAN, T K., et al. Airborne fungi in low and high allergic prevalence child care centers [J]. Atmospheric Environment, 2009, 43: 2391-2400.

[23] WANG I J., TUNG T H., TANG C S., et al. Allergens, air pollutants, and childhood allergic diseases [J]. InternationalJournal of Hygiene and Environmental Health, 2016, 219: 66-71.

[24] SCHÄFER T, et al. Atopic eczema and indoor climate: results from the children from Lübeck allergy and environment study (KLAUS) [J]. Allergy, 2008, 63 (2): 244-246.

[25] MIYAKE Y, et al. Homeenvironment and suspected atopic eczema in Japanese infants: The Osaka Materna land Child Health Study [J]. Pediatric and Allergy Immunology, 2007, 18: 425-432.

第2章

室内环境与儿童健康的流行病学研究方法

环境健康科学是在环境科学、医学、生物学高度发展的基础上形成的交叉学科，是研究自然环境和生活居住环境与人群健康的关系，阐明环境因素的健康效应及其与疾病发生的关系，并研究利用有利环境因素和控制不利环境因素的对策，预防疾病，保证人群健康的科学。环境健康科学研究环境污染及破坏与人群健康的有害影响及其预防措施，包括探索污染物在人体内的动态和作用机理，查明环境致病因素和致病条件，阐明污染物对健康损害的早期反应和潜在的远期效应，以便为制定环境卫生标准和预防措施提供科学依据。本章节详细地阐述了 CCHH 研究为确定室内潮湿与儿童过敏性疾病影响所采用的调研方法和数据处理方法。

2.1 环境流行病学概述

环境流行病学是环境医学的一个分支学科[1]。它应用流行病学的理论和方法，研究环境中自然因素和污染因素危害人群健康的流行规律，尤其是研究环境因素和人体健康之间的相关关系和因果关系，即阐明暴露-效应关系，又称接触-效应关系，以便为制定环境卫生标准和采取预防措施提供依据。环境流行病学起源于对自然因素引起的疾病的研究，如地方甲状腺肿、地方性氟中毒等。自 20 世纪 50 年代以来，环境污染引起的公害病相继出现，为了查明病因，各国广泛开展了环境流行病学的调查。其目的不仅要阐明环境污染与健康之间的相关关系和因果关系，还要揭示环境污染对人群健康潜在的和远期的危害。

环境流行病学的主要内容有：调查不同地区人群的特异性疾病的地区分布、人群分布和时间分布、发病率和死亡率，并连续观察其发展变化规律；调查并检测环境中有害因素，包括污染物和某些自然环境中固有的微量元素在大气、水体、土壤以及食物中的分布、负荷水平、时空波动、理化形态、转化规律和人群暴露水平，以及引起危害和疾病的条件。分析调查资料，确定污染范围和程度，以及对人体健康的影响，即确定暴露-效应关系和剂量反应曲线，并以此为基础，研究污染物的阈限负荷，为制定环境卫生标准提供基础参数。综合分析调查资料，为公害病或环境病的病因提供线索或建立假说，进而查明因果关系。环境流行病学按照研究时间的划分如图 2-1 所示。

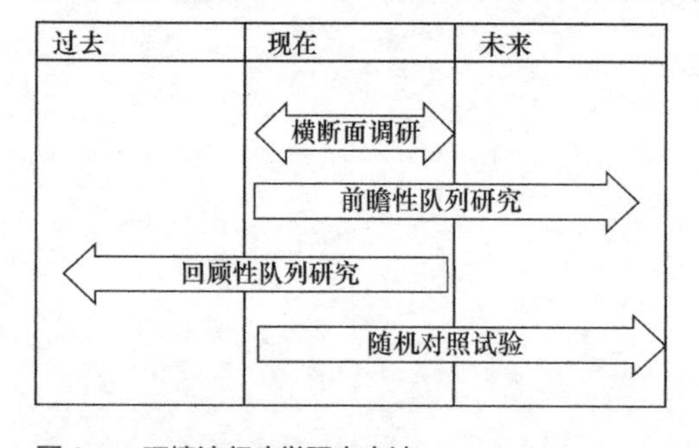

图 2-1 环境流行病学研究方法

流行病学研究方法总体分为观察法（描述流行病学、分析流行病学）和实验法。

1. 观察法

由于流行病学是在人群中进行研究，所以研究者实际上不能或不能全部掌握或控制施加于研究对象的条件，因此，观察法是很重要的方法。

（1）描述性研究：

描述性研究又叫描述流行病学，通过观察，正确、详细地记载研究对象的疾病或健康状态，及按时间、地点、人群各种特征（如年龄、性别、职业、民族等）的分布特点，也可以包括可疑病因因子的分布特点、记录研究对象的健康状况。为了正确地描述分布，必须有明确统一的诊断标准、准确的病例（或因子）数字以及人口数字。

（2）分析性研究：

分析性研究又叫分析流行病学，对所假设的病因或流行因素进一步在选择的人群中探找疾病发生的条件和规律，验证所提出的假说。分析性研究包括回顾性队列和前瞻性队列研究。从疾病（结果）开始去探找原因（病因）的方法叫病例对照研究，从时间上是回顾性的，所以又叫回顾性队列研究。从有无可疑原因（病因）开始去观察是否发生结果（疾病）的研究方法叫队列（或群组、定群）研究，从时间上是前瞻的，所以又叫前瞻性队列研究。

2. 实验法

流行病学中所用的实验法也叫作实验流行病学，它和一般医学基础学科的实验不同，主要在人群现场进行。人群现场是流行病学的主要的、最大的实验室。根据研究对象不同，又可分为：临床试验和人群现场试验。后一类实验中对病因进行干预的又叫干预研究。当被观察对象不能随机化分组时，叫作半实验或准实验研究，如卫生政策的可行性研究及管理与服务的评价研究等。

本书中着重应用的方法是环境流行病学中的横断面调查方法和病例对照研究的方法。横断面调查研究是描述性研究中应用最为广泛的一种方法，它是在某一人群中应用普查或抽样调查的方法，收集特定的时间内特定人群中疾病健康状况及有关因素的资料。通过对疾病的分布状况、疾病与因素的关系加以描述，客观地反映了某时刻人群健康疾病分布及相关因素。进行环境流行病学调查，必须避免把环境与机体割裂开来，孤立和片面地进行研究，所以要求调查样本要具有代表性、调查设计要有对比性、获取资料要注意有效性。环境污染物或某种有害因素对人群健康影响的特点是低浓度、长时间的慢性危害。因此，在选择调查对象时，应选取具有代表性的样本。样本越大，越能反映实际情况。但这样一般耗费人力、物力较大，需要时间也长。所以实际中多采用抽样调查等方法，这样既可节约人力、物力、时间和经费，又可获得预期的结果。

综上分析，本书主要分析室内环境因素与儿童过敏性疾病间的关联关系，且为了涵盖重庆市主城区不同地理位置、不同装修情况、不同房间类型，本书采用抽样调查的横断面调查的方法开展研究。选择儿童的原因是，儿童免疫系统发育不完全，容易受到室内环境的影响；选择过敏性疾病的考虑是，过敏性疾病是影响儿童健康的重要疾病，发病率高。综合考虑儿童特性与疾病特征，形成调研方案。研究的主要目的在于全面收集住宅室内环境现状资料和儿童过敏性疾病的患病情况并研究其关联关系。本书针对的调查对象为学龄前儿童（3～6岁儿童），主要是考量住宅室内环境在儿童早期的影响。

上述横断面调查可以得到建筑潮湿和儿童过敏性疾病的相关性，但未匹配环境测量参数，无法深入因果论证和量化评价。故本书结合病例-对照入室检测的研究方法，通过对遴选的病例-对照儿童住宅展开全年不同季节的入室检测，分析调查员现场观测的动态室内潮湿相关暴露（室内潮湿表征、空气温湿度和空气霉菌孢子浓度）与儿童过敏性疾病的相关/量化关系，进一步揭示室内潮湿相关因子暴露与儿童哮喘和鼻炎的潜在因果关系。病例对照研究亦称回顾性研究，是比较患某病者与未患某病的对照者暴露于某可能危险因素的百分比差异，分析这些因素是否与该病存在联系。

除环境流行病学外，环境毒理学是环境科学和毒理学的一个分支。它是从医学及生物学的角度，利用毒理学方法研究环境中有害因素对人体健康影响的学科。其主要任务是研究环境污染物对机体可能发生的生物效应、作用机理及早期损害，为制定环境卫生标准、做好环境保护工作提供科学依据。利用毒理学方法研究环境污染物对人体健康的影响及其机理的学科是环境医学的一个组成部分，也是毒理学的一个分支。它主要通过动物实验来研究环境污染物的毒作用。环境污染物对机体的作用一般具有下列特点：接触剂量较小，长时间内反复接触甚至终生接触，多种环境污染物同时作用于机体，接触的人群既有青少年和成年人，又有老幼病弱，易感性差异极大。

环境流行病学与环境毒理学是环境健康学领域所采取的两种主要研究方法，这两种方法在环境健康学的研究中相辅相成，互为补充。首先环境流行病学是应用流行病学的方法，结合环境与人群健康关系的特点，研究环境因素与人群健康的宏观关系。它有许多优势，比如不需要种属间的外推、研究对象可以包括所有易感人群、可以研究实际环境暴露情况下的健康效应、通过日常测定或常规工作就可以获得较为准确的暴露水平和健康效应资料、可研究不同的暴露模式和健康效应。但是人体生理学研究一般在非有创情况下开展，主要是探究人体生理调节响应的表现规律，但是难以认识其深层机理。而机理层面的研究则需要从微观细胞分子水平上开展，因此不可避免需要有创实验，这在人生生理学研究中会对机体产生一定损害，因此不易实现。相比，现有成熟的研究理论借助合适动物模型，利用动物实验的一些结果来推断人体生理功能的研究方法已经被大多数学者接受认可。因此通过流行病学研究分析出影响儿童过敏性疾病的室内环境因素后，为探究室内危险环境因素作用于儿童过敏性疾病的机理，开展动物试验，探究潮湿和室内污染物联合暴露对其呼吸系统的损伤机理。

2.2 调研问卷设计

2.2.1 设计原则

问卷设计是问卷调查方法需要解决的核心问题，问卷的优劣很大程度上决定了问卷调查研究的质量，本研究在问卷设计过程中遵循以下的基本原则。

1. 目的性

目的性是指问卷必须紧密与调查目的相关，询问的问题必须是与调查主题有密切关联的问题。本研究在问卷设计过程中，以调查目的为中心，找出与调查主题相关的要素，逐次分解为具体的、明晰的问题，重点突出与调查主体紧密相连的问题。本研究的调查主题为住宅室内环境和儿童过敏性疾病现状，住宅室内环境因素分解为建筑基本信息、装饰装修材料、暖通空调系统等方面的问题来体现，儿童过敏性疾病分解为儿童哮喘、鼻炎、湿疹、哮喘等方面的问题来体现。调查要素层层解析得到具体的问题，该过程既体现了问卷问题和调查主题的相关性，体现了调查的意图，同时也对问卷的内容和框架进行了有条理的构建。

2. 可接受性

可接受性是指问卷比较容易让被调查者接受，提高被调查者的接受意愿。为此，在设计问卷过程中采用以下原则提高问卷的可接受性：首先，在问卷中或者直接交流中明确告知被调查者调查的目的和意义，提升被调查对象的参与意愿。其次，突出本次调查不涉及个人的私密问题，对调查问卷中涉及的私人信息将坚决保护，不外泄，消除其后顾之忧。表明被调查者自身回答对整个调查研究的重要程度，保证所有的数据资料仅仅用于科学研究，不做他用。最后，问卷调查过程对配合调查工作的人员及单位给予了一定的经济上的补偿。另外，本研究在问卷内容设计上采用亲切、温和、自然、有礼貌的问题描述方式，未设置涉及个人私密的问题，问题句式构造上使用适合被调查的用语，专业术语较少，未采用生僻词和容易引起困扰及歧义的词汇，切实提高可接受性可以保障问卷高回收率。

3. 逻辑性

逻辑性是指问卷的设计要有整体感和统一性，问卷围绕调查目的设置的问题之间要有逻辑性，形成一个相对完善的问题系统进而整体反映调查主题。调研中住宅室内环境和儿童哮喘两方面的调查主题均包括多方面差异较大的内容，需要将各部分内容分块设置，保证每块区域内的问题都密切相关，不同块区域之间逻辑分隔鲜明。整个问卷按照先易后难、先简后繁、先一般性问题后敏感性问题、先封闭问题后开放问题的顺序进行排列，通过合理安排问题的顺序，增强问卷内容逻辑性，尽量避免被调查者在回答问题时的混乱与不解，提高回答问题的效率。

4. 问题设置合理性

问卷中问题设置合理的原则主要体现在：

(1) 问题的设置有普遍意义。这是问卷设计的基本要求，在问题答案设置中未出现“特殊”的选项；

(2) 问题的设置规范化。问题的内容能准确代表调查意图，被调查者能清晰明确地回答；

(3) 问题的设置中性化。问题的描述未掺入任何提示或主观臆断，问卷填写过程完全遵从被调查者的独立性和客观性；

(4) 问题的设置简洁化。一是问题本身简洁易懂，二是问卷中未包括没有价值或可有可无的问题。

2.2.2　科学问题设计

本研究主要参考国外成熟的研究经验，结合本研究的目的，设计完成调查问卷各部分的问题。

1. 儿童健康指标

儿童过敏是机体受抗原性物质（也称过敏原），如花粉、粉尘、食物、药物、寄生虫等刺激后，引起的组织损伤或生理功能紊乱，属于异常的或病理性的免疫反应。常见的过敏性疾病有过敏性鼻炎、过敏性哮喘和过敏性皮肤病。本研究中涉及的儿童过敏性疾病主要有哮喘、过敏性鼻炎、湿疹和哮喘。针对儿童哮喘，国际儿童哮喘及过敏性疾病研究（International study of asthma and allergies in children，ISAAC）的核心问卷对儿童哮喘指标采用统一评价，世界各地的相关领域研究者相继采用ISAAC问卷评价关于儿童哮喘的核心问题，这些问题在中国大陆参与ISAAC国际研究中使用，且经与临床研究的对比，其有效性得以验证，得到了世界卫生组织的认可[1,2]。因此，本研究参考I-SAAC关于儿童过敏性疾病及其严重度的问题。调研涵盖了九种健康状况：曾经出现过哮喘、过敏性鼻炎、肺炎、湿疹、喘息和鼻炎症状，以及在调查前的最近12个月（当前）出现的湿疹，喘息和鼻炎症状。关于健康状况的具体问题列在表2-1中，"是"的答案表示孩子患有相应的疾病。哮喘、过敏性鼻炎和肺炎是常见的气道疾病，需要医生诊断，而湿疹、喘息和鼻炎是需要自我报告的症状。本调研将哮喘和过敏性鼻炎的典型症状喘息和鼻炎都选为儿童过敏性疾病指标。

关于健康指标的调查问卷 **表2-1**

健康指标	问题
曾经	
哮喘	您的孩子是否被医生诊断为患有哮喘？
过敏性鼻炎	您的孩子是否被医生诊断为患有花粉过敏或过敏性鼻炎？
肺炎	您的孩子是否被医生诊断为患有肺炎？
湿疹	您的孩子是否患有皮疹发痒（湿疹）至少持续6个月？
喘息	您的孩子过去有喘息或胸部鸣啸的声音？
鼻炎	您的孩子过去没有患感冒或流感时，是否有打喷嚏，流鼻涕或鼻子阻塞的问题？
当前（最近12个月）	
湿疹	在最近的12个月中，您的孩子是否患有皮疹发痒（湿疹）？
喘息	在最近的12个月中，您的孩子是否有过喘息或胸部鸣啸的声音？
鼻炎	在最近的12个月中，您的孩子没有患感冒或流感时，是否有打喷嚏，流鼻涕或鼻子阻塞的问题？

2. 住宅室内环境因素

近些年来，国外关于住宅室内环境与儿童健康的研究较为成功的是瑞典建筑潮湿与健康（Damp in Buildings and Health）的研究。在此基础上，很多研究相继开展起来，包括芬兰[3]、瑞典[4]、保加利亚[5]、美国[6]、新加坡[7]等国家和地区。在这些研究中，住宅室内环境因素部分主要采用的与环境污染客观参数相关的建筑信息、暖通空调、行为习惯和主观感知等测度问题，这些问题均在世界范围内得到了广泛的认可和验证。本研究参考瑞典DBH研究关于住宅室内环境因素的问题和国内相关研究中发现的住宅室内环境危险因素[8-10]，结合国内的社会经济背景和人们生活习惯特征，进行了合理调整及扩展[11]。

住宅环境因素的问题涉及建设年代、住宅类型及所处位置（城区/郊区/农村）、住宅面积、装饰与装修材料、供热与通风系统、潮湿情况、气味感知等。这一部分旨在了解调查家庭的住宅室内环境因素，也是本研究中最为重要的理论构建测度问题之一，其中绝大多数问题均根据中国家庭住宅实际情况进行了增删与修正。生活习惯涉及宠物喂养、清洁习惯、室内设备、家庭成员吸烟情况、开窗习惯等。这一部分中部分问题引自瑞典的DBH研究，如宠物喂养、吸烟情况等，开窗习惯、清洁习惯、乘车时间等均为项目新加入的测度问题，旨在更加全面地获得调查对象生活习惯对人体健康的影响。本研究调查问卷关于住宅室内环境因素的问题均为封闭式问题，主要分为以下几个方面：

（1）建筑特征

建筑特征包括建筑位置、建设年代、住所楼层、住所面积、窗框类型和玻璃层数和建筑外环境（是否临近交通干线、江/湖、商业区和工业区）。建筑自身的特征主要影响建筑通风和渗透的效果进而影响室内环境污染水平，建筑外环境是表征建筑室外污染对室内环境的影响。

（2）装修和家具

住宅室内建筑装修材料和新家具的使用会释放甲醛、VOC等危害人体健康的气体污染物。装修材料和家具包括儿童房间地板材料（实木、强化木、竹、瓷砖/石头、水泥、PVC、化纤地毯、纯毛地毯、麻毛地毯）、儿童房间墙面材料（墙纸、油漆、木质板、石灰、水泥、乳胶漆）、是否购置新家具（时间为母亲怀孕前一年至今）、是否重新装修（时间为母亲怀孕前一年至今）。

（3）暖通空调系统

暖通空调系统是室内环境改善和营造的重要技术手段，主要包括室内制冷、供暖和室内通风。不同形式暖通空调系统的效果存在差异。室内制冷和供暖的方式主要有空调制冷、空调供暖、电暖气供暖、地板供暖，室内通风的方式主要有厨房抽油烟机排烟、厨房排风扇排风、浴室排气扇和开窗通风。

（4）建筑潮湿

目前，对于建筑室内潮湿环境还没有一个统一的定义，但住宅室内的潮湿现象主要体现在：室内墙体表面上的可视霉斑、室内墙体表面上可视的湿点、室内的发霉气味、窗户内侧的凝结水汽和建筑由于潮湿问题而需要进行维护等。调研问卷中主要采用以下五个潮湿表征来表征住宅潮湿程度：可视霉点（室内地板、墙和顶棚上的可视霉点）、可视湿点（室内地板、墙和顶棚上的可视湿点）、水损（水泛滥或其他由水造成的损害）、窗户内侧凝水（冬季窗户内侧底部的凝结或水汽现象）、发霉气味（室内的发霉气味）。

在本次现况研究的调查问卷中，针对上述的五个建筑潮湿表征设置了相关的问题。对于问卷中可视霉点、可视湿点和水头损失的数据按照存在（是）、不存在（否）和不知道来分别统计。对于发霉气味的数据统计，按照存在（是）和不存在（否）区分。对于窗户凝结水的数据是按照冬季室内窗户内侧底部凝结或水汽高度为5cm以上和冬季室内窗户内侧底部凝结或水汽高度为5cm以下区分。

（5）气味感知

气味感知包括近三个月和孩子出生时室内人员的气味自我报告（通风不良引起的不新鲜气味、刺激性气味和烟草气味）。室内人员对气味和刺激的主观感知可以有效反映室内环境的实际状况，这种方式已经被广泛认可，因此，这些问题也被包括在住宅室内环境因素中，同时也考量了现在气味暴露和早期气味暴露对儿童哮喘健康指标的影响。

(6) 生活习惯

生活习惯包括开窗习惯（春季、夏季、秋季和冬季）、室内吸烟（家庭吸烟、怀孕时母亲吸烟和出生时母亲吸烟）、晾晒被褥（在阳光充足的时候晾晒被褥）和儿童房间清洁。住宅开关窗是自然通风、去除室内环境污染的有效措施，室内烟雾颗粒污染在国内外很多研究中出现，晾晒被褥和儿童房间清洁是考虑到个人行为习惯对环境污染的改善效果进而影响儿童哮喘的过程。

(7) 室内动物

室内动物包括饲养宠物（现在饲养动物和儿童出生时饲养动物）、规避行为（规避行为一：由于家庭中的过敏性疾病而放弃继续饲养宠物。规避行为二：由于家庭中的过敏性疾病而不去饲养宠物）和室内有害动物（蟑螂、老鼠、蚊子和苍蝇）。宠物和室内有害动物的影响主要是测评过敏原对儿童哮喘患病的作用效果。

(8) 室内设备及用品

室内设备及用品包括打印机或复印机、空气加湿器、离子发生器、空气净化设备、蚊香/驱蚊器和熏香。室内设备会产生或减少室内环境污染水平，打印机或复印机、蚊香/驱蚊器和熏香的使用会恶化室内环境污染，空气净化设备、离子发生器会减少室内环境污染水平。因此，这些问题也作为调查问卷的一部分。

3. 人口统计学特征

人口统计学特征主要包括儿童基本信息和非环境类信息，其中儿童基本信息包括儿童性别、年龄、儿童出生时及现阶段的身高/体重、儿童入园情况。非环境类因素包括家庭过敏史、母乳喂养持续时间、母亲怀孕周期、母亲怀孕时的年龄及职业情况等。这一部分的问题中仅有儿童出生时和现阶段的身高及体重、母亲怀孕时的年龄为开放式问题，其他问题均为答案标准化的封闭式问题，以方便调查对象方便流畅地完成问卷，减少不相干的回答，也便于统计分析过程中的对比。

2.3 问卷调查方案

2010 年 12 月至 2011 年 4 月期间，CCHH 课题组在全国范围内进行了家庭环境、儿童哮喘和过敏症的横断面问卷调查[13]。由于幼儿园在校儿童是一个特殊的群体，他们对问卷内容的判断与认知存在着一定困难，因此，调查问卷由被调查的幼儿园中的幼儿老师向学龄前儿童的父母或监护人发放。问卷由儿童的父母或监护人填写。同时，研究人员向幼儿园发放问卷的老师进行问卷内容介绍和讲解，以便问卷调查过程中儿童家长有疑问时可以与幼儿园老师进行沟通解决。被调查幼儿园通过多阶段整群抽样方法选择。问卷包括大约 80 个关于人口统计学数据、家庭条件、建筑特征、住宅潮湿和健康状况的问题，回答问卷的是儿童和家长。近十年来，越来越多的城镇化和工业化建设，再加上气候变化使得室内环境及空气品质已经改变，而中国的建筑材料和技术也有了长足的进步，室内甲醛等气体污染物浓度发生变化，与 10 年前相比，儿童的家庭环境和室内潮湿问题有所改善，这些条件提供了一个很好的机会，可以通过在同一地区进行纵向重复调查来研究不同程度的与住宅潮湿相关的暴露对儿童过敏和呼吸系统健康问题的影响。重庆市位于中国西南部，夏季炎热，冬季寒冷，全年室外相对湿度较高。由于潮湿指标的家庭发展与室内空气的相对湿度密切相关，重庆市独特的气候条件为调查住宅潮湿暴露与儿童过敏和呼吸系统健康之间的联系提供了绝佳的条件。因此 CCHH 课题组在第一阶段调查将近 10 年之后进行了第二次重复调查。旨在比较 2010 年和 2019 年建筑特征和人类行为与儿童住宅室内环境相关问题的关联，并研究住宅室内环境对儿童气道疾病的影响。第二阶段问卷调查在 2019 年 6 月至 2019 年 9 月期间进行，依照第一阶段调研方法进行了重复调研，调查问卷与第一阶段相同，调查十年后儿童住宅室内环境和儿童过敏性疾病患病率的情况。通过两次调研，获得了该领域的第一手基础资料，为国内该领域的研究活动提供技术基础和支撑。问卷调查研究方法中，科学合理的调查方法是研究结果可以有效代表研究总体的关键。本研究考虑到调查费用、人力、物力和时间的有限，采用抽样调查这种快速、经济和高效的方式获得数据信息，按照一定方式从调查总体中抽取部分样本进行调查，并运用统计的原理和方法，对总体情况进行判断和说明。

2.3.1　抽样调查方案

两次问卷调查的研究对象均为 3～6 岁的学龄儿童，鉴于重庆市幼儿园的高入园率（接近 100%），第一次调研的抽样总体确定为包括沙坪坝区、渝中区、九龙坡区、大渡口区、南岸区、巴南区、江北区、渝北区、北碚区的重庆九个主城区内所有幼儿园的在校儿童。利用抽样调查方法选出被调查的区域和区域内的幼儿园。第二阶段重复调研[12,13]的研究对象优先选择第一阶段被调查的幼儿园，如果幼儿园不同意参加调查，则会选择离它最近的幼儿园。在接受调查的幼儿园中，约三分之二（23/34）的幼儿园与 2010 年所调研的幼儿园相同。

调研的抽样方法采用多级抽样（多阶段）抽样，分为两个阶段进行。第一阶段为简单随机抽样，抽样单元为重庆九个主城区，对选定城区按照城区幼儿园在校儿童的总数量分配抽样样本量。第二阶段为整群抽样，抽样单元为选定城区内的所有幼儿园，对选定幼儿园内实际上所有的在校儿童进行全面调查。

2.3.2　样本量确定

1. 样本量计算原则

样本量就是抽样调查过程中从总体中抽取的样本元素的总个数。一般情况下，确定样本量需要考虑调查的目的、性质和精度要求，以及实际操作的可行性、经费承受能力等，确定样本量大小是比较复杂的问题，既要有定性的考虑，也要有定量的考虑。从定量的方面考虑，不同的抽样方法有对应的不同的统计学计算公式。当误差和置信区间一定时，不同的样本量计算公式计算出来的样本量是十分相近的，所以使用简单随机抽样方法对应的公式计算样本量近似地估计其他抽样方法对应的计算样本量是十分有效快捷的手段。目前，简单随机抽样定量确定样本量主要有两种类型，如式（2-1）和式（2-2）所示：

在估计平均值时，计算所需样本容量的公式是：

$$N=\frac{(Z^2)(\sigma^2)}{E^2} \tag{2-1}$$

估计比例时，确定样本量（n）的公式为：

$$n=\frac{(Z^2)[P(1-P)]}{E^2} \tag{2-2}$$

式中 N——所需样本量；

Z——置信水平的 Z 统计量，如置信水平为 95%（95%CI）时的 Z 统计量为 1.96，置信水平为 99%时 Z 的统计量为 2.68；

P——目标总体的比例期望值，一般情况下，本研究不知道 P 的取值，取其样本变异程度最大时的值为 0.5；

E——容许的抽样误差；

σ——总体标准差。

归纳起来，样本量的大小主要取决于：

（1）研究对象的变化程度，即变异程度；

（2）要求和允许的误差大小，即精度要求；

（3）要求推断的置信度，一般情况下，置信度取为 95%；

（4）总体的大小；

（5）抽样的方法。

按统计方法确定的是纯净的样本量，即去掉可能不合格的以及不回答的调查对象后的纯量，原始样本量必须要比纯净的样本量大得多，最终的样本量取决于发生率和完成率等定性因素，时间、经费和专家资源方面的限制也可能会对样本量的决定有很大的影响。

2. 样本量计算确定

患病率估计的确定：据资料，目前在室内环境与儿童健康领域最成功的研究之一为瑞典的 DBH 研究[12]，该项目研究通过对瑞典 1～6 岁的 14077 个儿童进行横断面调查研究，研究的内容为儿童健康与室内环境，其研究获得的儿童哮喘及过敏性疾病患病率的统计结果见表 2-2。

瑞典 DBH 研究儿童哮喘及过敏性疾病患病率 **表 2-2**

儿童健康问题	患病率（%）（n=10851）
最近 12 个月有气喘	18.9
夜间咳嗽	7.4
哮喘（经医生诊断的）	5.4
已过去 12 个月患有鼻炎	11.1
宠物接触鼻炎	3.9
与花粉/草接触鼻炎	3.7
鼻炎（医生诊断由过敏引起）	2.2
已过去的 12 个月患有湿疹	18.7
至少有一种症状	48.8

瑞典 DBH 研究抽样的 14077 个调查对象中，有 10851 个儿童的家长回复了问卷，整

个调查研究的问卷回收率为 78.8%。在瑞典进行室内环境与儿童健康之间的抽样调查无论是调查对象还是调查目的都与本次调查研究有高度的相似性，因此，本次调研以关注的所有儿童健康问题至少出现一种的分布率为项目总体的目标期望，参考瑞典的研究，即估计为 48.8%，问卷的回收率设定为 75%。

本次问卷调查是进行住宅室内环境与儿童健康现状分析以及相关性研究。按照以往研究的经验，抽样调查的抽样误差一般不小于 2%～3%，可信度达到 95%。本研究为住宅室内环境多变量的调查研究，因此，本次抽样调查确定抽样误差为 2%以及置信水平为 99%，将患病率 P 的估计值 48.8%代入样本量计算公式（2-2）可得本次研究的样本量为 6879。

2.4　调查实施

2.4.1　试调查

问卷调查方法中，试调查是在全面调查前开展，是验证设计问卷和调查方案有效性不可缺少的环节。因此，本研究进行了试调查，试调查是选取了重庆主城区内某幼儿园儿童进行。试调查对象为该幼儿园内 100 名在校儿童。按照抽样方案的流程，调查人员携带 100 份调查问卷对幼儿园内的所有儿童实行全面调查。发放问卷之前，调查人员与幼儿园园长进行详细的介绍，包括项目研究目的、问卷结构内容等，并解答了幼儿园园长对问卷存在问题的地方，协商确定了问卷回收的时间。试调查实施方案见图 2-2。

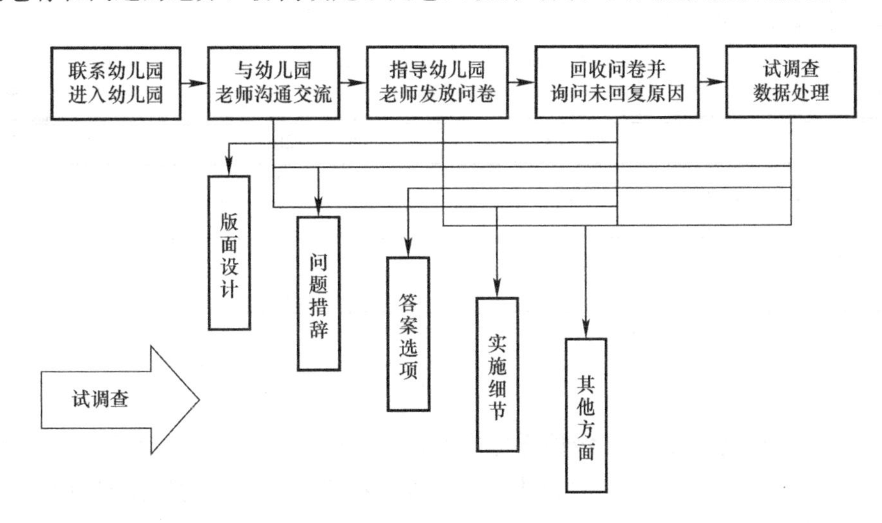

图 2-2　试调查实施方案

首先，试调查问卷回收率为 82%，比较高的问卷回收率说明以幼儿园为平台进行问卷调查的可行性，肯定了在调研过程中与幼儿园老师沟通的重要性，可以充分发挥幼儿园老师对儿童的积极引导作用。同时，与幼儿园老师的沟通获得幼儿园的日常活动和特殊活动（家长会等）信息，利用幼儿园的家长会等与家长进行面对面交流沟通，为问卷调查实施细节的把握提供了帮助，提高问卷调查结果的准确性和实施的操作性。

其次，通过试调查有效地验证了问卷问题措辞和答案选项设计的合理性和目的性，通过对试调查结果的每一个问题进行处理，分析问题的设计目的与调查结果的一致性，调整问题措辞以保证问题目的的明确性，对比答案的实际分布特点分析设计答案选项的代表性和有效性，对“其他”等无意义的选项所占比例过高的问题重新设置答案选项，对分布差异性很大的问题进行深度分析，结合调查对象的态度和认知、问题的措辞描述等对问卷进行完善。

最后，通过与幼儿园老师的沟通和未返回问卷原因的询问，获得调查过程中容易引起不响应的原因，调整问卷整体的布局、颜色和问题顺序，改善调研实施细节。

结合问卷内容专家研讨会意见和试调查的分析结果，本研究完整地测试了问卷内容和形式的可行性，并通过回收式调查问卷的情况针对部分问题的可靠性与有效性进行了进一步的评估和改进，将设计初稿中难以理解、没有明确目的等意义不大的问题进行了删减和调整，使得问卷的结果更具有目的性和有效性，提高了问卷调查的总体信度和效度。

2.4.2 正式调研

根据上述的多级抽样（多阶段）抽样方法，在沙坪坝区、江北区、渝中区、九龙坡区、南岸区、巴南区、渝北区、北碚区采用不放回的简单随机抽样，最终选定城区为沙坪坝区、九龙坡区和渝北区。选定城区后，对各个群（城区）进行样本量的分配。已知样本量设定为6879，根据选定的三个城区的幼儿园在校儿童总数比例分配各个城区的抽样样本量，分配结果见表2-3。

样本量设计分配表 **表2-3**

城区	在校儿童	抽样分配比例	抽样样本量
沙坪坝区	20225	0.3144	2163
九龙坡区	23103	0.3591	2470
渝北区	21000	0.3265	2246
总体	—	1	6879

注：沙坪坝区、九龙坡区和渝北区在校儿童总数参考《2009年重庆市沙坪坝区国民经济和社会发展统计公报》《重庆市九龙坡区2009年国民经济和社会发展统计公报》和《重庆市渝北区2009年国民经济和社会发展统计公报》。

完成样本量分配后，进行二级抽样样本的选定。由于重庆各主城区幼儿园的规模存在着差异，而二级抽样是以幼儿园为抽样单元进行抽样，对选定的幼儿园中的所有儿童全部进行问卷调查。因此，需要对各个选定城区的幼儿园数量进行估计，以便进行幼儿园抽样。此外，各选定城区的幼儿园在校儿童总数和幼儿园数量存在着差异，因此，二级抽样分城区进行抽样。

根据收集整理资料可得，沙坪坝区幼儿园平均在校儿童约为90人/幼儿园，则该城区抽样幼儿园数量为24。

九龙坡区幼儿园平均在校儿童约为175人/幼儿园，则该城区抽样幼儿园数量为20。

渝北区幼儿园平均在校儿童约为 126 人/幼儿园，则该城区抽样幼儿园数量为 18。

在二级抽样过程中，虽然按照每个城区平均幼儿园在校儿童数量估计了每个城区预计抽样幼儿园数量，但是，同一城区不同幼儿园的差异也十分显著，从几十个儿童到七八百儿童均会出现，因此，在二级抽样中对抽样框内的所有抽样单元（幼儿园）依次进行不放回的随机抽样，待抽样样本量接近分配样本量或是抽样样本量总体接近计算总样本量时停止抽样。

2010 年 12 月至 2011 年 4 月第一次调研期间，共走访了重庆市三个主城区的 54 个幼儿园，涉及 7117 名幼儿园儿童。调研的各主城区的幼儿园在校儿童的实际抽样样本量统计如表 2-4 所示。

实际抽样样本量　　表 2-4

城区	实际抽样样本量	实际样本量分配	抽样幼儿园数量
沙坪坝区	2150	0.3021	15
九龙坡区	2735	0.3843	21
渝北区	2232	0.3136	18
总体	7117	1	54

最终实际抽样样本量 7117 与最初计算的最终样本量 6879 相比，增加了 238，增幅为 3.45%，三个城区的实际样本量之比基本上满足三个城区幼儿园在校儿童的比例，因此，实际抽样结果与研究总体基本上匹配，最终实际样本量符合调研的要求，不需要补充样本。实际抽样调查 7117 名儿童，最终回收问卷 5934 份，问卷调查的实际回收率高达 83.4%。

在 2019 年 6 月至 2019 年 9 月期间进行的第二阶段重复调查的样本预期与第一阶段相同，因此，调研人员首先与 2010 年研究中的幼儿园沟通，如果幼儿园不同意参加调查，则会联系离它最近的幼儿园。在接受调查的幼儿园中，约三分之二（23/34）与 2010 年的研究相同。同样地，调查问卷通过幼儿教师向学龄前儿童的父母或监护人分发。在重复调研中，共发放 6547 份问卷，回收 4943 份有效问卷（答复率：75.5%）。

2.4.3　实地测试

问卷调查通过住户自报告的形式定性地了解了室内环境现状及室内环境因素与儿童过敏性疾病的关联关系。为了定量确定重庆市儿童住宅室内环境状况及分析和验证住宅室内环境因素水平与儿童过敏性疾病的关系，在横断面调查的对象中选取 20 户重庆主地区的儿童住宅，进行入户的室内环境参数测试和入户问卷调查。调研时间为 2013 年 12 月到 2014 年 1 月。住宅室内环境入户调查以调查和分析重庆地区儿童住宅室内污染物水平、住宅室内环境因素分布为目的，主要分为入室现场测试和现场调查两部分。现场测试获得了重庆地区儿童住宅室内污染物浓度情况，现场调查记录了住宅室内环境条件及现场测试的相关背景信息，现场测试和现场调查同时进行。测试的室内环境参数选取住宅中常见的污染物以及以往研究中发现的与儿童过敏性疾病患病有显著关联的污染物，以了解重庆地区儿童住宅中污染物的浓度水平，为住宅室内环境的分析提供材料。

甲醛和总挥发性有机物（TVOC）是住宅室内比较常见的污染物，特别是在新装修的建筑中，出现超标的可能性较高，并且甲醛对人体呼吸道健康存在一定影响，因此，将甲醛和 TVOC 选做本研究的测试对象之一[14]。国外研究中发现 NO_2、CO、O_3 浓度水平与人体肺炎患病有显著关联[14,15]，因此将 NO_2、CO、O_3 也选为本研究的测试对象。CO_2 不是有毒气体，但室内 CO_2 一定程度上可以反映住宅室内空气的新鲜程度，因此将 CO_2 也选为本研究的测试对象。故本研究最终确定的住宅室内环境测试参数为甲醛、TVOC、NO_2、CO、O_3、CO_2、温度和大气压。

住宅室外污染物也是室内污染的一个重要来源，室外污染物浓度水平可能对室内污染物浓度存在重要影响，因此，在进行室内污染物浓度测试的同时，对室外甲醛、TVOC、NO_2、CO、O_3、CO_2、温度和大气压的本底值也进行了测量。

入户调查对住宅室内环境参数进行了两种方式的测量：一是对被测试的住宅入户单次测试，测得室内外甲醛、TVOC、NO_2、CO、O_3、CO_2、温度和大气压的值，以综合反映重庆地区儿童住宅室内环境参数的平均水平。二是对住宅中甲醛、TVOC、NO_2、CO、O_3、CO_2、温度和大气压的逐时值进行测量，以了解重庆地区儿童住宅室内参数的逐时变化，分析烹饪过程对室内环境带来的影响。入户现场测试对随机选取的 20 户儿童住宅进行了一次入户的测量，然后从这 20 户中抽取了两户进行了室内环境参数的逐时测试。

对于入户测量一次的住宅，选择入户时间时要避免住户烹饪和吃饭的时间段，并且要尽可能避免住户集中通风的时间段，以反映住宅室内环境的一般状态。对于测量室内环境参数逐时值的住宅，测量时间从 9：30 开始，到 20：00 为止，测量时间包含住户烹饪和吃饭这样的特殊时间段。逐时测量的住宅室内环境参数每 15min 测量一次。

房间的测点布置原则上依据《室内空气质量标准》GB/T 18883—2002。入室测量的房间为客厅和卧室，其中卧室优先选取儿童卧室，如果儿童与家长居住于同一卧室，则将此卧室记为儿童卧室进行测量。根据测量房间面积的大小确定测点数目和位置，以正确反映室内空气污染物的整体水平，具体为：小于 $30m^2$ 的房间设置 1 个点，测点设置于房间中央，$30\sim50m^2$ 的房间设置 2 个点，测点设置于房间对角线的三等分点上。此外，测点位置还应避开通风口，且离墙壁的距离要大于 0.5m。测点高度保持在人体呼吸带高度范围内，相对地板的高度在 0.5～1.5m 之间。

由于测试时间为白天，白天儿童更多地在客厅，故连续测量的测点定于客厅。进行入户一次的室内环境参数测量的同时进行相应室外环境参数的测试，室外测点选取住宅附近比较空旷通风的位置，以反映室外本底值。各仪器都由重庆市计量检测研究院进行了校准。进行室内环境参数现场测试的同时，对室内环境因素、现场测量的背景信息进行了问卷调查，以反映被调查空间的室内环境因素分布情况。

入户测试的调查问卷分为两份，一份由住宅在室人员填写，一份由入室调查人员填写。住宅在室人员填写的问卷包括住宅室内环境信息（如住宅位置、住宅形式、墙面材料等）和儿童基本信息（如儿童性别、年龄等）。入室调查人员填写的问卷也包含了与住宅在室人员填写的问卷相同的住宅室内环境信息，另外还包含了室内人员数目、室内是否烹饪、天气状况等住宅室内环境参数测试背景信息。住宅室内人员的调查问卷和调查人员填写的问卷中包含的室内环境客观信息调查项目采用了与第一阶段横断面研究中相同的问题，以此通过对比相同问题住户和入室调查人员报道结果的一致性来验证第一阶段横断面研究中住户对室内环境客观信息理解的可靠性。入户调研之前，调研人员通过资料查找进行了建筑装饰材料的基本识别训练，以保证入室调查人员对材料识别的正确性。

2.4.4　质量控制

质量控制是问卷调查过程中保证数据可信性的重要措施。为了保证本研究的科学性、合理性、可行性和质量可控性，对研究过程中的数据资料信息进行严格的管理控制，真实客观地进行数据资料收集工作，在问卷调查过程中由专门人员对配合调研幼儿园的老师进行指导。针对人为因素可能引起的各种偏倚进行质量控制。

1. 偏倚评估

问卷调查采用被调查者自我报告的结果进行相关研究活动，在获得数据的过程中可能会出现偏倚问题，主要包括选择偏倚和回忆偏倚。

选择偏倚是由于选入的研究对象与未选入的研究对象在某些特征上存在差异而引起的误差，由于不同类型的研究对象入选的机会不同而造成调查样本与总体分布之间存在差异，调查样本不能有效地代表总体特征。本研究严格采用分级抽样，第一阶段采用不放回的简单随机抽样，每个城区被选中的概率是相同的。重复调研是采用整群抽样，在同一个城区内每个幼儿园均是简单地随机抽样，然后对抽中幼儿园进行整群抽样。抽样方案是满足随机抽样的概率模型要求，不存在样本选择上的差异。最终，项目抽样总样本量为7117，回复率高达83.4%，这些均可以有效降低问卷调查过程中出现不随机的选择偏差，保证整个问卷调查的可靠性。

回忆偏倚是指在回忆过去的暴露史或既往史时，因研究对象的记忆失真或回忆不完整，使其准确性或完整性与真实情况间存在的系统误差。问卷调查过程中，被调查者由于调查问题所涉及的事件是很久以前发生的，或是容易忽略的发生频率低的，或是不关心的，而对相应问题的回复与实际情况之间有所偏差。本研究是围绕住宅室内环境与儿童哮喘开展的研究，儿童哮喘是每一个家庭都十分关注的问题，被调查者对相关问题的在意程度要相对较高。调查问卷中的问题简洁易懂，对相应的事件的描述精准且重点突出，可以帮助被调查者进行回忆，另外，调查问卷的结构是回忆时间由短到长，由近12个月到曾经，这对被调查准确地回复也有所帮助。总之，回忆偏倚是问卷调查无法回避的系统误差，项目通过合理的问卷框架、精准的问题描述和研究内容的高关注度来尽量消除回忆偏倚的影响。

2. 短问卷调查及评估

两阶段的研究中均有未回复的问卷。为了验证本次调查的有效性和代表性，在大范围问卷调查完成后，本研究随机地抽取未回复的调查对象进行一次短问卷的调查。大范围调查采用的问卷内容较多，简称为长问卷，长问卷的结果代表的大范围问卷调查中回复儿童的现状结果；对在大范围问卷调查中未回复的儿童进行调查采用的为短问卷，这代表了大范围问卷调查中未回复儿童的现状结果。本研究的两个阶段均选取了调查过程中对问卷没有进行回复的300名儿童进行短问卷的调研，有206名儿童的家长对短问卷进行了回复。短问卷包含4个问题：建筑位置、儿童性别、近12个月里的喘息症状、湿点，回复者和未回复者的关键问题结果对比见表2-5。

回复者和未回复者的关键问题结果对比　　表2-5

	回复者（%）	未回复者（%）	P
建筑位置			
农村	10.4	11.2	0.070
郊区	18.7	24.8	—
城区	70.9	64.1	—
儿童性别			
男	51.3	53.9	0.478
女	48.7	46.1	—
近12个月喘息			
是	20.6	26.3	0.054
湿点			
是	8.1	10.8	0.181

注：1. 对各个问题的对比分析不包含缺失值；
2. 回复者为大范围调查中有效问卷的回复者5299人；
3. 未回复者包括参加短问卷的206人。

通过长问卷和短问卷的调查结果对比发现，短问卷自我报告的“湿点”结果比长问卷（即调查研究中采用的问卷）自我报告得多，短问卷自我报告的近12个月喘息患病率也比长问卷的自我报告结果高。但是，短问卷与长问卷在4个问题上的差异均不显著（$P>0.05$）。因此，对于同样的住宅室内环境和儿童健康的问题，在大范围问卷调查过程中未参与者和参与者回答结果的分布率是没有显著差异的，参与者可以有效代表所有的抽样总体，进而证明了本次抽样调查的可信性和有效性，说明调查回收问卷可以有效地代表所有的抽样总体，未回复者产生偏倚可以消除。

3. 数据输入与管理

本研究认真控制原始纸张资料转为数字进入计算机的过程，强调对计算机操作、信息管理和专业技术因素的把握，在数据录入过程中抽取一定比例的问卷进行复核，设置专门人员对课题研究数据的原始文件和电子形式进行统一管理，实现课题数据库中数据的安全存储、分类管理、应用，定期对课题数据进行检查，备份必要数据，切实保证结论的真实性与可靠性。

2.4.5　问卷数据预处理

问卷调查最初获得的数据存在着一些不完整的感兴趣属性值和逻辑错误，包含一些错误或是孤立的数据点，因此，在统计分析前，本研究对问卷调查数据进行必要的核查和预处理。

缺失数据：缺失值指的是原始数据集中某个或某些属性的值是不完全的。本研究中，缺失值的产生可能是由于被调查者本身并未回答，也可能来自数据输入过程中。当被调查者并未作答，该缺失数据在进行数据分析时将自动排除在外，由于样本量大，缺失数据的比率较低，对统计结果的偏差可以忽略，而且，本次问卷中的问题变量大多都是分类变量，难以为缺失值寻找合适的替代。为了避免数据录入过程可能产生缺失值，本研究采用系统科学的数据录入方法和数据复查。当某一份问卷中的缺失数据较多时，由于该问卷能够提供的信息量较少，无法构成住宅室内环境与儿童健康信息的有效对应，该份问卷作为无效问卷处理，剔除在数据分析之外。

异常值处理：异常值又称作孤立点，是数据集中偏离大部分数据的数据，是与数据集中其他其余部分数据不服从相同统计模型的数据[16,17]。异常数据的存在会对最终分析结果产生重要影响，异常数据的核查是保证原始数据可靠性的前提。目前人们对异常值的判别与剔除主要采用物理判别法和统计判别法两种方法。本次调查问卷大部分为分类变量，统计数据中出现问题答案选项之外的取值，则很明显该值为异常值，此时，需要返回原始问卷资料中对该问题的取值进行核实和确认。本次调查问卷中仍有部分问题在统计数据中为连续变量，例如儿童身高、体重等信息，此时将通过统计学的方法（Z-标准化、箱形图）识别异常值，并对出现异常值的样本信息进行重新核实。

逻辑错误核查：本次问卷调查有些问题在时间序列上是有重叠的，这些问题的答案要符合逻辑上的关系。例如“孩子是否曾出现过呼吸困难，发出像哮鸣一样的声音”和“近12个月里，孩子是否有过呼吸困难，发出像哮鸣一样的声音发作”这两个问题之间就存在逻辑上的关系，第一个问题针对的时间范围是儿童从出生到现在，而第二个问题针对的时间是从调查时往前一年以内，因此，当第二个问题回答“是”，第一个问题逻辑上也应回答“是”，反之，则不成立。因此，对这类问题的逻辑错误核查也是预处理中重要的工作。

2.5 入户实测研究

2.5.1 典型儿童住宅样本遴选方法

根据2019年在重庆市展开的住宅室内环境和儿童健康状况大样本横断面调研数据库，遴选病例组和对照组，开展全年不同季节、不同时段下儿童住宅室内环境追踪测试。其中病例组和对照组儿童的具体样本遴选过程如图2-3所示，最终共计确定11户病例组儿童参与本次全年追踪研究。根据已确定的病例组儿童数量，对照组则从留有手机号联系方式，且曾经没有经医生确诊的哮喘或过敏性鼻炎数据库里优化选取最近1年无任何过敏性疾病或症状的儿童，最终根据与病例组家庭住址就近原则筛选确定11户对照组儿童。

2.5.2 现场调查和检测方法

考虑到重庆常年高湿的气候特征，根据前述遴选出的典型住户及和住户商议的入室检测时间、地点，于2019年10月开始陆续对其展开全年不同季节、不同时段的入户实地采样测试，检测项目包括空气霉菌孢子浓度、空气温湿度和儿童卧室床铺灰尘。表2-6总结了入室检测时本研究所用到的相关仪器设备和检测方法。

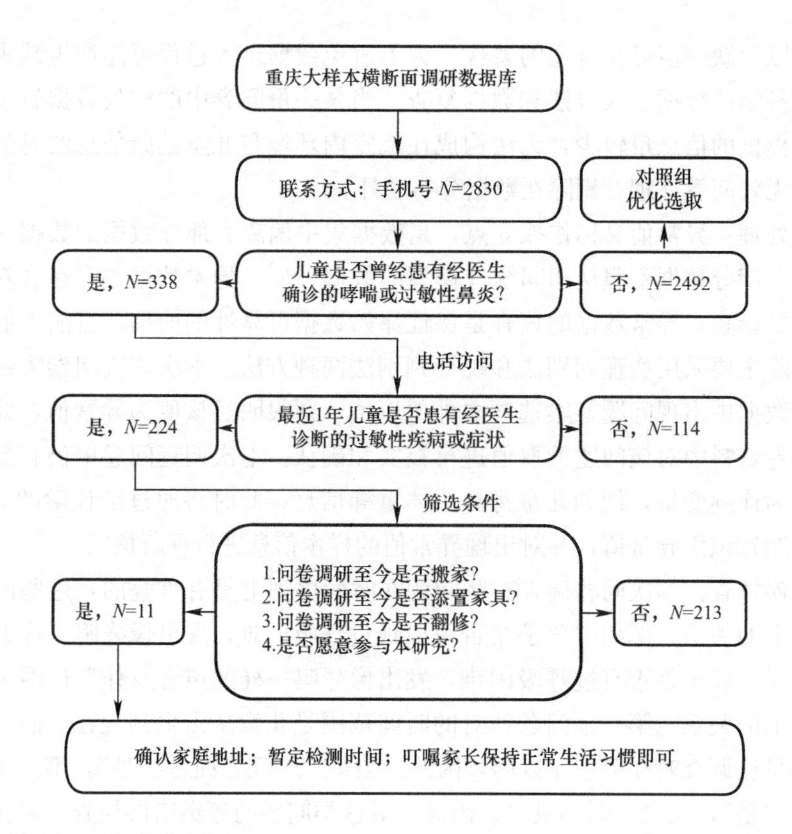

图 2-3　病例组和对照组儿童筛选流程图

室内环境检测内容及设备　　表 2-6

序号	检测内容	检测间隔 检测时间	检测地点	所用仪器	仪器图片
1	温湿度	1min 24h	儿童卧室 客厅 室外	HOBO 温湿度自动记录仪	
2	CO_2 浓度	1min 24h	儿童卧室 客厅 室外	Telaire7001 二氧化碳检测仪	
3	灰尘采样	2 个样本	儿童卧室 地板 儿童卧室 床铺	吸尘器	
4	空气霉菌孢子	室内 5min 室外 10min	儿童卧室 客厅	安德森六级 微生物采样器	

同时，通过家长两次问卷报告获得儿童及家庭成员健康信息、通过专业调查员主观评测和客观监测获取室内潮湿，建筑材料，通风习惯等室内环境整体水平。具体联系、准备和检测过程如下：

对于确定为入室检测的最终对象，课题组成员首先和儿童家长对入室检测的相关事宜进行交流，获得以下基本信息：

① 住宅基本信息，户型、面积、地址；

② 儿童家长联系人和联系方式（手机、电话、邮箱）；

③ 介绍入室开展的内容和持续时间，明确方便入室时间；

④ 留下课题组成员的联系方式，便于家长咨询。

对入室前需要注意的事项对家长进行交代，主要包括：

① 在入室检测前 3 天住所保持原样，尽量不进行全面的清洁打扫，儿童床铺用具尽量不要进行更换，特别是在实测前一周内；

② 请注意查收邮件或短信，在入室检测前会将入室检测人员信息发送至儿童家长；

③ 入室检测开始前，请注意检查检测人员的工作证；

④ 因需要签署“知情同意书”，在入室检测时请安排成人在家；

⑤ 若需要更改入室检测时间，或有其他特殊情况不能在提前确定的入室检测时间里进行检测，请提前联系课题组。

本研究将对遴选出来的典型住户进行全年不同季节、不同时段的追踪研究，每次测试均由两次入室完成，具体如下：

第一次入室（入室时间约 40min）：

① 按照约定的时间携带资料和仪器上门，自我介绍，出示工作证。

② 介绍入室测试情况，家长填写知情同意书，协助家长完成住宅环境和人员健康的调查问卷，告知家长测试周期内的注意事项，预约二次入室时间以便回收问卷和在线监测仪器。

③ 进行主观评价；制作住宅户型图，标记朝向，对测试房间进行拍照，填写入室调查表（含住宅各房间基本信息），在住户同意的前提下，记录测点位置和重点污染区域等。

④ 仪器监测：布置温湿度和二氧化碳自动记录仪，使用红外成像仪对全屋墙体表面温度进行测试，并快速判断出湿度较高或易结露点。使用水分测试仪测量室内各墙体的木材当量水分。记录开始测试时间、测点信息等。

⑤ 样本采集：设置六级撞击式空气微生物采样设备，进行空气霉菌采样，记录采样时间、采样时长、采样设定等信息，进行灰尘样本的采集，记录灰尘位置、采样时间等信息，对采样过程进行拍照。

⑥ 最后整理采样设备，离开。

第二次入室（入室时间约 15min）：

① 24h 后，二次入室回收温湿度、二氧化碳等采样装置；

② 按照二次入室约定时间入室，出示工作证；

③ 回收在线监测仪器并记录；

④ 对样本量不够的进行补充采样；

⑤ 确定提取室内环境检测报告时间。

课题组于 2019 年 11 月在重庆市正式展开入室检测，为切实有效地保证本次检测工作能够有条不紊地展开，故在正式展开入室检测前对参与入室检测的研究人员均进行了单项或多项任务的专业培训，直至能独立完成该单项或多项任务后方可参与正式的入室检测。此外，在正式开展入室检测前，检测小组曾多次进行预检测，针对预检测遇到的测点布置、采样方法、测试方法，住户检测体验反馈，检测人员分工，检测时长等诸多问题进行调整。经多次模拟检测后，最终确定了入室检测的人员数量和分工。检测小组共由 4 名研究人员组成：①队长 1 名，主要负责检测前与家长沟通，准备相关仪器设备，检测时完成调查员问卷并帮助家长完成家长问卷，检测后确定在线监测仪器的取回时间；②队员 3 名，基于时间一致性的原则，各研究人员分别负责不同模块的数据、图片或样本采集任务，同时还结合相应的随访问卷展开。如表 2-7所示即为具体的室内入室检测内容及人员分工情况，以研究人员检测时间的统一性和检测内容的协调性为原则，均匀分配 4 名检测人员的具体任务，将每个家庭的检测时长控制在 40min 左右。由于本次入室检测计划是针对每个选定的住户在不同的季节进行多次测试，而测试住宅各房间尺寸以及室内房型图的绘制工作只需一次，故每个家庭之后的测试工作均由三位调查员完成，即调查员 1 和调查员 2 的工作合并由 1 人完成即可，除首次后的后续追踪测试时间为 30min 左右。

入室检测内容及人员分工　　表 2-7

编号	数据/样本采集任务	问卷任务	时长
1	①现场检测图片采集 ②培养皿编号和封装 ③协助其他人员检测	①关于室内环境，建筑材料和住宅特性等 ②指导家长填写家长随访问卷	40min
2	①空气温湿度、CO_2 浓度测量 ②住宅各房间尺寸、门窗框等测量	①绘制详细的户型图、儿童卧室门窗框图、测点图等 ②室内活动和通风习惯问卷	
3	儿童卧室灰尘采样 （床铺、地板）	灰尘采集相关问卷	
4	空气霉菌样本采集 （儿童卧室、客厅）	采集霉菌相关事项的问卷	

2.5.3 空气霉菌孢子采集和培养方法

本研究采用了 FA-1 型六级筛孔撞击式空气微生物采样器采集住宅室内客厅和儿童卧室的空气霉菌，选用含氯霉素的马铃薯葡萄糖琼脂培养基对采集的空气霉菌样本进行培养，具体霉菌采集和培养的步骤和方法如下：

1. 采样方法

本处采用的是 FA-1 型六级筛孔撞击式空气微生物采样器，其不仅能够测定空气微生物的数量，还能测出这些粒子的大小，而粒子大小是判定空气微生物危害程度的重要指标之一。采样前，需校正好仪器流量，使用酒精棉片对采样器的各个圆盘的内外表面进行消毒。采样时，在每层圆盘下方放置培养皿，用三个弹簧挂钩把六级圆盘紧密地连接在一起，将其放置在已调节好高度的三脚架上，然后将空气微生物采样器的流量设置为28.3L/min，采集时间设置为5min。采样完毕后，立即取出各级培养皿并迅速扣上平皿盖，用封口膜进行封装，标签纸编号。操作员全程需佩戴一次性手套和口罩。

2. 采样仪器

FA-1 型六级筛孔撞击式空气微生物采样器模拟人体呼吸道的解剖结构及其空气动力学特征，采用惯用撞击原理，绝大部分粒子特别是在气管及肺沉降的粒子基本都能撞击下来，最终在动力的驱动作用下根据不同粒径逐步沉降在各级培养皿中。其采样粒径范围广，可采集 0.65～10μm 的微生物粒子，采样效率高，采样时相对湿度逐级地升高(由第 1 级的 39%增至第 6 级的 88%)，这十分有利于脆弱的病原微生物，特别是病毒粒子的存活。整套仪器由六级撞击器、主机（流量计）、定时器、三脚架组成。其中撞击器是由六级带有微小喷孔的铝合金圆盘组成的，每个圆盘上环形排列 400 个尺寸精确的喷孔。当含有微生物粒子的空气进入采样口后，气流速度逐级增高，不同大小的微生物粒子按空气动力学特性分别撞击在相应的采样介质表面上。第 1 级和第 2 级类似人体上呼吸道捕获的粒子，第 3 级～第 6 级类似下呼吸道捕获的粒子，这在一定程度上模拟了这些粒子在呼吸道内的穿透作用和沉着部位。如图 2-4 所示，为 FA-1 型六级筛孔撞击式空气微生物采样器的纵剖面及其不同粒径级别对应下的人体呼吸器官。

3. 采样介质

本研究的采样介质为马铃薯葡萄糖琼脂培养基（含氯霉素）。其主要组成成分为马铃薯粉、葡萄糖、琼脂、氯霉素。马铃薯浸出粉有助于各种霉菌的生长，葡萄糖提供能源，琼脂是培养基的凝固剂，氯霉素可抑制细菌的生长。

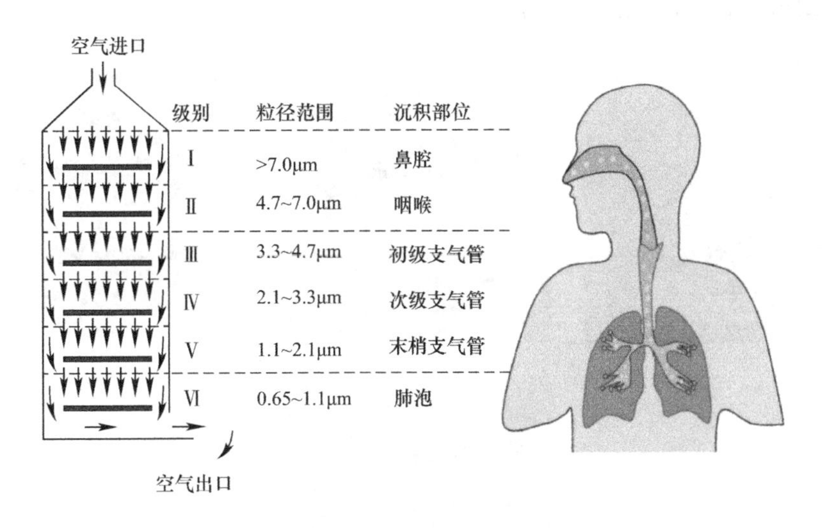

图 2-4　微生物采样器采样级别对应的人体呼吸系统沉降部位

4. 测点布置

在住户家里现场采样时，选择儿童活动时间相对较长的房间进行检测，儿童卧室和客厅分别选择 1 个采样点。选择采样点时，尽可能放置在客厅和卧室的中间，注意避免家具或墙角之间等通风不畅的死角。同时，采样点的高度应保持在儿童呼吸区的高度范围，距离地面1m左右。上述设计主要是为了准确反映室内空气中霉菌的污染程度及其对儿童呼吸道的影响。测点的布置和选取参照《室内环境空气质量监测技术规范》HJ/T 167—2004。正式采样前，应对撞击器进行清洗与消毒，避免残留在撞击器上的霉菌污染对目标住户的干扰和混淆。图2-5为课题组在住户客厅和儿童卧室现场采集空气霉菌孢子的实测图。

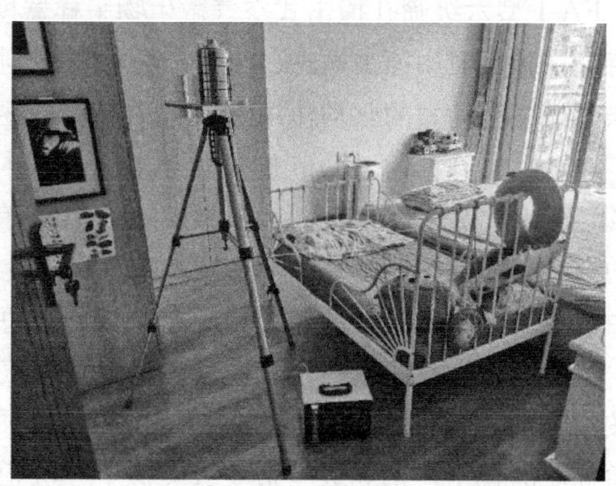

图2-5　客厅和儿童卧室中空气霉菌孢子现场采样示意图

采集完毕后，对培养皿进行封装和编号后即刻带回实验室，正面将培养皿放置于28±1℃的恒温培养箱中进行培养。每次放入一批样本时均需同时放入一个同批次类型的未使用的采样皿作为空白对照，与采集的样本同时进行培养。逐日观察后于第5天计数并记录霉菌总数，若霉菌数量过多可于第3天计数，并记录霉菌总数和培养时间，部分经恒温箱培养后的培养皿如图2-6所示。

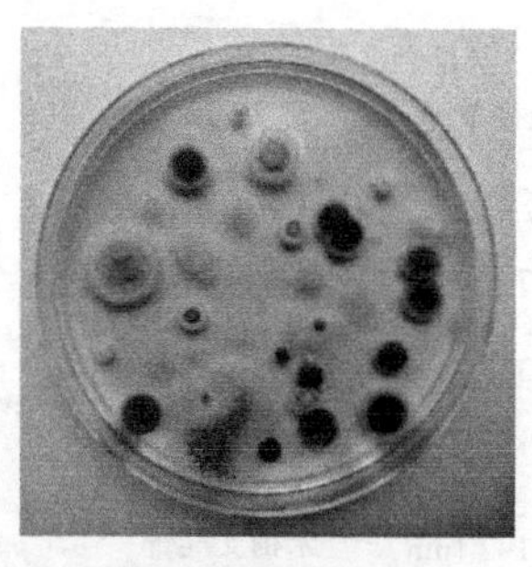
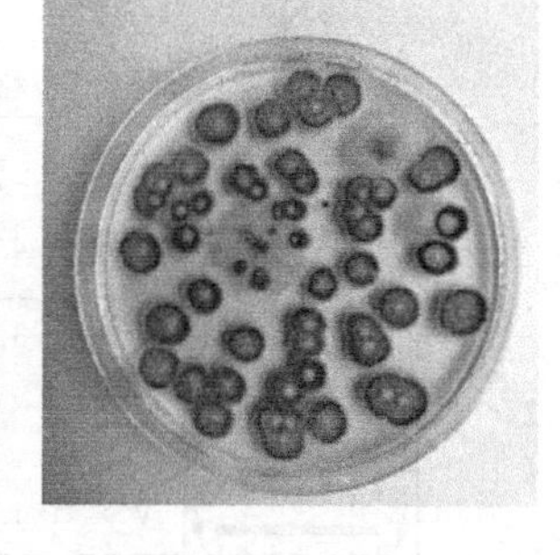
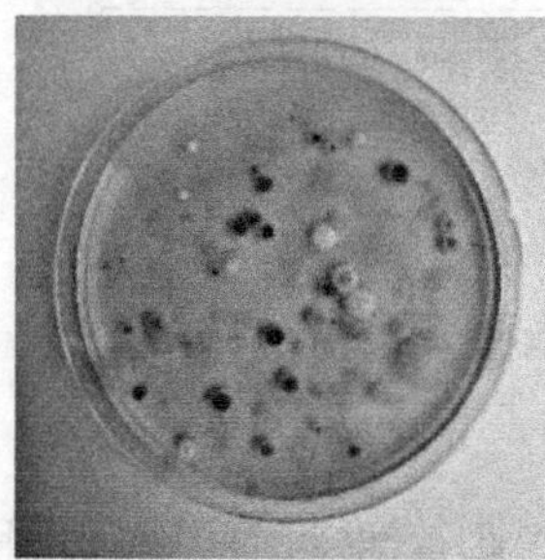

图2-6　经恒温箱培养后用于计数的培养皿示意图

当采用安德森型六级空气微生物采样器时，由于真菌颗粒通过相同的筛孔时，有概率撞击在同一点，导致霉菌生长的重叠，因此每一级的菌落形成单位都可以通过式（2-3）进行校正，则校正完后的空气中霉菌浓度的计算公式为式（2-4）。

$$Pr_i - N_i\left(\frac{1}{N_i}+\frac{1}{N_i-1}+\frac{1}{N_i-2}+\cdots \frac{1}{N_i-r_i+1}\right) \tag{2-3}$$

$$C=\frac{\sum_{i=1}^{6} Pr_i \times 1000}{T \times F} \tag{2-4}$$

式中　C——空气中霉菌浓度，CFU/m^3；

N_i——采样器第 i 级的筛孔数；

Pr_i——采样器第 i 级的校正后的菌落数；

T——采样时间，min；

F——采样器的流量，L/min。

本研究测试室内空气霉菌时采样时间为5min，采样室外时为10min，采样器流量恒为28.3L/min，所以根据公式，本研究测试室内空气霉菌浓度计算公式为：室内空气霉菌浓度（CFU/m^3）=[校正后的六级培养皿上的总菌落数(CFU)/28.3(L)×5]×1000，室外空气霉菌浓度计算公式为：室外空气霉菌浓度（CFU/m^3）=[校正后的六级培养皿上的总菌落数(CFU)/28.3(L)×10]×1000。最终结果将CFU/m^3（CFU：Colony-Forming Units 菌落形成单位）作为室内外空气霉菌浓度的计量单位，表示每立方米空气中霉菌形成菌落的数量。

2.6　数据统计分析方法

本研究采用STATA 11.0和SPSS 25.0进行统计分析。数据分析时，本研究严格筛选了目标变量中具有完整信息的学龄前儿童样本进行分析。因为部分不同组别的信息缺失，故亚组中的样本量之和不一定等于实际抽样的总样本量。所有分析结果中规定了双尾检验的 p 值<0.05时被认为达到显著性水平。

本研究数据分析过程中具体涉及的统计分析方法如下。

1. 皮尔逊卡方（χ^2）检验

卡方检验是以 χ^2 分布为基础的一种常用假设检验方法。χ^2 值表示观察值与理论值之间的偏离程度。卡方检验最常见的用途就是考察某无序分类变量各水平在两组或多组间的分布是否一致。本研究在交叉列联表分析中使用较多，即主要用于针对两个/多个分类变量的交叉表进行其关联程度的卡方检验，并可进一步计算出关联程度指标等，如检验某两个分类变量是否相互独立，检验控制某种或某几种分类因素的作用以后，另两个分类变量是否相互独立。皮尔逊卡方（χ^2）检验主要用于以下分析：

① 比较不同协变量和室内潮湿表征下的儿童过敏性疾病的患病率差异。

② 比较住宅不同时期不同房间的潮湿暴露情况下儿童过敏性疾病的患病率差异和住

宅内各房间在各暴露时期的潮湿暴露分数，不同房间的潮湿暴露时期数，不同时期的潮湿暴露房间数时的儿童过敏性疾病患病率差异。

③ 比较2010年和2019年的住宅潮湿暴露比例的不同，两阶段健康结局患病率的不同和不同组别的分布差异。

④ 比较不同建筑特征和生活方式的住宅各项室内潮湿暴露的比例。然后通过相关性分析来分析前述选出的影响因素之间的相关性。如果两因素之间存在较强或中等的相关性（$r>0.5$），选择其中更显著的1项作为代表因素。通过卡方检验选出与至少1项潮湿表征暴露显著相关的环境影响因素。

2. 独立样本 t 检验

t 检验，亦称 Student's t 检验（Student's t test），可用于判断两总体均值是否存在显著差异。使用该检验方法时，要求用于检验的数据需服从或近似服从正态分布。同时，各观察值之间还需要保持相互独立，各样本所在总体方差需相等。本研究中对不同季节下不同温湿度、不同生活习惯（饲养宠物、家庭成员吸烟、清洁频率、晾晒被褥频率）、不同室内潮湿表征暴露等变量下的空气霉菌孢子浓度差异比较时，均采用独立样本 t 检验进行分析。研究中涉及的 t 检验方法主要为独立样本 t 检验。

3. 单因素方差分析

主要用于多个样本均数间的比较，其统计推断是以某因素作为区分依据分别得到几组数据，并从几组数据方差的差异来推断该因素的影响是否存在或显著。和 t 检验相比，t 检验仅能实现对单个或2个样本的均数进行比较，单因素方差分析可用于对多个样本的均数进行比较。按照随机化原则，在实验研究过程中将受试对象随机分配到一个影响因素的多个水平中去，然后观察各组的试验效应，在观察研究（调查）中按某个研究因素的不同水平分组，比较该因素的效应。其使用条件亦要求数据具有独立性、正态性和方差齐性。本研究中对不同装修时间、不同地板材料、壁面材料、通风频率、空气净化器使用频率等多分类变量下的空气霉菌孢子浓度差异比较时，均采用单因素方差分析。

4. Logistic 回归分析

传统回归模型往往容易忽视数据的内在相关性，故易导致参数估计的标准误差变小，使得数据的计算结果过于容易拒绝无效假设，进而增大了犯第一类错误的概率。多水平 Logistic 回归模型则是基于层次结构数据的基础之上发展而来的，可将残差分解到相应的各个层次上，在考虑了数据的层次结构和变量间的相关性之后获得的参数估计值更稳定，所得出的结论更可信，故其较传统回归模型而言可更有效准确地处理具有层次结构特征的数据，是目前国际上统计学研究中一个新兴而重要的领域。

考虑到本研究采用了多阶段整群抽样方法，故在全国住宅室内潮湿暴露与儿童健康关联分析时，采用两水平（城市-儿童）Logistic 回归模型调查调整混淆因素后的室内潮湿表征暴露和哮喘、喘息、过敏性鼻炎和鼻炎症状的关联性和剂量-应答关系。在重庆市住宅室内潮湿暴露与儿童健康关联分析时，采用两水平（行政区-儿童）logistic 回归模型来评估室内潮湿暴露与学龄前儿童健康效应关联和住宅内各房间在各暴露时期的潮湿暴露分数、不同房间的潮湿暴露时期数、不同时期的潮湿暴露房间数与儿童健康效应的剂量-应答关系。在展开室内环境因素与潮湿表征暴露关联分析时，采用两水平（行政区-住宅）Logistic 回归模型来分析所选因素和潮湿表征暴露的关联性。回归模型由一个潮湿相关指标（作为因变量，是或否）与一个目标环境因素（作为自变量，是或否）和若干协变量构建。

其中，人们常把出现某种结果的概率与不出现该种结果的概率之比称为比值，即 odds$=P/(1-P)$。两个比值之比称为比值比（OR：odds ratio）。当两个 OR 进行比较时，会发现其大小的比较结果与对应的概率 P 的比较结果一致。故 OR 是否大于 1 可以用于两种情形下发生概率大小的比较。以环境暴露和儿童过敏性疾病关联分析为例，若 OR=1，即暴露组和非暴露组的群体患病概率相同，表明分析的环境暴露因素与目标疾病无关联。若 OR>1，则存在该项环境暴露者患病的概率要大于非暴露者，进而表明分析的环境暴露因素可能是目标疾病的危险因素。如果 OR<1，表明不存在该项环境暴露者患病的概率要大于暴露者，说明分析的该项环境暴露因素可能是目标疾病的保护因素。本研究上述 Logistic 回归分析中主要用 OR 值和经调整混淆因素后的比值比（AORs）来评估室内环境相关因子对儿童哮喘等过敏性疾病和潮湿表征暴露等变量的风险，并提供其 95%置信区间（CI）。

Logistic 回归模型的估计一般采用最大似然法，即使得模型的似然函数 L 达到最大值。似然比检验是基于整个模型的拟合情况进行的，其结果最为可靠。SPSS 提供了 3 种基于向前法（forward）的筛选自变量的方法，这三种向前法选入自变量时均采用比分检验，但剔除自变量的标准不同，分别为条件参数估计似然比检验（向前：条件）、偏最大似然估计的似然比检验（向前：LR）和 Wald 卡方检验（向前：Wald）。因基于条件参数估计和偏最大似然估计的筛选方法都比较靠谱，尤以后者为佳。本研究采用多元 Logistic 回归中向前步进（似然比）法来分析住宅建筑特性、居民生活习惯等因素分别对各项室内潮湿表征暴露的影响。本研究选择一项潮湿表征作为因变量，所有自变量（建筑特性和生活习惯）作为协变量。在逐步筛选分析中，当 p 值大于 0.10 时，相应的自变量被剔除。在最终的分析模型中，显著性水平设定为 p 值<0.05。最后，将分析模型筛选出来的与室内潮湿显著相关的因素根据 Wald′s 卡方值进行排序。所有检验均为双尾检验，p 值<0.05 时则认为达到显著性水平，具有统计学意义。如果因子有两个以上的类别，则在每个回归模型中选择其中一个类别作为参考组（等效为“否”），另一个类别则作为对应的变量（等效为“是”）。

5. 曼-惠特尼 U 检验

曼-惠特尼 U 检验（Mann-Whitney U 检验）又称曼-惠特尼秩和检验。曼-惠特尼 U 检验是通过研究两组样本的秩，计算并对比两样本的 U 统计量，从而判断两总体的分布是否相同。其原假设为：两组独立样本来自的两总体分布无显著差异，取置信度为 0.05，当检验结果 $P<0.05$ 时，拒绝原假设，说明两总体分布有显著差异，当检验结果 $P\geqslant 0.05$ 时，接受原假设，说明两总体分布无显著差异。现场测试中不同家庭室内污染物浓度水平差异的检验采用了 Mann-Whitney U 检验。

6. 线性回归分析

将两事物取值分别定义为变量 x 和 y，用回归方程 $y=a+bx$ 描述两者的关系，线性回归分析步骤共为三步，分别是：进行 F 检验（观察 R^2 和 VIF 值）、分析具体 X 对 Y

的影响关系和判断 X 对 Y 的影响关系方向。本研究主要是利用线性回归对室内外霉菌浓度的关系进行分析。

本章参考文献

[1] Beasley，R，et. al. Worldwide variation in prevalence of symptoms of asthma，allergic rhinoconjunctivitis，and atopic eczema：ISAAC [J]. Lancet (London，England)，1998，351 (9111)：1225-32.

[2] PEARCE N，WEILAND S，KEIL U，et al. Self-reported prevalence of asthma symptoms in children in Australia，England，Germany and New Zealand：an international comparison using the ISAAC protocol [J]. The European respiratory journal，1993，6 (10)：1455-61.

[3] JAAKKOLA J J，JAAKKOLA N，RUOTSALAINEN R，et. al. Home dampness and molds as determinants of respiratory symptoms and asthma in pre-school children [J]. Journal of exposure analysis and environmental epidemiology，1993，3 (Suppl 1)：129-42.

[4] BORNEHAG C G，SUNDELL J，SIGSGAARD T，et. al. Dampness in buildings and health (DBH)：Report from an ongoing epidemiological investigation on the association between indoor environmental factors and health effects among children in Sweden [J]. Indoor Air，2004，14：59-66.

[5] LONSDALE C，ROSENKRANZ R R，PERALTA L R，et al. A systematic review and meta-analysis of interventions designed to increase moderate-to-vigorous physical activity in school physical education lessons [J]. Preventive Medicine，2013，56 (2)：152-61.

[6] TARIQ S M，MATTHEWS S M，STEVENS M，et al. Sensitization to Alternaria and Cladosporium by the age of 4 years [J]. Clinical and experimental allergy：journal of the British Society for Allergy and Clinical Immunology，1996，26 (7)：794-8.

[7] THAM K W，ZURAIMI M S，KOH D，et al. Associations between home dampness and presence of molds with asthma and allergic symptoms among young children in the tropics [J]. Pediatric Allergy And Immunology，2007，18 (5)：418-24.

[8] 丁文清，夏薇，司继艳. 儿童哮喘及过敏性疾病室内环境因素病例对照研究 [J]. 现代预防医学，2010，37 (14)：2634-6.

[9] 吕海波，邓芙蓉，孙继东. 北京城、郊区儿童哮喘及相关过敏疾患的室内环境因素比较 [J]. 中华预防医学杂志，2010，44 (7)：626-30.

[10] 吴金贵，庄祖嘉，钮春瑾. 上海城区室内环境因素对4～17岁儿童青少年呼吸道症状的影响研究 [J]. 环境与健康杂志，2010，27 (2)：127-30.

[11] BORNEHAG C G，SUNDELL J，HAGERHED-ENGMAN L，et al. 'Dampness' at home and its association with airway，nose，and skin symptoms among 10，851 preschool children in Sweden：a cross-sectional study [J]. Indoor Air，2005，15：48-55.

[12] CAI J，LI B，YU W，et al. Damp indicators in different areas of residence in different periods are strongly associated with childhood asthma and wheeze [J]. Building And Environment，2020，182：107131.

[13] CAI J，LI B，YU W，et al. Associations of household dampness with asthma，allergies，and airway diseases among preschoolers in two cross-sectional studies in Chongqing，China：Repeated surveys in 2010 and 2019 [J]. Environment International，2020，140：105752.

[14] L Z，J Z，B X，et al. Influence of indoor formaldehyde pollution on respiratory system health in the urban area of Shenyang，China [J]. African health sciences，2013，13 (1)：137-143.

[15] ELISABETE V S，TETELBOM S R，ARCHANJO F A，et al. Urban air pollutants are significant risk factors for asthma and pneumonia in children：the influence of location on the measurement of pollutants [J]. Archivos

de bronconeumologia，2012，48 (11)：389-395.

[16] HAWKINS D M. Identification of Outliers [M]. New York：Chapman and Hall，1980.

[17] HE Z，XU X，HUANG J Z，et al. FP-outlier：Frequent pattern based outlier detection [J]. Computer Science and Information Systems，2005，2 (1)：103-118.

第3章

住宅建筑室内环境与儿童健康

20世纪70年代末，由于能源危机及石油禁运，为节省能源消耗，建筑的密闭性大大提高，另一方面大量建材的使用导致室内污染物的散发，使得长期在室内工作和生活的人们表现出一系列不适症状，如病态建筑综合征（Sick Building Syndrome，SBS），化学品敏感（Multiple Chemical Sensitivity，MCS），建筑物关联症（Building Related Illness，BRI）等[1]。此外，室内空气污染还与多种疾病有联系。大量研究显示室内空气污染水平与人群呼吸系统疾病的发病率和死亡率有很密切的关系[2,3]。Kurmi O P等人的研究发现固体燃料燃烧产生的室内空气污染与妇女慢性阻塞性肺病及慢性支气管炎相关。近年来的研究还发现，被动吸烟暴露与胎儿死亡率、低出生体重、早产、胎儿宫内发育迟缓、先天缺陷等也存在关联网[4]。

相对于成年人来说，学龄前儿童在室内停留的时间更长（学龄前儿童：73.3%；成年人：65.4%[5]）在这种情况下，儿童在住宅内会面临着更大的健康威胁。据国内外学者报道，城市儿童每天约90%时间在室内度过，其中在居室内的时间高达16h，占到了一天时间的67%[6]。而且，儿童的身体正在成长中，呼吸量按体重比比成人高50%。因此，室内环境的日益恶化对儿童的健康有着重要的影响。此前，印度Y. Ramesh等人的研究发现室内烹饪燃料与5岁以下儿童急性呼吸道感染显著相关[7]。瑞典Hyunok Choi等人的研究也发现住宅室内挥发性有机物（VOCs）浓度较高儿童患哮喘和鼻炎的风险也较高[8]。因此更加深入探讨住宅建筑室内环境与儿童健康的关联有着极大的必要性。

3.1　住宅室内环境现状

室内环境是相对于室外环境而言，指采用天然材料或人工材料围合而成的相对封闭的小空间，即与外界大环境相对而言的人工小环境。室内环境因素是指与室内环境质量相关的因素，这些因素与室内环境污染的产生、扩散和分布有着直接的关系，反映了住宅室内环境的整体状况，决定了住宅室内环境参数（物理环境参数、化学环境参数、生物环境参数及放射性参数）的分布水平。

本书讨论的室内环境包括：建筑潮湿、建筑特征、建筑装修装饰材料和家具、厨房燃料燃烧及烹饪、环境烟草烟雾、暖通空调、人员生活习惯、室内动物、室内设备及用品。下述以重庆地区典型住宅调研结果为例进行阐述。

3.1.1　调研对象基本情况

重庆位于长江流域上游，属“夏热冬冷”地区，冬暖夏热，无霜期长、雨量充沛，常年降雨量1000～1450mm，冬季日照严重不足，日照总时数1000～1200h，多雾，年平均雾日104天。第一阶段考虑调研地点主要包括渝中区、江北区、南岸区、九龙坡区、沙坪坝区、大渡口区、北碚区、渝北区、巴南区这九个主城区，通过随机抽样确定了三个主城区的54个幼儿园的7117名幼儿园儿童作为调研对象，其中有5299名儿童交回了调查问卷。在这5299名儿童的反馈问卷中，有155份问卷没有填写性别或者年龄，在后续分析予以剔除。另外由于1岁、2岁、7岁和8岁儿童的问卷数量太少，总共仅有194名，所以本研究之后的分析只考虑4950名3～6岁儿童的反馈问卷。

3.1.2 调研住宅室内环境因素

在这4950名儿童中，男孩2536名，占51.2%，女孩2414名，占48.8%，男女的数量比例不存在显著性差异。按照年龄进行分层统计后，其中4岁儿童占的比例最多，为33.7%，其次是5岁儿童，占30.8%，3岁和6岁儿童占总数的35.6%，见表3-1。

调查对象性别、年龄和住宅位置分布情况 表3-1

年龄	城市		郊区		农村		不知道		合计
	男	女	男	女	男	女	男	女	
3岁	410	385	80	49	37	29	22	21	1033
4岁	549	564	155	147	79	86	44	43	1667
5岁	470	493	140	155	88	80	51	47	1524
6岁	257	188	92	69	43	38	19	20	726
合计	1686	1630	467	420	247	233	136	131	4950

本章节将所有可能反映住宅室内环境优劣的因素，包括住宅室内污染源、住宅室内通风、住宅室内清洁、人体在住宅室内的主观感受等称为住宅室内环境因素，依托这些因素从多方面来综合反映住宅室内环境特性。本章节中所涉及的住宅室内环境因素包括：住宅位置、住宅类型、建筑年代、住宅地板材料、住宅墙面材料、住宅新家具、住宅重新装修、住宅潮湿现象、住宅室内吸烟情况、烹饪能源使用情况、室内蟑螂、老鼠和苍蝇蚊子出现情况、室内清洁情况、室内气味状况、住宅面积、住宅通风和住宅周边环境等。

初步分析发现住宅形式（多户公寓住宅：是或否）、建筑年代（1980年之前、1980—1990年、1991—2000年、2001—2005年、2006年至今）、住宅面积（≤40m^2、41～60m^2、61～75m^2、76～100m^2、101～150m^2、≥150m^2）几个因素整体上对其他住宅室内环境因素分布影响较大，以下将对其逐个进行分析。

1. 住宅形式

表3-2显示了多户公寓住宅与住宅位置、建筑年代以及住宅面积的关系。可以发现，多户公寓住宅和非多户公寓住宅的住宅位置分布存在显著差异。城市中多户公寓住宅占比多于非多户住宅（多户公寓住宅占比82.9%，非多户公寓住宅占比59.5%）。郊区中多户公寓住宅占比少于非多户住宅（多户公寓住宅14.6%，非多户公寓住宅22.8%）。农村中多户公寓住宅占比最少（多户公寓住宅2.5%，非多户公寓住宅17.7%）。还可以发现多户公寓住宅的建造年代整体上晚于非多户公寓住宅。可以看到多户公寓住宅建于2001—2005年和2006年以后的比例明显高于非多户公寓住宅，而建造于2000年前的比例明显低于非多户公寓住宅，即多户公寓住宅整体上较非多户公寓住宅新。同时也可以发现多户公寓住宅的建筑面积整体上也大于非多户公寓住宅。

多户公寓住宅与住宅位置、建筑年代和住宅面积的关系 **表 3-2**

		多户公寓住宅（%）（n）		P值[a]
		是	否	
住宅位置	城市	82.9（1843）	59.5（1346）	—
	郊区	14.6（324）	22.8（516）	<0.001
	农村	2.5（55）	17.7（401）	—
建筑年代	1980 年之前	1.7（38）	6.0（133）	—
	1980—1990 年	6.1（134）	12.3（273）	—
	1991—2000 年	18.3（404）	26.3（586）	<0.001
	2001—2005 年	40.6（896）	29.8（663）	—
	2006 年至今	33.2（733）	25.7（571）	—
	1980 年之前[b]	1.7（38）	6.0（133）	<0.001
	1990 年之前[b]	7.8（172）	18.2（406）	<0.001
	2000 年之前[b]	26.1（576）	44.6（992）	<0.001
建筑面积	40m^2	7.5（167）	22.2（503）	—
	41～60m^2	11.6（257）	15.1（342）	—
	61～75m^2	20.0（444）	16.5（373）	<0.001
	76～100m^2	29.9（665）	21.7（491）	—
	101～150m^2	26.9（597）	18.4（415）	—
	150m^2	4.2（93）	6.1（137）	—

注：a. Pearson 卡方检验，$P<0.05$ 为显著；

b.“1980 年之前”“1990 年之前”“2000 年之前”分别以“1980 年之后”“1990 年之后”“2000 年之后”为对照。

表 3-3 显示了多户公寓住宅与儿童卧室中主要地板材料和墙面材料的关系。分析显示，多户公寓住宅中更多地采用了实木和强化木作为地板材料，而较少地采用了瓷砖、石头和水泥。与非多户公寓住宅相比，多户公寓住宅中采用壁纸、油漆和乳胶漆作为墙面材料的比例也更多，而采用木质板、石灰和水泥则较少。

多户公寓住宅与儿童卧室地板材料和墙面材料的关系 **表 3-3**

		多户公寓住宅（%）（n）		P值[a]
		是	否	
地板材料	实木	19.7（440）	16.0（367）	0.001
	强化木	39.5（885）	15.8（365）	<0.001
	瓷砖、石头	30.2（677）	38.9（897）	<0.001
	水泥	8.3（186）	26.1（602）	<0.001
墙面材料	壁纸	14.0（309）	10.3（232）	<0.001
	油漆	11.4（252）	5.7（128）	<0.001
	石灰	13.6（300）	24.9（561）	<0.001
	水泥	3.9（86）	13.4（303）	<0.001
	乳胶漆	55.2（1222）	37.6（848）	<0.001

注：a. Pearson 卡方检验，P 值<0.05 为显著。

表 3-4 为多户公寓住宅与室内装饰、装修及室内潮湿的关系。多户公寓住宅中购买过新家具（在母亲怀孕之前一年内、母亲怀孕期间、儿童 0 到 1 岁时、儿童 1 岁以后这 4

个时间段中的任意一个时间段内购买过新家具定义为购买过新家具，以下简称“新家具”）、进行过重新装修（在母亲怀孕之前一年内、母亲怀孕期间、儿童 0 到 1 岁时、儿童 1 岁以后这 4 个时间段中的任意一个时间段内进行过重新装修定义为进行过重新装修，以下简称“重新装修”）的比例较高，在儿童睡觉的房间中的墙面、地板和顶棚上发现有比较明显的潮湿的现象（以下简称“湿点”）和最近一年以内在住宅中有发现被褥、衣物等出现受潮的现象（以下简称“衣物被褥受潮”）的比例较低。冬天在儿童睡觉房间中，窗户内表面底部有高度大于或等于 5cm 的凝结水或者水汽现象（以下简称“窗户凝水”）的比例较高。其他潮湿现象，如住宅中发生过水泛滥或者其他由水造成的损害（以下简称“水损”）和在儿童睡觉房间中的墙面、地板和顶棚上发现明显的发霉现象（以下简称“霉点”）在多户公寓住宅和非多户公寓住宅中发现的比例无明显差异。

多户公寓住宅与新家具、重新装修及室内潮湿的关系　　　**表 3-4**

		多户公寓住宅（%）（n）		P 值[a]
		是	否	
室内装饰	新家具	60.8（1286）	53.1（1127）	<0.001
	重新装修	39.0（759）	27.8（529）	<0.001
潮湿	霉点	4.8（101）	5.8（123）	0.123
	湿点	6.4（136）	10.0（214）	<0.001
	水损	8.8（180）	9.8（197）	0.272
	窗户凝水	18.0（352）	10.8（219）	<0.001
	衣物被褥受潮	32.8（724）	37.5（854）	0.001
	感觉空气潮湿	31.4（630）	34.8（710）	0.019

注：a. Pearson 卡方检验，P 值<0.05 为显著。

不同住宅形式烹饪能源的选用也存在显著差异，如表 3-5 所示。可以很容易发现，多户公寓住宅较非多户公寓住宅中较少地使用了电、煤和木材作为烹饪能源，但更多地使用了天然气作为烹饪能源。这可能是由不同住宅类型中不同能源获取的便利程度以及使用上的便利程度决定的，例如在多户公寓住宅中煤和木材的运输和储存会不太方便，因此使用率较低。同时也发现，多户公寓住宅中更多的采用了电暖器和空调供暖，非多户公寓住宅中则更多地没有供暖。另外，多户公寓住宅中老鼠的比例和喂养宠物的比例也显著低于非多户公寓住宅。

多户公寓住宅与烹饪燃料、供暖方式、室内蟑螂、老鼠、蚊子苍蝇的关系　　　**表 3-5**

		多户公寓住宅（%）（n）		P 值[a]
		是	否	
烹饪能源	电	29.6（659）	42.5（973）	<0.001
	煤	0.6（13）	2.6（59）	<0.001
	木材	0.7（15）	6.1（139）	<0.001
	天然气	91.1（2027）	70.7（1620）	<0.001
供暖方式	电暖器	28.2（624）	24.9（560）	0.013
	空调供暖	34.6（766）	24.8（556）	<0.001
	无供暖	42.5（940）	47.2（1062）	0.002

续表

		多户公寓住宅（%）(*n*)		P值[a]
		是	否	
室内动物	蟑螂	76.3 (1633)	75.4 (1625)	0.490
	老鼠	34.2 (688)	55.0 (1155)	<0.001
	蚊子苍蝇	85.5 (1840)	84.3 (1850)	0.261
室内宠物	现在养宠物	16.9 (374)	25.2 (572)	<0.001
	孩子出生时养宠物	13.5 (299)	19.7 (447)	<0.001

注：a. Pearson 卡方检验，P值<0.05为显著。

表3-6为多户公寓住宅与住宅位置、住宅所有权及住宅冬季热感觉的关系。可以发现，居住于多户公寓住宅中的住户更多地在冬季感觉到冷，而居住于非多户公寓住宅中的住户在冬季感觉到冷的情况则较少。另外，多户公寓住宅更多地位于交通干线或高速公路附近，且在多户公寓住宅中居住的住户拥有住宅所有权的比例也显著高于非多户公寓住宅。

多户公寓住宅与住宅热感觉、住宅所有权及住宅位置的关系 **表3-6**

		多户公寓住宅（%）(*n*)		P值[a]
		是	否	
冬季感觉冷	每天	1.7 (38)	1.6 (36)	—
	大多数时候	10.2 (225)	9.3 (211)	0.010
	有时	77.2 (1711)	75.0 (1704)	—
	从不	10.9 (241)	14.2 (322)	—
住宅所有权	拥有住宅	69.2 (1525)	48.2 (1083)	<0.001
住宅位置	交通干线或高速公路	49.4 (1068)	38.5 (847)	<0.001
	临江/湖	8.7 (189)	5.5 (121)	<0.001
	商业区	19.7 (427)	15.3 (338)	<0.001
	工业区	9.0 (194)	15.5 (343)	<0.001
	其他	28.5 (616)	37.5 (827)	<0.001

注：a. Pearson 卡方检验，P值<0.05为显著。

表3-7显示了多户公寓住宅与室内设备以及厨房通风的关系。可以发现，与非多户公寓住宅相比，多户公寓住宅中使用打印机或复印机、空调、厨房抽油烟机的比例显著较高，使用厨房排风扇的比例显著较低。多户公寓住宅中更多地拥有厨房排烟设备。

多户公寓住宅与室内设备以及厨房通风的关系 **表3-7**

		多户公寓住宅（%）(*n*)		P值[a]
		是	否	
室内设备	打印机或复印机	9.8 (200)	7.8 (145)	0.030
	空气加湿器	4.8 (99)	4.1 (77)	0.296
	离子发生器	1.2 (24)	1.3 (24)	0.737
	空调	96.8 (1982)	94.2 (1752)	<0.001
	空气净化设备	2.9 (59)	3.9 (72)	0.086
厨房通风	抽油烟机	70.7 (1566)	42.9 (966)	<0.001
	排风扇	34.0 (754)	40.1 (903)	<0.001
	无	5.9 (131)	24.2 (544)	<0.001

注：a. Pearson 卡方检验，P值<0.05为显著。

通风是影响住宅室内环境的一个重要因素。表 3-8 分析了多户公寓住宅与孩子夜晚睡觉时房间开窗习惯的关系。可以发现，与非多户公寓住宅相比，多户公寓住宅中春季、秋季和冬季夜晚经常开启儿童房间窗户进行通风的住宅比例显著较高，而夏季两者之间的关系则不显著。这可能是因为夏季的开窗行为很大程度上会受到空调开启状况的影响。

多户公寓住宅与儿童房间夜晚通风习惯的关系 **表 3-8**

住宅通风	多户公寓住宅（%）（n）		P 值[a]
	是	否	
春季经常开窗	66.3（1465）	59.2（1333）	<0.001
夏季经常开窗	74.8（1649）	73.5（1657）	0.345
秋季经常开窗	67.5（1481）	60.8（1348）	<0.001
冬季经常开窗	38.3（840）	33.8（749）	0.002

注：a. Pearson 卡方检验，P 值<0.05 为显著。

表 3-9 显示了多户公寓住宅与清洁习惯、晾晒被褥习惯、住宅内使用蚊香/驱蚊器、熏香的关系。可以发现，多户公寓住宅中住户每天对住宅进行清洁的比例显著低于非多户公寓住宅，与非多户公寓住宅住户相比，多户公寓住宅的住户更倾向于一周清洁 2 次、一周清洁 1 次等频率更低的清洁方式。晾晒被褥的习惯上，多户公寓住宅和非多户公寓住宅住户没有明显差别。蚊香/驱蚊器和熏香是住宅中可能使用到的一类化学物品，从表 3-9 的结果来看，多户公寓住宅中住户蚊香/驱蚊器和熏香使用得更少。

多户公寓住宅与清洁习惯、晾晒被褥、蚊香/驱蚊器、熏香的关系 **表 3-9**

		多户公寓住宅（%）（n）		P 值[a]
		是	否	
清洁习惯	每天	38.3（846）	45.3（1014）	—
	一周两次	34.9（770）	33.0（738）	—
	一周一次	22.4（495）	16.5（369）	<0.001
	两周一次	1.9（41）	1.8（41）	—
	一月一次	1.4（32）	1.7（38）	—
	一月不到一次	1.1（25）	1.6（36）	—
	每天清洁[b]	38.3（846）	45.3（1014）	<0.001
晾晒被褥	从不	4.3（96）	5.4（123）	—
	偶尔	54.7（1216）	53.3（1215）	0.210
	经常	41.0（913）	41.3（943）	—
蚊香/蚊器	经常	22.8（503）	25.8（581）	—
	有时	62.2（1373）	62.0（1395）	0.004
	不用	15.1（333）	12.2（274）	—
熏香	经常	1.6（34）	2.6（57）	—
	有时	15.0（327）	16.2（358）	0.030
	不用	83.4（1813）	81.2（1794）	—

注：a. Pearson 卡方检验，P 值<0.05 为显著；
b."每天清洁" 对照为 "否"，即没有每天清洁。

2. 建筑年代

不同建造年代，由于建造技术、建筑材料、人们的审美及对生活品质要求等的不同，建筑室内环境因素的分布也可能不同，这一点集中表现在建筑室内装饰装修上。如表3-10所示，住宅主要地板材料（实木、强化木、瓷砖石头、水泥）和墙面材料（水泥、石灰、墙纸、乳胶漆、油漆）的使用情况随建造年代的不同存在显著变化。与1980年之前建造的建筑相比，1980—1990年建造的建筑实木地板的使用比例有显著的降低，而在随后的时间里呈现显著的上升趋势，之后保持稳定。瓷砖、石头地板的使用情况与实木地板相反，1980—1990年建造的建筑中采用瓷砖、石头地板的比例较之前有显著上升，但自1990年之后瓷砖、石头地板的使用比例呈现了明显的下降趋势。强化木地板和水泥地板的使用率则分别随建设年代的临近呈现出了明显的上升和下降的趋势，即较新的建筑中更多地使用了实木和强化木地板，较旧的建筑中更多地使用了瓷砖、石头和水泥地板。

不同建设年代的住宅不同墙面材料的使用率也存在显著差异。从表3-10中可以看到，随着住宅建设年代临近当前，水泥墙面和石灰墙面的使用率整体上呈现下降趋势，而墙纸和乳胶漆的使用率整体上呈现上升趋势，油漆的使用率虽然一直在波动，但仍然是呈现出在波动中缓步上升的趋势。此外表3-10显示随着建造年代的不同，住宅厨房通风设备的使用情况也不同。整体上，越新的建筑中有厨房通风设备的比例越高，且较新的住宅中使用抽油烟机的比例较高，使用排风扇的比例较低。

建造年代与室内装饰、装修、通风设备的关系 **表3-10**

		建造年代（%）（*n*）					*P*值[a]
		1980年之前	1980—1990年	1991—2000年	2001—2005年	2006年至今	
地板材料	实木	14.5（26）	6.7（28）	15.1（152）	21.1（333）	20.8（274）	<0.001
	强化木	2~8（5）	5.0（21）	15.2（153）	37.7（595）	36.6（484）	<0.001
	瓷砖石头	36.9（66）	53.3（225）	48.0（482）	27.9（441）	25.4（336）	<0.001
	水泥	41.3（74）	32.2（136）	19.4（195）	10.5（166）	14.6（193）	<0.001
墙面材料	水泥	18.3（32）	11.6（47）	8.5（84）	6.6（102）	8.6（113）	<0.001
	石灰	45.7（80）	36.8（149）	25.4（249）	12.3（191）	12.4（162）	<0.001
	墙纸	5.7（10）	7.1（29）	9.7（95）	11.4（178）	17.4（228）	<0.001
	乳胶漆	24.0（42）	33.3（135）	44.6（438）	54.6（850）	47.4（622）	<0.001
	油漆	5.1（9）	3.4（14）	5.8（57）	11.0（171）	10.0（131）	<0.001
室内装饰	新家具	52.1（85）	44.1（169）	50.6（474）	58.6（877）	65.5（808）	<0.001
	重新装修	28.7（41）	19.4（67）	22.0（186）	32.6（451）	49.7（555）	<0.001
厨房通风设备	有抽油烟机	21.6（37）	15.4（63）	34.3（337）	71.9（1124）	75.6（983）	<0.001
	有排风扇	46.2（79）	61.0（250）	58.3（573）	30.3（474）	20.6（268）	<0.001
	无通风设备	40.4（69）	27.2（111）	15.8（155）	8.5（133）	13.4（174）	<0.001

注：a. Parson卡方检验。

表3-11显示了建造在不同年代的住宅其建筑类型、住宅面积和住宅位置分布上的差异。从表中可以看到，比较新的住宅中为多户公寓住宅的比例较高，建设年代比较久远的住宅则更多地采用了单户住宅的形式。分析不同建设年代住宅的面积分布发现越新的住宅建设为小于等于60m^2的比例越低，随着建设年代的临近，住宅面积为61～75m^2、76～100m^2、101～150m^2、150m^2的住宅比例整体上均呈现上升趋势，即越新的住宅建设为面积较大的住宅的比例越高。

建造年代与住宅类型、住宅面积、住宅位置的关系　　**表 3-11**

		建造年代（%）（n）					P 值[a]
		1980 年之前	1980—1990 年	1991—2000 年	2001—2005 年	2006 年至今	
住宅类型	多户公寓住宅	22.2（38）	32.9（134）	40.8（404）	57.5（896）	56.2（733）	<0.001
	非多户公寓住宅	46.2（79）	37.3（152）	36.1（357）	27.1（422）	25.2（329）	—
住宅面积	<40m²	39.3（70）	23.0（95）	14.9（148）	9.6（151）	13.7（180）	—
	41～60m²	27.0（48）	31.7（131）	16.8（167）	8.2（128）	9.3（122）	—
	61～75m²	15.2（27）	22.5（93）	19.6（195）	15.2（239）	20.2（265）	<0.001
	76～100m²	6.7（12）	13.1（54）	24.4（243）	29.7（466）	29.2（383）	—
	101～150m²	10.1（18）	7.3（30）	19.2（191）	30.7（481）	23.0（301）	—
	>150m²	1.7（3）	2.4（10）	5.2（52）	6.6（103）	4.6（60）	—
住宅位置	交通干线	36.6（63）	37.4（151）	44.1（424）	49.3（752）	42.6（538）	<0.001
	临江/湖	8.1（14）	4.4（18）	5.1（49）	7.3（112）	9.3（117）	0.001
	商业区	12.1（21）	19.5（79）	23.0（222）	18.0（275）	13.4（170）	<0.001
	工业区	20.8（36）	15.6（63）	10.4（100）	9.8（150）	13.4（170）	<0.001
	其他	38.2（66）	38.7（156）	33.4（322）	29.6（451）	33.5（424）	0.003

注：a. Pearson 卡方检验。

3. 建筑面积

表 3-12 分析了住宅面积与儿童房间主要地板材料、墙面材料以及住宅购买新家具、进行重新装修的关系。可以发现，面积越大的住宅中使用实木地板的比例越高，较大面积的住宅中整体上使用强化木地板的比例较高，而使用瓷砖、石头和水泥地板的比例较低。对不同面积的住宅，墙面材料使用情况的分析也发现了类似的关系。整体上，面积较大的住宅中使用水泥、石灰的比例较低，使墙纸、乳胶漆的比例较高，而在面积为 61～75m² 的住宅中使用油漆墙面的比例比其他面积的住宅都高。另外，也可以发现，在面积较大的住宅中购买了新家具、进行过重新装修的比例也更高一些。

住宅面积与地板材料、墙面材料、新家具、重新装修的关系　　**表 3-12**

		建筑面积（%）（n）						P 值[a]
		<40m²	41～60m²	61～75m²	76～100m²	101～150m²	>150m²	
地板材料	实木	7.9（53）	8.1（49）	14.3（119）	18.6（218）	27.1（280）	42.4（97）	<0.001
	强化木	5.2（35）	14.4（88）	30.7（257）	36.1（424）	38.9（401）	22.0（51）	<0.001
	竹	1.5（10）	0.8（5）	2.4（20）	1.4（17）	2.5（26）	2-2（5）	0.099
	瓷砖石头	40.0（269）	45.9（281）	39.1（327）	34.0（400）	24.7（255）	21.1（49）	<0.001
	水泥	44.7（301）	30.1（184）	12.9（108）	8.9（105）	5.7（59）	11.2（26）	<0.001
	PVC	0.7（5）	11（7）	0.4（3）	0～4（5）	0.3（3）	0～4（1）	0.230
	地毯	0.1（1）	0.3（2）	0.2（2）	0～4（5）	0.1（1）	0～4（1）	0.705
墙面材料	木质板	2.3（15）	1.0（6）	0.9（7）	0～4（5）	1.2（12）	1.8（4）	0.013
	水泥	17.4（115）	12.3（74）	4.7（38）	6.3（73）	6.1（62）	10.6（24）	<0.001
	石灰	44.8（296）	30.3（183）	18.0（147）	12.6（145）	7.0（71）	6.6（15）	<0.001
	墙纸	5.3（35）	6.5（39）	8.6（70）	11.5（132）	20.5（209）	26.4（60）	<0.001
	乳胶漆	24.2（160）	38.6（233）	52.0（425）	53.8（619）	54.2（553）	44.9（102）	<0.001
	油漆	3.5（23）	5.3（32）	11.8（96）	11.3（130）	9.3（95）	3.1(7)	<0.001

续表

		建筑面积（%）（n）						P 值[a]
		$<40m^2$	$41\sim60m^2$	$61\sim75m^2$	$76\sim100m^2$	$101\sim150m^2$	$>150m^2$	
室内装饰	新家具	44.2（272）	51.1（285）	57.5（444）	63.2（703）	61.0（597）	60.1（131）	<0.001
	重新装修	19.8（106）	25.7（128）	35.9（252）	39.8（405）	37.3（341）	35.5（71）	<0.001

注：a. Pearson 卡方检验。

一般情况下，单位面积住宅采用瓷砖石头和水泥地板的成本比采用强化木地板、实木地板的成本低，采用水泥、石灰墙面比采用壁纸、油漆或乳胶漆墙面的成本低，可以推测，住宅面积大小跟家庭经济状况是存在一定关联的，居住于面积较大的住宅中的住户可能是因为拥有更强的经济条件，因此采用了装饰效果更高的材料，并更多地购买了新家具和进行了重新装修。

表3-13分析了不同面积的住宅中厨房通风设备的使用情况以及出现一些令人不舒服的气味的比例。可以看到，面积越大的住宅中有通风设备的比例越高，并且，面积越大的住宅中有抽油烟机的比例也越高。这与不同面积的住宅中装饰材料的使用情况可能存在相同的原因，即可能是因为拥有较大面积住宅的住户拥有较强的经济实力，更倾向于采用或者更换成现在比较流行使用的抽油烟机。另外也可能是因为在面积较小的住宅中安装抽油烟机的空间有限，从而限制了他们对抽油烟机的使用。

住宅面积与厨房通风以及住宅室内气味的关系 表3-13

		建筑面积（%）（n）						P 值[a]
		$<40m^2$	$41\sim60m^2$	$61\sim75m^2$	$76\sim100m^2$	$101\sim150m^2$	$>150m^2$	
厨房通风设备	有抽油烟机	18.4（120）	35.1（212）	58.2（478）	70.3（813）	76.0（779）	66.2（149）	<0.001
	有排风扇	38.2（249）	53.6（323）	41.5（341）	31.5（365）	31.0（318）	36.0（81）	<0.001
	无通风设备	45.3（295）	18.0（109）	8.2（67）	8.3（96）	6.2（63）	14.2（32）	<0.001
室内气味	不新鲜气味	41.1（255）	35.6（195）	32.0（248）	30.7（329）	30.0（291）	32.9（70）	<0.001
	不愉快的气味	34.5（208）	30.9（163）	27.3（203）	26.2（268）	26.2（248）	20.6（42）	<0.001
	刺激性气味	22.5（134）	18.7（98）	16.8（124）	15.5（159）	15.2（143）	15.1（31）	0.003
	发霉的气味	18.7（112）	13.9（72）	9.1（67）	8.9（91）	9.7（91）	11.3（23）	<0.001
	烟草的气味	45.0（275）	46.2（244）	41.7（312）	37.4（386）	36.2（343）	41.7（88）	<0.001
	感觉空气干燥	44.2（265）	38.4（201）	37.5（277）	37.2（385）	37.3（351）	33.5（69）	0.034

注：a. Pearson 卡方检验。

3.1.3 住宅室内环境污染情况

相对室外环境而言，住宅室内环境更容易受到各方面因素的影响而产生住宅室内环境质量不良的情况，而人在住宅室内环境中停留时间更长，因此住宅室内环境质量对人体的舒适健康有着非常重要的意义。

1. 室内空气污染物及其危害

（1）甲醛

甲醛是被世界卫生组织确认为具有致癌作用的重要的室内污染物，对人体鼻、眼黏膜和上呼吸道均有强烈的刺激作用。当甲醛浓度达到 $0.30mg/m^3$ 时，会威胁到气喘病人和儿童的健康[9]。

室内甲醛主要来源于室内家具及装修材料。可能散发出甲醛的室内装修材料包括各类脲醛树脂胶人造板材，如护墙板、顶棚、油漆、乳胶漆、墙纸和涂料等。另外家具、化纤地毯等室内陈列也可能散发甲醛。除室内装饰和室内陈列之外，某些物品或材料（如香烟）的燃烧也会散发出甲醛。另外，某些日常生活用品，如化妆品、杀虫剂、清洁剂、印刷油墨、纸张等也均含有甲醛。

（2）TVOC

TVOC 是总挥发性有机化合物的简称，TVOC 有刺激性气味，而且有些化合物具有基因毒性。TVOC 能引起机体免疫水平失调，影响中枢神经系统功能，出现头晕、头痛、嗜睡、无力、胸闷等自觉症状。还可能影响消化系统，出现食欲不振、恶心等，严重时可损伤肝脏和造血系统，出现变态反应等。

与室内甲醛类似，室内 TVOC 也可来源于室内建筑材料、地毯、家具、吸烟、使用驱蚊剂、清洗剂、化妆品等。另外，室内 TVOC 还可能来源于生活燃料和室外空气。

（3）CO

CO 是无色无味的有毒气体，对人体的肺部、神经系统以及心脏均可能产生有害影响。而当空气中的 CO 浓度达到 2.5%时，可能加重胸痛病人的症状，当空气中 CO 浓度达到 10%时，可能引起心血管疾病[10]。室内 CO 主要来源于吸烟、含碳燃料（如煤、木材、天然气等）的不完全燃烧等，室外机动车辆排放的尾气中也含有 CO。

（4）NO_2

NO_2 也是一种有毒气体。当空气中 NO_x 含量超过 $1mg/m^3$ 时可能导致肺细胞的病理组织产生变化，长时间暴露则可能导致肺气肿等呼吸道疾病[11]。住宅室内外均存在有 NO_2 的污染源。室内 NO_2 的污染源主要是室内的燃烧活动，包括天然气、煤气、固体燃料和香烟等的燃烧，室外 NO_2 污染源主要是车辆尾气排放，另外还包括工业生产中煤、石油等燃料的燃烧。

（5）O_3

臭氧是广泛存在于大气环境中的一种具有强氧化性和化学活性的气体。国际环境空气质量标准提出，人在一个小时内可接受臭氧的极限浓度是 $260\mu g/m^3$。在 $320\mu g/m^3$ 臭氧环境中活动 1h 就会引起咳嗽、呼吸困难及肺功能下降。臭氧还能参与生物体中的不饱和脂肪酸、氨基及其他蛋白质反应，使长时间直接接触高浓度臭氧的人出现疲乏、咳嗽、胸闷胸痛、皮肤起皱、恶心头痛、脉搏加速、记忆力衰退、视力下降等症状。室内臭氧主要来源于室外大气，但是室内也存在着臭氧来源。臭氧的室内来源主要为某些电器设备，包括激光打印机、干式复印机等，变压器以及电器设备的末端装置有故障电弧时也可能释放出臭氧。

（6）CO_2

二氧化碳为无毒气体，其浓度高低可以作为评价室内气味、室内污染物富集程度以及通风状况好坏的重要指标[12]。当室内的 CO_2 浓度达到 0.07%时，部分人群会感觉到不良气味[10]。当室内 CO_2 浓度非常高时，室内氧气含量相应较少，可能引起人体的强烈不适甚至危及生命[12]。室内 CO_2 主要来源于室内燃烧和人体呼吸，另外，室外火力发电场、汽车等交通工具排放的大量 CO_2 也可能渗透到室内。

2. 重庆住宅室内空气污染实测

研究显示，我国住宅室内存在污染物浓度超标、室内空气质量不理想的现象。北京市消费者协会对消费者家庭装修后室内空气中甲醛、苯、甲苯、二甲苯等有害物质进行的调查发现，在被调查的 294 户消费者住宅中，71.0％的住宅室内空气质量优良，另外的 29％住宅室内环境遭到了污染，其中有 15％的住宅为轻度污染，4.0％的住宅为中度污染，10.0％的住宅为重度污染[13]。长沙和北京[14]对具有代表性的住宅室内污染物的测试也发现，北京住宅室内甲苯和氨的平均浓度分别为 1.874mg/m^3 和 0.253mg/m^3，均超过国家标准 0.2mg/m^3 的规定。长沙市住宅室内甲醛和 PM10 含量分别为 0.126mg/m^3 和 0.162mg/m^3，分别超过国家标准 0.1mg/m^3 和 0.15mg/m^3 的规定。上海对 100 名儿童居室冬季室内污染物浓度测试的结果发现，PM10 平均浓度为 162.06mg/m^3，超过了国家标准 0.15mg/m^3 的规定，但是儿童居室 CO、CO_2、NO_2、甲醛、苯、甲苯的平均浓度均没有超过标准的规定[15]。深圳对 28 户住宅室内环境的调查发现，室内苯系物、甲醛、CO_2 浓度低于《室内空气质量标准》GB/T 18883—2002 的标准值，但 PM10 平均浓度超标 66.7％[16]。重庆对新装修后的住宅室内甲醛含量的调查发现，室内甲醛平均浓度为 0.22mg/m^3，甲醛超标率高达 76.3％[17]。虽然住宅室内环境测试结果可能随着测试地区的不同、测试对象的不同、测试方法的不同而存在一定的差异，但总体上大部分对住宅室内环境质量的测量都发现了住宅室内污染物超标的现象，且在新装修的住宅中表现得尤为突出，室内污染物超标现象十分严重，室内环境质量较差。因此，装修污染是住宅室内环境面临的重要问题。

为了了解重庆实际住宅室内污染情况，选取部分儿童住宅进行住宅室内环境的现场测试和现场问卷调研，通过对典型室内环境因素与可能诱发呼吸系统疾病或肺炎患病的室内污染物浓度水平的相关性分析，探讨和解释室内环境因素如何对室内污染物浓度水平产生影响，进而作用于人体健康，对儿童患病产生影响，从而提出能有效改善住宅室内环境水平的可靠建议，营造健康的人居环境。本节以此为出发点，主要分析重庆地区住宅室内污染物水平及其与住宅室内环境因素的关系，从而为住宅室内环境因素与儿童肺炎患病关系的解释分析以及改善意见的提出奠定基础。

表 3-14 为重庆 20 户典型住宅基本情况。住宅位置以住宅周围 200m 范围内的环境特点作为分类标准，划分的类别包括靠近交通干线或者高速公路、处于商业区、处于工业区、临江/湖、处于住宅区。其中靠近交通干线或者高速公路细分为交通拥堵、交通畅通且车流量较大、交通畅通且车流量居中、交通畅通且车流量小。通风习惯按照入户调研过程中询问住户是否经常/有时/很少通风获得。住宅装修情况按照询问住户上一次装修距离本次调研的时间来划分，依据被调查样本住宅装修时间的分布情况，将住宅装修情况划分为 2 年内装修、3～5 年前装修和装修 5 年以上。通过询问住户上一次购买新家具距离本次调研的时间获得住户购买新家具的情况，依据被调查住户购买新家具的时间分布将 2 年内购买新家具定义为“2 年内新家具”，新家具购买了 3 年或者 3 年以上定义为“否”，即不是在 2 年内购买的新家具。依据住户问卷中住宅所有权情况将住宅划分为租赁和自有两类。

表 3-14 中被调查住宅主要分布于交通干线或者高速公路附近，其中有 3 户住宅处于比较拥堵的交通干线附近，另外 8 户住宅处于比较畅通的交通干线附近。被调查住宅中，位于商业区、临江/湖和处于工业区的住宅样本较少。对被调查住宅通风习惯的分析发现，被调查的住宅中有 5 户经常通风，有 11 户有时通风，另外 4 户较少通风，总体上与横断面研究问卷调研获得的住宅冬季通风习惯一致。被调查住宅中有 4 户住宅是最近 2 年内进行的装修，有 8 户住宅是 3～5 年前进行的装修，另外 8 户住宅装修时间有 5 年以上。对住宅购买新家具的情况进行分析发现，被调查的住宅中有 4 户在最近 2 年内购买过新家具。对比住宅室内装修情况和新家具购买情况发现，最近 2 年内进行了装修的住宅都在最近 2 年内购买过新家具，这与现代人们的生活方式相符。因此，整体上样本分布符合实际情况。

住宅基本情况 表 3-14

住宅		通风			
编号	住宅位置	习惯	装修	新家具	所有权
1	交通拥堵	较少	装修 5 年以上	否	租赁
2	交通拥堵	较少	装修 5 年以上	否	租赁
3	交通拥堵	有时	装修 5 年以上	否	租赁
4	交通畅通且车流量较大	较少	2 年内装修	2 年内新家具	自有
5	交通畅通且车流量较大	较少	3～5 年前装修	否	自有
6	交通畅通且车流量较大	经常	3～5 年前装修	否	自有
7	交通畅通且车流量较大	经常	装修 5 年以上	否	自有
8	交通畅通且车流量居中	有时	2 年内装修	2 年内新家具	自有
9	交通畅通且车流量居中	有时	3～5 年前装修	否	自有
10	交通畅通且车流量居中	有时	装修 5 年以上	否	租赁
11	交通畅通且车流量小	有时	3～5 年前装修	否	自有
12	商业区	有时	3～5 年前装修	否	自有
13	商业区	有时	装修 5 年以上	否	自有
14	临江湖	有时	2 年内装修	2 年内新家具	自有
15	工业区	有时	3～5 年前装修	否	自有
16	住宅区	有时	2 年内装修	2 年内新家具	自有
17	住宅区	有时	3～5 年前装修	否	自有
18	住宅区	经常	3～5 年前装修	否	自有
19	住宅区	经常	装修 5 年以上	否	租赁
20	住宅区	经常	装修 5 年以上	否	自有

20 户被测试住宅的室内污染物浓度水平如表 3-15 所示。其中，标准值选自《室内空气质量标准》GB/T 18883—2002。根据表 3-15，重庆地区儿童住宅室内甲醛浓度范围为 0.02～0.07mg/m^3，平均浓度为 0.04mg/m^3，住宅室内 CO 浓度范围为 0.4～3.0mg/m^3，平均浓度为 1.1mg/m^3，住宅室内 NO_2 最高浓度为 0.006mg/m^3，平均浓度为 0.003mg/m^3，均低于《室内空气质量标准》GB/T 18883—2002 中规定的浓度限值，不存在超标现象，TVOC 浓度范围为 0.240～0.800mg/m^3，平均浓度为 0.475mg/m^3，存在 TVOC 超标的现象，住宅室内 O_3 浓度范围为 0.03～0.22mg/m^3，平均浓度为 0.09mg/m^3，存在轻微

的 O_3 超标现象。住宅室内 CO_2 平均浓度为0.0791%，最高浓度为0.1721%，最低浓度为0.054%。少数住宅室内存在 CO_2 超标现象。

重庆地区儿童住宅室内污染物水平 表3-15

	平均值	中位数	最大值	最小值	标准值
甲醛（mg/m^3）	0.04	0.04	0.07	0.02	0.1
TVOC（mg/m^3）	0.475	0.469	**0.800**	0.240	0.6
CO（mg/m^3）	1.1	1.0	3.0	0.4	10
NO_2（mg/m^3）	0.003	0.003	0.006	<0.001	0.24
O_3（mg/m^3）	0.09	0.09	**0.22**	0.03	0.16
CO_2（%）	0.0791	0.0707	**0.1721**	0.0540	0.1

注：加粗字体表示室内污染物浓度水平超过《室内空气质量标准》(GB 18883—2002)[18]的现象

3.1.4 住宅室内环境因素与污染物水平关联

在横断面研究中发现，住宅处于不同的位置、进行不同程度的室内装饰、使用不同烹饪能源对儿童患病风险存在显著差异，本节以调研自报告的儿童肺炎为例，对不同住宅位置、室内装饰、室内烹饪以及室内通风对住宅室内污染物水平的影响进行讨论。

1. 住宅位置与室内污染物水平

依据不同的住宅位置将被测试的住宅分为以下几类：交通拥堵、交通畅通且车流量较大、交通畅通且车流量居中、交通畅通且车流量小、商业区、临江/湖、工业区和住宅区。由于处于商业区、临江/湖、处于工业区的这三类住宅的样本量非常小，不具有代表性，在此不纳入分析。各类住宅室内 NO_2 水平如表3-16所示。室外环境为靠近交通干线或高速公路且交通拥堵的住宅，室内 NO_2 平均浓度高于室外环境为交通畅通且车流量较大的住宅，并高于交通畅通且车流量居中的住宅。靠近交通干线或高速公路且交通拥堵的住宅以及车流量小的住宅，室内 NO_2 平均浓度高于处于住宅区的住宅。对靠近交通干线或高速公路的住宅（包括交通拥堵、交通畅通且车流量较大、交通畅通且车流量居中和交通畅通且车流量小的住宅）和住宅区的住宅室内 NO_2 水平分布的差异，采用Mann-Whitney U检验（曼-惠特尼U检验）进行分析，发现靠近交通干线或者高速公路的住宅室内 NO_2 浓度分布与处于住宅区的住宅室内 NO_2 浓度分布的差异不显著（$P>0.05$）。

不同住宅位置室内典型污染物浓度水平 表3-16

住宅位置	N	NO_2（mg/m^3）				CO（mg/m^3）				O_3（mg/m^3）				CO_2			
		平均值	中位数	最小值	最大值	平均值	中位数	最小值	最大值	平均值	中位数	最小值	最大值	平均值	中位数	最小值	最大值
交通拥堵	3	0.003	0.003	0.002	0.004	1.9	1.5	1.2	3.0	0.12	0.09	0.05	0.22	0.1240	0.1229	0.0770	0.1721
交通畅通且车流量较大	4	0.002	0.003	<0.001	0.004	1.2	1.1	0.9	1.5	0.08	0.09	0.03	0.11	0.0766	0.0676	0.0540	0.1172

续表

住宅位置	N	NO_2（mg/m³）				CO（mg/m³）				O_3（mg/m³）				CO_2			
		平均值	中位数	最小值	最大值	平均值	中位数	最小值	最大值	平均值	中位数	最小值	最大值	平均值	中位数	最小值	最大值
交通畅通且车流量居中	3	0.002	0.002	0.001	0.003	1.1	1.0	0.9	1.4	0.09	0.09	0.07	0.10	0.0689	0.0703	0.0653	0.0710
交通畅通且车流量小	1	0.003	0.003	0.003	0.003	1.1	1.1	1.1	1.1	0.09	0.09	0.09	0.09	0.0619	0.0619	0.0619	0.0619
住宅区	5	0.002	0.002	<0.001	0.003	0.7	0.8	0.4	0.9	0.09	0.09	0.07	0.11	0.0655	0.0642	0.0598	0.0729

从表3-16中可以发现，室内CO浓度的分布与NO_2有着相似的特点。所有靠近交通干线或者高速公路的住宅室内CO平均浓度均高于处于住宅区的住宅。靠近交通干线或者高速公路且交通拥堵的住宅其室内CO平均浓度高于室外环境为交通畅通且车流量较大的住宅，并高于室外环境为交通畅通且车流量居中的住宅。住宅室外交通畅通且车流量居中时，其室内CO平均浓度高于室外交通畅通且车流量小的住宅。对靠近交通干线或高速公路的住宅和处于住宅区的住宅室内CO浓度分布的差异进行检验（Mann-Whitney U检验）发现两类住宅室内CO浓度分布存在显著差异（$P<0.05$），即处于交通干线或者高速公路附近的住宅室内CO浓度显著高于处于住宅区的住宅。

从表3-16可以看出靠近交通干线或者高速公路且交通拥堵的住宅室内O_3平均浓度高于处于住宅区的住宅，并高于靠近交通干线或者高速公路且交通畅通的住宅。但是，对比靠近交通干线或者高速公路且交通畅通的住宅和处于住宅区的住宅室内O_3平均浓度并没有发现此趋势。对靠近交通干线或者高速公路的住宅和处于住宅区的住宅室内O_3浓度分布的差异进行检验（Mann-Whitney U检验）发现两类住宅室内O_3浓度分布之间的差异不显著（$P>0.05$）。

表3-16还分析了重庆地区儿童住宅不同住宅位置室内CO_2的水平。可以发现，各类住宅中靠近交通干线或者高速公路且交通拥堵的住宅室内CO_2浓度最高，而其他类型的住宅室内CO_2水平仅存在较小差别。对本次测试住宅室内外CO_2浓度的对比分析发现住宅室内CO_2主要来源于室内，这与靠近交通干线或者高速公路且交通拥堵的住宅室内CO_2浓度较高的结果存在冲突。对靠近交通干线或高速公路且交通拥堵的住宅基本情况进行分析发现，靠近交通拥堵的3户住宅样本中有2户较少进行通风，这可能是靠近交通拥堵住宅室内产生CO_2浓度较高错觉的原因。

总结以上分析发现，总体上，靠近交通干线或高速公路的住宅室内NO_2、CO、O_3浓度高于处于住宅区的住宅，其中靠近交通干线或高速公路的住宅室内CO浓度水平显著高于住宅区的住宅。

2. 住宅通风与室内污染物水平

依据用户自我报告的通风习惯，将被调查的住宅划分为了较少通风、有时通风和经常通风三类，不同通风习惯住宅室内NO_2水平如表3-17所示。较少通风和有时通风的住宅室内NO_2平均浓度高于经常通风的住宅。对比不同通风频率住宅室内NO_2浓度的分布发现，较少通风的住宅室内 NO_2 浓度与经常通风的住宅存在显著差异（$P<0.05$），有时通风的住宅室内 NO_2 浓度与经常通风的住宅也存在显著差异（$P<0.05$），但是较少通风与有时通风的住宅室内 NO_2 浓度之间的差异不显著（Mann-Whitney U 检验）。

不同通风习惯室内典型污染物水平　　表 3-17

通风习惯	NO_2（mg/m^3）				O_3（mg/m^3）				TVOC（mg/m^3）				甲醛（mg/m^3）				CO（mg/m^3）			
	平均值	中位数	最小值	最大值	平均值	中位数	最小值	最大值	平均值	中位数	最小值	最大值	平均值	中位数	最小值	最大值	平均值	中位数	最小值	最大值
较少通风	0.003	0.004	0.002	0.004	0.11	0.09	0.05	0.22	0.622	0.617	0.453	0.800	0.05	0.04	0.03	0.07	1.8	1.5	1.3	3.0
有时通风	0.003	0.003	0.001	0.006	0.09	0.09	0.04	0.14	0.465	0.484	0.277	0.633	0.04	0.04	0.03	0.05	1.1	1.0	0.8	1.4
经常通风	0.001	0.001	<0.001	0.002	0.08	0.08	0.03	0.11	0.379	0.432	0.240	0.484	0.02	0.03	0.02	0.03	0.7	0.9	0.4	0.9

表 3-17 也分析了不同通风习惯的住宅室内 O_3 浓度的分布情况。较少通风的住宅中室内 O_3 平均浓度为 0.11mg/m^3，高于有时通风的住宅（0.09mg/m^3），高于经常通风的住宅（0.08mg/m^3）。较少通风的住宅室内 O_3 的最低浓度为 0.05mg/m^3，最高浓度为 0.22mg/m^3，分别高于经常通风和有时通风的住宅室内 O_3 的最低浓度和最高浓度。但是，采用统计分析的方法检验不同通风习惯住宅室内 O_3 浓度的差异发现，不论是较少通风的住宅与有时通风的住宅，还是较少通风的住宅与经常通风的住宅、有时通风的住宅与经常通风的住宅，其室内 O_3 浓度均不存在显著差异（$P>0.05$）。

表 3-17 还显示了重庆地区儿童住宅冬季不同通风习惯室内 TVOC 水平的分布。与室内 NO_2 和 O_3 平均浓度的分布相似，较少通风、有时通风和经常通风的住宅室内 TVOC 平均浓度也存在着递减的趋势。分析不同通风习惯住宅室内 TVOC 浓度的分布发现，较少通风的住宅室内 TVOC 浓度分布与经常通风的住宅存在显著差异，即较少通风的住宅室内 TVOC 浓度显著高于经常通风的住宅（$P<0.05$，Mann-Whitney U 检验）。

与室内 TVOC 浓度的分布相似，住宅室内甲醛、CO 平均浓度也存在随通风频率的增高而降低的趋势，如表 3-17 所示。经常通风的住宅中室内甲醛和 CO 平均浓度较另外两类住宅（较少通风和有时通风）都要低。对比不同通风习惯住宅室内甲醛和室内 CO 浓度的分布发现，较少通风的住宅与经常通风的住宅室内甲醛和 CO 浓度存在显著差异，有时通风的住宅与经常通风的住宅室内甲醛和 CO 浓度也存在显著差异，较少通风的住宅与有时通风的住宅室内 CO 浓度存在显著差异（$P<0.05$，Mann-Whitney U 检验）。

对不同通风习惯住宅室内 CO_2 浓度分布的分析如表 3-17 所示。较少通风的住宅室内 CO_2 浓度明显高于有时通风和经常通风的住宅，有时通风的住宅室内 CO_2 平均浓度稍高于经常通风的住宅。对比各类住宅室内 CO_2 浓度分布差异发现各类住宅室内 CO_2 浓度均不存在显著差异。这可能是由于入室测量时住宅室内人员数目的不同造成的。

总结以上分析发现，冬季住宅室内通风习惯对室内污染物浓度有着非常重要的影响。较少通风的住宅室内 NO_2、O_3、TVOC、甲醛、CO 和 CO_2 浓度高于有时通风和经常通风的住宅，其中，较少通风的住宅中室内 NO_2、TVOC、甲醛和 CO 浓度显著高于经常通风的住宅，有时通风的住宅室内 NO_2、甲醛和 CO 浓度显著高于经常通风的住宅，较少通风的住宅室内 CO 浓度显著高于有时通风的住宅。

3. 住宅装饰与室内污染物水平

由于本次调研的样本中进行室内装修和购买新家具的行为是一致的，因此，对重庆地区儿童住宅室内装饰程度的分类依据室内装修时间来进行，将获得的样本划分为 2 年内装修、2～5 年装修和装修 5 年以上。不同装饰程度室内 TVOC 浓度水平如表 3-18 所示。可以发现，2 年内装修过的住宅和 2～5 年前装修的住宅室内 TVOC 平均浓度高于装修了 5 年以上的住宅，2 年内装修过的住宅室内 TVOC 平均浓度稍高于 2～5 年前装修的住宅。对 2 年内装修过的住宅室内 TVOC 浓度的分布与装修 5 年以上的住宅室内 TVOC 浓度的分布进行对比发现两者的差异不显著（$P>0.05$）。

表 3-18 显示了不同住宅装饰程度室内甲醛浓度水平。测试室内甲醛水平发现，2 年内装修过的住宅的平均浓度高于 2～5 年前装修了的住宅，并高于装修 5 年以上的住宅。但是，装修了 2～5 年的住宅室内甲醛平均浓度并没有高于装修 5 年以上的住宅。这一方面可能是因为不同的通风习惯对这两组样本产生了不一致的影响，从而使得结果出现了不同的倾向，另一方面也可能是因为住宅装修了 2 年之后室内甲醛浓度已经趋于稳定。比较 2 年内进行过装修的住宅和 2～5 年前进行过装修的住宅室内甲醛分布的差异，发现两者的差异不显著（$P>0.05$），对 2 年内进行过装修的住宅和装修了 5 年以上的住宅室内甲醛浓度进行的对比也没有发现显著差异（$P>0.05$）。

不同住宅装饰程度室内 TVOC 水平 表 3-18

装修	N	TVOC（mg/m³）				甲醛（mg/m³）			
		平均值	中位数	最小值	最大值	平均值	中位数	最小值	最大值
2 年内装修	4	0.527	0.488	0.330	0.800	0.05	0.04	0.03	0.07
2～5 年装修	7	0.504	0.523	0.310	0.611	0.03	0.03	0.02	0.04
装修 5 年以上	9	0.419	0.443	0.240	0.648	0.04	0.04	0.03	0.05

从以上的分析可以总结到，重庆地区儿童住宅两年内进行过装修其室内 TVOC 浓度和甲醛浓度有高于装修了 2～5 年和装修了 5 年以上住宅室内 TVOC 浓度和甲醛浓度的趋势，但两者的差异不显著。

横断面研究中发现采用天然气作为烹饪能源会显著增加儿童肺炎患病风险，因此，入户调研对采用天然气进行烹饪的两户住宅室内污染物浓度进行了实时监测，以分析天然气烹饪对重庆地区儿童住宅室内污染物浓度的影响。

图 3-1(a) 为被测试的两户住宅室内 CO 浓度的分布情况。如图 3-1(a) 所示，测试时间从9：30到 20：00，其中住宅 A 12：15 开始烹饪，12：45 烹饪完毕开始吃饭，13：15 吃完饭，18：00 开始烹饪，18：30 烹饪完毕开始吃饭，19：00 吃完饭。住宅 B 12：00

开始烹饪，12：45开始吃饭，13：15吃完饭，18：15开始烹饪，19：00烹饪完毕开始吃饭，19：30吃完饭。可以发现，在中午和晚上烹饪过程中两户住宅室内CO浓度均迅速地出现了一定程度的上升，其中住宅B上升的幅度非常显著，其浓度最高时上升到了《室内空气质量标准》GB/T 18883—2002规定的10mg/m^{3}浓度限值以上。说明住宅室内采用天然气进行烹饪的过程中天然气存在一定程度的不完全燃烧，使得室内CO浓度升高。图3-1(b)为被测试的两户住宅室内NO_2浓度随时间的分布情况。可以看到两户住宅室内NO_2浓度一直处于小范围的波动中，天然气烹饪并没有对室内NO_2浓度水平产生显著的影响。被测试的两户住宅室内TVOC浓度随时间的变化趋势如图3-1(c)所示。可以看到在烹饪和吃饭的时间段内，住宅室内TVOC浓度存在明显的上升，其中住宅A室内TVOC浓度上升到最高值时较室内稳定水平升高了接近1倍。同样的趋势也出现在了两户住宅室内甲醛浓度随时间的分布上，如图3-1(d)所示。两户住宅室内甲醛浓度在晚饭烹饪和吃饭期间也出现了明显的上升，其中A户住宅室内甲醛浓度几乎上升到了0.25mg/m^3，高出《室内空气质量标准》GB/T 18883—2002规定的10mg/m^{3}限值的约0.5倍。

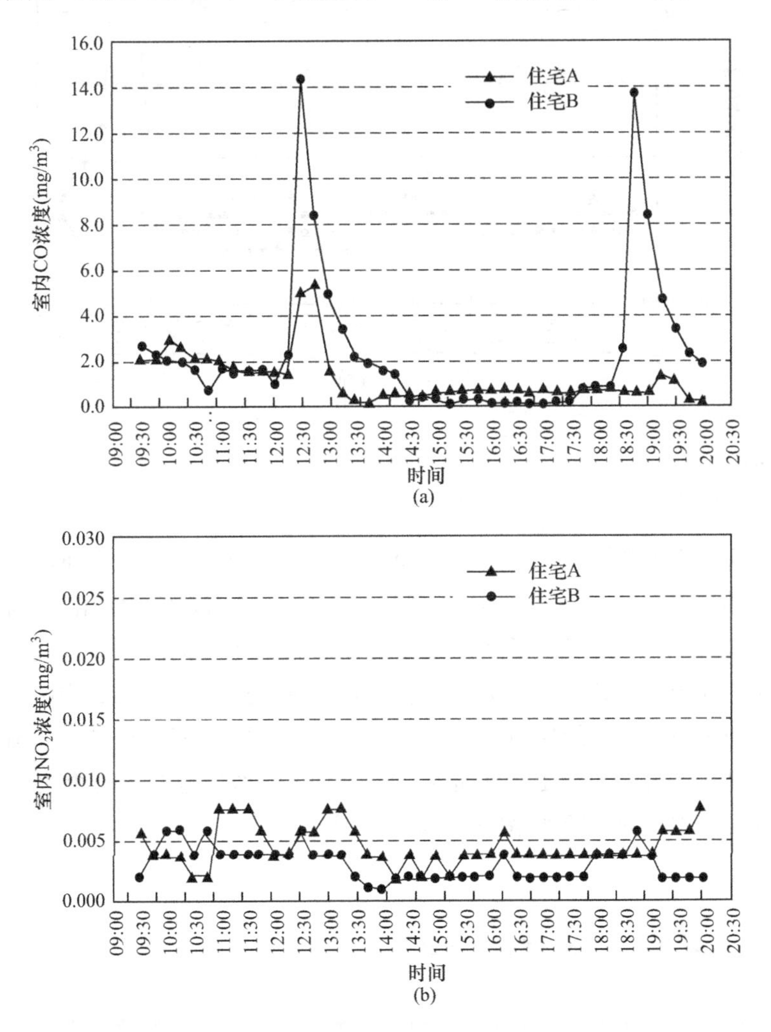

图3-1 烹饪与室内污染物水平（一）

(a) 住宅烹饪与室内CO浓度；(b) 住宅烹饪与室内NO_2浓度

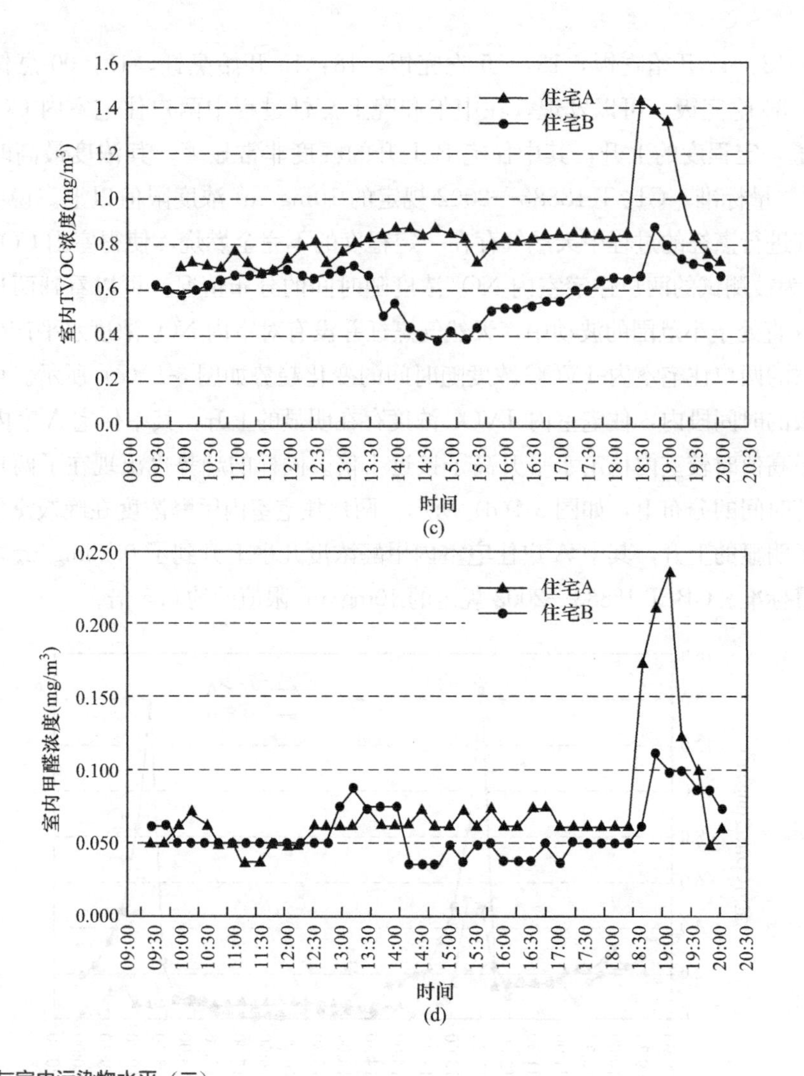

图 3-1 烹饪与室内污染物水平（二）

(c) 住宅烹饪与室内 TVOC 浓度；(d) 住宅烹饪与室内甲醛浓度

厨房烟气主要由燃料燃烧产生的烟气和烹调油烟构成。采用花生油作烹调油的住宅中会产生较多的甲醛气体[10]，因此，在烹饪过程中可能出现室内甲醛升高的现象。另外，李安桂等人的研究中也发现了烹饪过程 TVOC 浓度上升的现象[11]，与本研究的结果一致。他们对不同中餐烹饪方式产生的污染物浓度的分析认为烹饪过程中 TVOC 浓度的上升可能更多地是由于佐料的使用，特别是料酒的使用会使 TVOC 浓度上升很快，除此之外，卤制食品烹饪过程中即使没有加入料酒，TVOC 浓度也会上升很快[11]。这也可能是本研究烹饪过程中室内 TVOC 浓度升高的原因。

3.2 住宅室内环境与儿童健康关联性

表 3-19 显示了被调查儿童的基本情况。总体中 3～6 岁儿童的比例分别为 21.2%、33.6%、30.6%和 14.6%，男孩样本和女孩样本中儿童年龄分布与总体基本一致。从上

表中可以看到，总体中有1496名儿童自我报告患过肺炎，儿童自我报告的肺炎终生患病率（即儿童从出生到调查时间为止，至少1次感染肺炎的儿童数目占被调查儿童总数的比例）为31.4%。其中，男孩自我报告患过肺炎的比例较女孩高，但差异无统计学意义（$P>0.05$，Pearson卡方检验）。

被调查儿童的基本状况 表3-19

	总体（%）（*n*）		男（%）（11）	女（%）（11）
年龄	3	21.2（1010）	22（537）	20.3（473）
	4	33.6（1603）	32.5（793）	34.8（810）
	5	30.6（1460）	29.4（716）	32.0（744）
	6	14.6（694）	16.1（393）	12.9（301）
肺炎	是	31.4（1496）	32.6（796）	30.1（700）
喘息	是	17.0（792）	19.0（452）	14.9（340）
哮吼	是	6.4（300）	7.0（168）	5.8（132）
确诊哮喘	是	8.3（391）	9.9（239）	6.6（152）
鼻炎	是	40.4（1878）	42.0（1000）	38.7（878）
确诊鼻炎	是	6.1（288）	7.1（169）	5.2（119）
湿疹	是	24.6（1146）	25.8（614）	23.3（532）
儿童哮喘或过敏病史	是	60.0（2770）	62.7（1483）	57.1（1287）
一次感冒大于两周	是	11.5（505）	11.0（245）	12.2（260）
感冒≥3次	是	59.7（2727）	62.2（1454）	57.0（1273）
感冒次数	<3次	40.3（1842）	37.8（883）	43.0（959）
	3～5次	40.9（1868）	42.2（986）	39.5（882）
	6～10次	14.3（655）	15.2（356）	13.4（299）
	>10次	4.5（204）	4.8（112）	4.1（92）

3.2.1 室内环境因素与儿童哮喘和过敏性疾病的关系

1. 建筑特征

建筑特征包括建设年代、住宅所在楼层、住宅所有权、建筑地理位置、地面墙面材料、窗框类型和建筑外环境（是否临近交通干线、江/湖、商业区和工业区）。其中，城区、郊区和农村的住宅室内环境因素对儿童哮喘的影响是有显著性差异的，地面墙面使用材料对儿童患过敏性疾病也具有显著性影响。建筑地理位置表征了室外不同环境条件，而建筑自身特征影响住宅室内外环境交互。以下将采用总体和分层（城市/郊区/农村）分析相结合的分析方式探讨影响儿童哮喘和过敏性疾病的环境因素。

图3-2为调研住宅距离不同建筑外环境对儿童哮喘及过敏性疾病的影响，可以看出，总体中住宅距离交通干线或高速公路200m以内是儿童干咳、鼻炎、确诊哮喘和确诊鼻炎的危险因素，住宅距离江或湖200m以内不是儿童哮喘和过敏性疾病的危险因素，住宅距离商业区200m以内是儿童干咳、鼻炎及确诊鼻炎的危险因素，住宅距离工业区200m以内对儿童喘息的影响达到显著水平。

2. 装修和家具

建筑装修材料和新家具的使用是影响住宅室内人员健康的重要因素。装修中使用的材料和家具主要包括卧室客厅墙面材料（墙纸、油漆、石灰、水泥、乳胶漆）、卧室客厅地板材料（实木、强化木、竹、水泥、瓷砖/石头、PVC、化纤地毯等），是否购置新家具及购置家具时间（时间为母亲怀孕前一年、怀孕期间、0～1岁、近12个月），是否重新装修（时间为母亲怀孕前一年、怀孕期间、0～1岁、近12个月）。

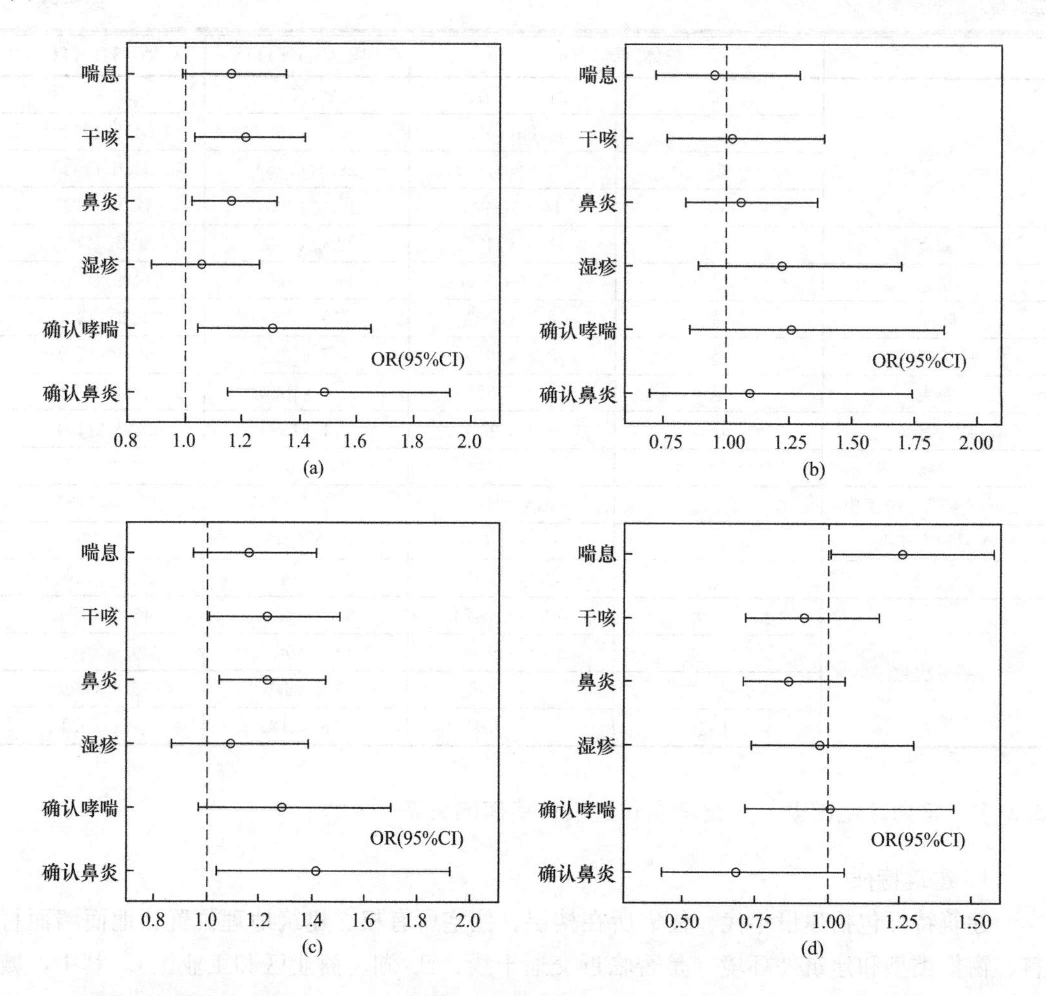

图 3-2　住宅距离不同建筑外环境对儿童哮喘及过敏性疾病的影响［aOR（95%CI）］

(a) 距离交通干线或高速公路 200m 以内；(b) 距离江或湖 200m 以内；(c) 距离商业区 200m 以内；(d) 距离工业区 200m 以内

表 3-20 为对城市、郊区和农村进行的分层分析，分析结果表明城市中强化木地板是儿童确诊哮喘和确诊鼻炎的危险因素，郊区中强化木地板是儿童干咳和确诊鼻炎的危险因素，由于该研究所调查的农村样本量少，该因素对农村儿童的影响并没有达到显著性水平，因此，强化木地板是儿童哮喘和过敏性疾病的危险因素。表 3-21 为对城市、郊区和农村进行的分层分析，分析结果表明城市中油漆或乳胶漆是儿童确诊鼻炎的危险因素，郊区中油漆或乳胶漆是儿童鼻炎和确诊鼻炎的危险因素，由于本研究所调查的农村样本量少，该因素对农村儿童哮喘和过敏性疾病的影响并没有达到显著性水平，因此，油漆或乳胶漆是儿童哮喘和过敏性疾病的危险因素。

城市、郊区和农村中强化木地板对儿童哮喘及过敏性疾病的影响 ［aOR（95%CI）］　表 3-20

	aOR（95%CI）		
	城市	郊区	农村
喘息	1.13（0.94，1.37）	1.38（0.86，2.21）	—
十咳	1.19（0.99，1.44）	1.62（1.00，2.62）	1.02（0.12，8.93）
鼻炎	1.11（0.95，1.29）	1.09（0.72，1.65）	1.73（0.40，7.55）
湿疹	1.05（0.84，1.30）	0.77（0.40，1.47）	0.80（0.09，6.78）
确诊哮喘	1.41（1.09，1.81）	1.84（0.94，3.59）	3.97（0.41，38.72）
确诊鼻炎	1.81（1.36，2.42）	2.10（1.07，4.13）	—

注：对儿童性别（男/女）、年龄（3～6 岁）、家庭过敏史（是/否）、环境烟草烟雾（是/否）、宠物暴露（是/否）、母乳喂养时间（小于 6 个月/大于 6 个月）进行调整。

城市、郊区和农村中墙面使用油漆或乳胶漆对儿童哮喘及过敏性疾病的影响 ［aOR（95%CI）］　表 3-21

	aOR（95%CI）		
	城市	郊区	农村
喘息	1.12（0.93，1.35）	1.02（0.71，1.46）	0.55（0.30，1.02）
干咳	1.14（0.95，1.38）	1.21（0.83，1.76）	0.86（0.45，1.64）
鼻炎	1.11（0.95，1.29）	1.36（1.01，1.84）	1.10（0.66，1.83）
湿疹	1.04（0.84，1.29）	1.31（0.85，2.02）	1.15（0.60，2.22）
确诊哮喘	0.98（0.76，1.28）	1.38（0.79，2.42）	0.83（0.28，2.51）
确诊鼻炎	1.37（1.01，1.87）	2.58（1.35，4.92）	—

注：对儿童性别（男/女）、年龄（3～6 岁）、家庭过敏史（是/否）、环境烟草烟雾（是/否）、宠物暴露（是/否）、母乳喂养时间（小于 6 个月/大于 6 个月）进行调整。

图 3-3(a) 为总体中是否使用强化木地板对儿童哮喘和过敏性疾病的影响（以“否”作为参考组，参考组：aOR=1，对儿童性别、年龄、家族过敏史、宠物暴露、环境烟草暴露及母乳喂养时间是否大于 6 个月进行调整）。从图 3-3(a) 中可以看出，总体中住宅使用强化木地板是儿童干咳、鼻炎、确诊哮喘及确诊鼻炎的危险因素（aOR 分别为 1.26、1.19、1.52、1.99）。图 3-3（b）为总体中住宅墙面是否使用油漆或乳胶漆对儿童哮喘和过敏性疾

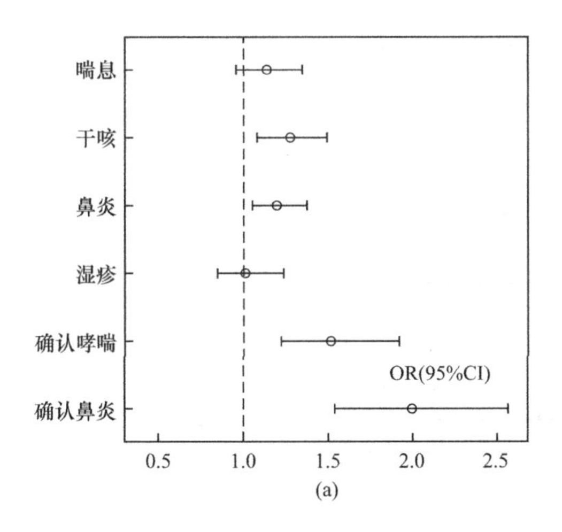

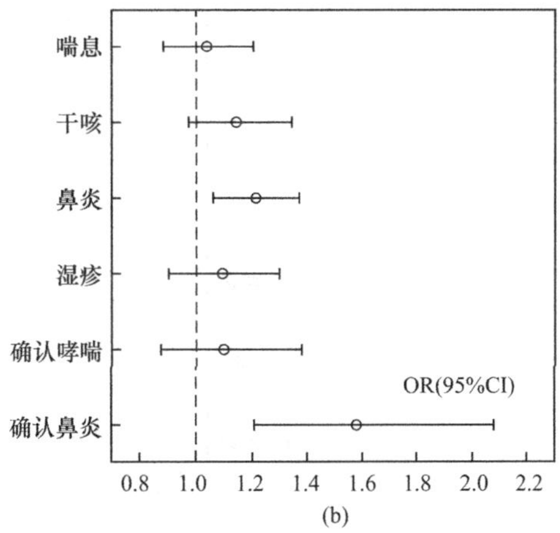

图 3-3　装修材料对儿童哮喘及过敏性疾病的影响 ［aOR（95%CI）］

(a) 地板使用强化木地板；(b) 墙面使用油漆或乳胶漆

病的影响（以“否”作为参考组，参考组：aOR＝1，对儿童性别、年龄、家族过敏史、宠物暴露、环境烟草烟雾及母乳喂养时间是否大于6个月进行调整）。从图中可以看出，总体中住宅墙面使用油漆或乳胶漆是儿童鼻炎和确诊鼻炎的危险因素（aOR分别为1.21、1.58）。

3. 生活习惯

调研中的人员生活习惯包括家庭成员室内吸烟情况、室内人员开窗通风习惯、被褥晾晒情况以及对儿童房清洁的频率。环境烟草烟雾污染、挥发性气体污染如甲醛等在国内外很多研究中出现[4-8]。住宅开窗是自然通风、去除室内环境颗粒物和气体污染物污染的有效措施，被褥晾晒和儿童房间清洁是考虑到个人行为习惯对环境污染的改善进而影响儿童哮喘的。

图3-4(a)为总体住宅中是否每天清洁儿童卧室对儿童哮喘和过敏性疾病的影响，从图3-4(a)中可以看出，总体中每天清洁儿童卧室是儿童干咳、鼻炎、湿疹及确诊哮喘的保护因素（aOR分别为0.76、0.85、0.78、0.72）。图3-4(b)为总体住宅中是否经常晾晒被褥对儿童哮喘和过敏性疾病的影响。从图3-4(b)中可以看出，总体中经常晾晒被褥是儿童喘息、干咳、鼻炎、湿疹及确诊鼻炎的保护因素。图3-4(c)为总体住宅中在冬季

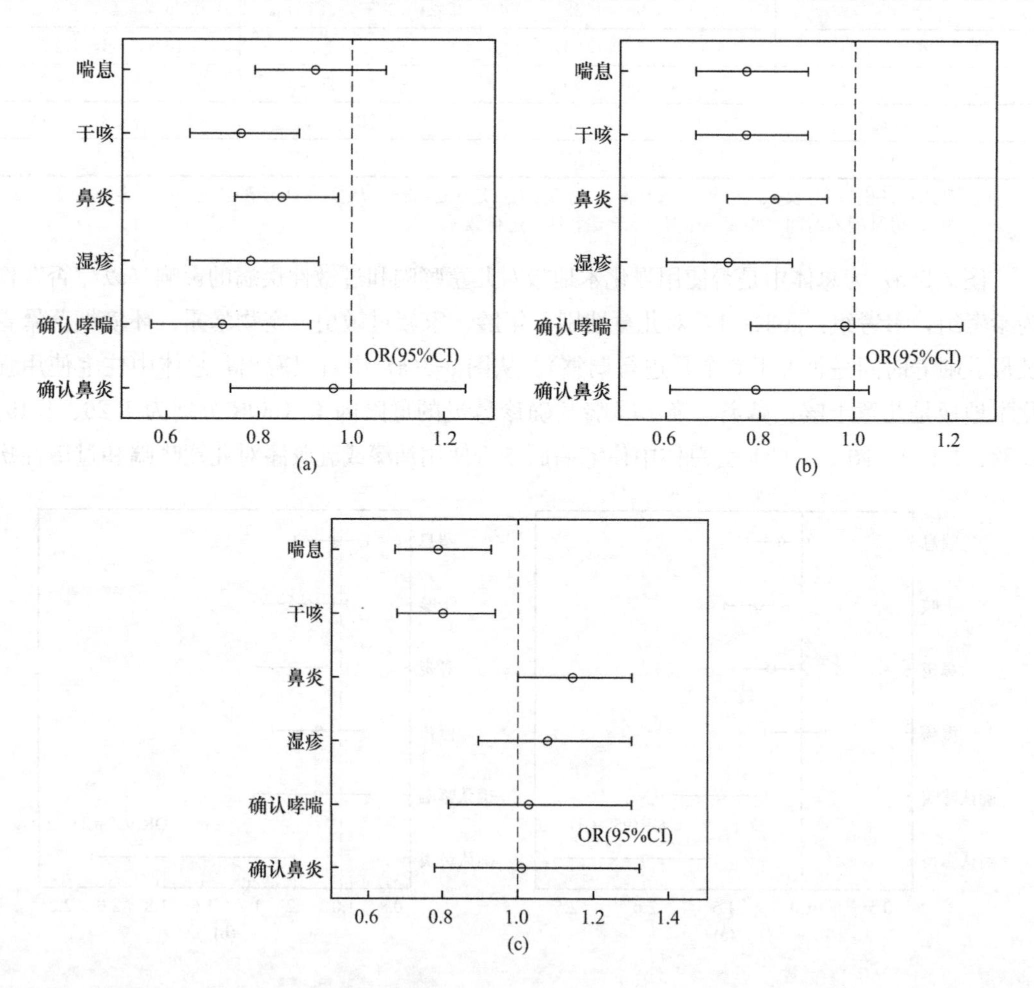

图3-4　生活习惯对儿童哮喘及过敏性疾病的影响［aOR（95%CI）］

(a) 每天清洁儿童卧室；(b) 经常晾晒被褥；(c) 冬季经常打开儿童卧室窗户

是否经常打开儿童卧室的窗户对儿童哮喘和过敏性疾病的影响。从图3-4(c) 中可以看出，总体中经常打开儿童卧室窗户是儿童喘息及干咳的保护因素。

表3-22为对城市、郊区和农村的分层分析，结果表明城市中每天清洁儿童卧室是儿童喘息、干咳及湿疹的保护因素，郊区中每天清洁儿童卧室是儿童确诊哮喘的保护因素。因此，每天清洁儿童卧室是儿童哮喘和过敏性疾病的保护因素。

城市、郊区和农村中每天清洁儿童卧室对儿童哮喘及过敏性疾病的影响 [aOR (95%CI)] 表3-22

	aOR (95%CI)		
	城市	郊区	农村
喘息	0.80 (0.66, 0.96)	0.99 (0.69, 1.41)	1.92 (1.17, 3.14)
干咳	0.76 (0.63, 0.92)	0.70 (0.48, 1.03)	0.95 (0.55, 1.65)
湿疹	0.75 (0.60, 0.94)	0.79 (0.52, 1.22)	0.90 (0.50, 1.61)
确诊哮喘	0.85 (0.65, 1.10)	0.31 (0.17, 0.60)	1.05 (0.40, 2.76)
确诊鼻炎	0.96 (0.72, 1.30)	0.94 (0.52, 1.69)	0.62 (0.14, 2.71)

注：对儿童性别（男/女）、年龄（3～6岁）、家庭过敏史（是/否）、环境烟草烟雾（是/否）、宠物暴露（是/否）、母乳喂养时间（小于6个月/大于6个月）进行调整。

表3-23为对城市、郊区和农村的分层分析，结果表明城市中经常晾晒被褥是儿童喘息、干咳、鼻炎及湿疹的保护因素。由于所调查的郊区和农村的样本量较少，该因素对郊区和农村儿童的影响并没有达到显著性水平。因此，经常晾晒被褥是儿童哮喘和过敏性疾病的保护因素。

城市、郊区和农村中经常晾晒被褥对儿童哮喘及过敏性疾病的影响 [aOR (95%CI)] 表3-23

	aOR (95%CI)		
	城市	郊区	农村
喘息	0.73 (0.60, 0.88)	0.79 (0.55, 1.14)	1.09 (0.68, 1.74)
干咳	0.75 (0.62, 0.90)	0.80 (0.55, 1.18)	0.73 (0.42, 1.26)
鼻炎	0.80 (0.68, 0.92)	0.80 (0.60, 1.09)	1.21 (0.79, 1.85)
湿疹	0.75 (0.60, 0.93)	0.66 (0.42, 1.03)	0.74 (0.42, 1.33)
确诊哮喘	1.01 (0.78, 1.31)	0.86 (0.48, 1.52)	1.41 (0.54, 3.69)
确诊鼻炎	0.77 (0.57, 1.05)	0.80 (0.43, 1.48)	2.15 (0.45, 10.18)

注：对儿童性别（男/女）、年龄（3～6岁）、家庭过敏史（是/否）、环境烟草烟雾（是/否）、宠物暴露（是/否）、母乳喂养时间（小于6个月/大于6个月）进行调整。

表3-24为对城市、郊区和农村的分层分析，结果表明城市中经常打开儿童卧室的窗户是儿童喘息及干咳的保护因素，郊区及农村中，该因素对儿童哮喘及过敏性疾病的影响均未达到显著性水平。因此，冬季经常打开儿童卧室的窗户是儿童哮喘和过敏性疾病的保护因素。

城市、郊区和农村中冬季经常打开儿童卧室窗户对儿童哮喘及过敏性疾病的影响 [aOR (95%CI)] 表3-24

	aOR (95%CI)		
	城市	郊区	农村
喘息	0.77 (0.64, 0.93)	0.93 (0.62, 1.38)	0.79 (0.44, 1.44)
干咳	0.74 (0.62, 0.90)	0.94 (0.62, 1.43)	0.80 (0.41, 1.58)

续表

	aOR（95%CI）		
	城市	郊区	农村
鼻炎	1.14（0.98，1.32）	1.01（0.72，1.40）	1.04（0.61，1.75）
湿疹	1.08（0.87，1.34）	1.48（0.94，2.34）	0.63（0.29，1.34）
确诊哮喘	1.01（0.78，1.31）	1.12（0.61，2.06）	0.60（0.16，2.18）
确诊鼻炎	1.00（0.74，1.33）	0.90（0.46，1.75）	0.40（0.05，3.45）

注：对儿童性别（男/女）、年龄（3～6岁）、家庭过敏史（是/否）、环境烟草烟雾（是/否）、宠物暴露（是/否）、母乳喂养时间（小于6个月/大于6个月）进行调整。

4. 室内动物

随着社会经济的发展，人们生活水平和精神生活需求的不断提高，饲养宠物已经成为缓解生活压力、提高生活质量的重要娱乐方式和休闲方式。但是，宠物直接生活在住宅内会与室内人员产生十分密切的联系，它们的皮肤、毛发、鳞片等会带来大量的微生物，严重影响着室内人员的健康和卫生安全。宠物所携带的多种病原都是人兽共患的，在室内人员与宠物的接触中，这些病原就可以由宠物传播给室内人员，尤其是儿童。

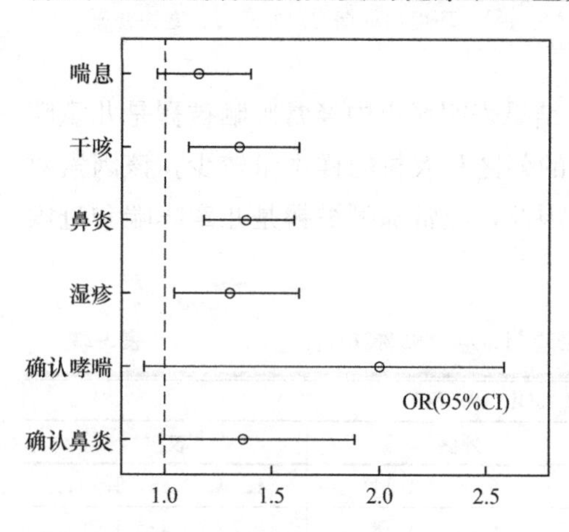

图 3-5　蟑螂出没对儿童哮喘及过敏性疾病的影响［aOR（95%CI）］

图3-5为总体住宅是否报告有蟑螂出没对儿童哮喘和过敏性疾病的影响，从图3-5中可以看出，总体中蟑螂出没是儿童干咳、鼻炎及湿疹的危险因素。分层分析表明，城市中蟑螂出没是儿童干咳和鼻炎的危险因素，郊区和农村中蟑螂出没对儿童哮喘和过敏性疾病的影响均未达到显著性水平，如表3-25所示。现状研究发现城市中报告蟑螂出没的比例高于郊区和农村，但是郊区和农村家庭报告了更多的霉点、湿点、水损及老鼠出没的现象，因此这可能是因为郊区和农村家庭对蟑螂出没的敏感性较低。蟑螂是影响儿童哮喘和过敏性疾病的危险因素。

城市、郊区和农村中蟑螂出没对儿童哮喘及过敏性疾病的影响［aOR（95%CI）］　表 3-25

	aOR（95%CI）		
	城市	郊区	农村
喘息	1.03（0.82，1.28）	1.25（0.83，1.88）	1.88（0.99，3.57）
干咳	1.35（1.07，1.71）	1.44（0.93，2.23）	0.88（0.45，1.72）
鼻炎	1.39（1.16，1.67）	1.15（0.83，1.61）	1.56（0.91，2.68）
湿疹	1.23（0.94，1.61）	1.61（0.95，2.72）	1.30（0.63，2.65）
确诊哮喘	1.05（0.76，1.44）	1.52（0.77，3.01）	2.54（0.55，11.72）
确诊鼻炎	1.18（0.81，1.71）	1.95（0.92，4.12）	1.50（0.16，14.12）

注：对儿童性别（男/女）、年龄（3～6岁）、家庭过敏史（是/否）、环境烟草烟雾（是/否）、宠物暴露（是/否）、母乳喂养时间（小于6个月/大于6个月）进行调整。

表 3-26 为总体、城市、郊区及农村住宅中是否报告有老鼠出没对儿童哮喘和过敏性疾病的影响，从表分析结果可以看出，总体住宅中老鼠出没是儿童喘息的危险因素，但并没有发现城市、郊区和农村住宅中老鼠出没对儿童哮喘和过敏性疾病的有显著影响。因此，老鼠出没不是儿童哮喘和过敏性疾病的危险因素。

老鼠出没对儿童哮喘及过敏性疾病的影响［aOR（95%CI）］　表 3-26

	aOR（95%CI）			
	总体	城市	郊区	农村
喘息	1.19（1.01，1.39）	1.19（0.98，1.44）	1.16（0.80，1.69）	1.08（0.63，1.86）
干咳	1.09（0.92，1.28）	1.07（0.88，1.30）	1.34（0.91，1.98）	0.89（0.48，1.65）
鼻炎	0.98（0.86，1.12）	0.99（0.84，1.16）	1.04（0.76，1.41）	1.20（0.73，1.96）
湿疹	1.06（0.88，1.29）	1.11（0.89，1.40）	1.20（0.76，1.89）	0.58（0.31，1.08）
确诊哮喘	1.03（0.81，1.31）	1.08（0.83，1.42）	1.11（0.62，1.99）	0.98（0.31，3.16）
确诊鼻炎	0.84（0.64，1.10）	0.81（0.59，1.12）	1.04（0.56，1.93）	—

注：对儿童性别（男/女）、年龄（3～6 岁）、家庭过敏史（是/否）、环境烟草烟雾（是/否）、宠物暴露（是/否）、母乳喂养时间（小于 6 个月/大于 6 个月）进行调整。

5. 室内设备及用品

室内设备用品主要指空气净化设备、空气加湿器、电子办公产品、蚊香/驱蚊器和熏香。室内设备会影响室内所处环境污染水平，而蚊香/驱蚊器和熏香的使用会导致室内环境恶化。从表 3-27、表 3-28 的分析结果可以看出，总体住宅中使用蚊香/驱蚊器是儿童湿疹的危险因素；城市住宅中使用蚊香/驱蚊器仅对儿童喘息及湿疹有显著影响，使用熏香对儿童哮喘和过敏性疾病没有影响。

使用蚊香/驱蚊器对儿童哮喘及过敏性疾病的影响［aOR（95%CI）］　表 3-27

	aOR（95%CI）			
	总体	城市	郊区	农村
喘息	1.22（0.97，1.54）	1.36（1.04，1.77）	0.80（0.46，1.39）	2.16（0.73，6.39）
干咳	1.13（0.90，1.43）	1.05（0.81，1.35）	2.14（1.00，4.57）	1.60（0.53，4.82）
鼻炎	1.09（0.91，1.30）	1.05（0.86，1.29）	1.26（0.77，2.07）	2.41（0.90，6.49）
湿疹	1.52（1.14，2.03）	1.45（1.05，2.00）	1.52（0.68，3.41）	2.47（0.56，10.86）
确诊哮喘	0.73（0.54，0.99）	0.80（0.57，1.12）	0.48（0.22，1.03）	0.71（0.15，3.38）
确诊鼻炎	0.90（0.63，1.29）	1.10（0.72，1.67）	0.49（0.22，1.07）	0.50（0.06，4.59）

注：对儿童性别（男/女）、年龄（3～6 岁）、家庭过敏史（是/否）、环境烟草烟雾（是/否）、宠物暴露（是/否）、母乳喂养时间（小于 6 个月/大于 6 个月）进行调整。

使用熏香对儿童哮喘及过敏性疾病的影响［aOR（95%CI）］　表 3-28

	aOR（95%CI）			
	总体	城市	郊区	农村
喘息	1.14（0.93，1.38）	1.02（0.81，1.30）	1.52（0.98，2.36）	1.34（0.75，2.39）
干咳	0.92（0.75，1.13）	0.81（0.63，1.04）	1.50（0.95，2.37）	1.02（0.52，2.01）

续表

	aOR（95%CI）			
	总体	城市	郊区	农村
鼻炎	1.10（0.94，1.30）	1.15（0.94，1.39）	0.99（0.67，1.47）	1.21（0.70，2.06）
湿疹	0.94（0.74，1.20）	0.97（0.73，1.30）	1.10（0.63，1.91）	0.49（0.20，1.20）
确诊哮喘	0.99（0.73，1.32）	0.88（0.62，1.25）	1.25（0.63，2.52）	2.01（0.71，5.66）
确诊鼻炎	0.89（0.63，1.25）	0.81（0.54，1.21）	1.13（0.53，2.44）	2.96（0.64，13.57）

注：对儿童性别（男/女）、年龄（3～6 岁）、家庭过敏史（是/否）、环境烟草烟雾（是/否）、宠物暴露（是/否）、母乳喂养时间（小于 6 个月/大于 6 个月）进行调整。

6. 烹饪能源

烹饪能源指家居生活烹饪所使用能源，主要能源包括天然气、电、木材。从图 3-6(a) 可以看出，总体中天然气烹饪是儿童哮喘及过敏性疾病的危险因素。图 3-6(b) 为总体中住宅是否用电烹饪对儿童哮喘和过敏性疾病的影响，从图 3-6(b) 中可以看出，总体中用电烹饪是儿童鼻炎和确诊鼻炎的保护因素。对城市、郊区和农村的分层分析表明，用电烹饪均不是城市、郊区和农村儿童哮喘和过敏性疾病的危险因素（数据未给出）。天然气主要在城市和郊区家庭使用，用电烹饪的家庭主要分布在农村，而农村儿童哮喘和过敏性疾病的患病率较城市低，导致用电烹饪与儿童哮喘和过敏性疾病假相关，呈现出对疾病具有保护作用的假象。使用电烹饪是一个混淆因素。图 3-6(c) 为总体中住宅是否燃烧木材烹饪对儿童哮喘和过敏性疾病的影响。从图 3-6(c) 中可以看出，总体中木材烹饪是儿童湿疹的危险因素。由于本次问卷调研中使用木材烹饪的家庭数量非常少，该因素对人体健康的影响分析将不作为重点讨论因素。

表 3-29 对城市、郊区和农村进行了分层分析，分析结果表明城市中天然气烹饪是儿童鼻炎的危险因素，郊区中天然气烹饪是儿童干咳、鼻炎、湿疹及确诊鼻炎的危险因素：由于所调查的农村样本量很少，该因素对农村儿童的影响没有达到显著性水平。

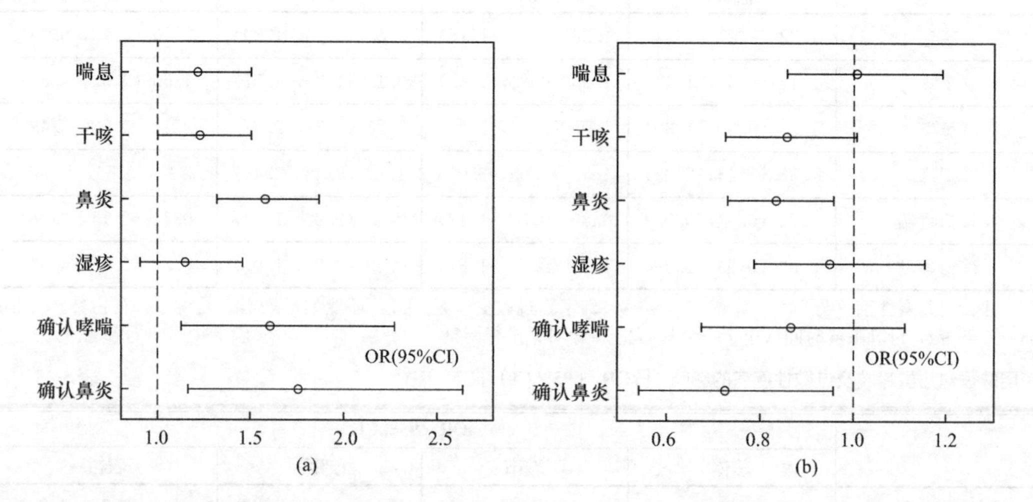

图 3-6 总体中不同烹饪能源对儿童哮喘及过敏性疾病的影响 [aOR（95%CI）]（一）

(a) 燃烧天然气烹饪；(b) 电烹饪

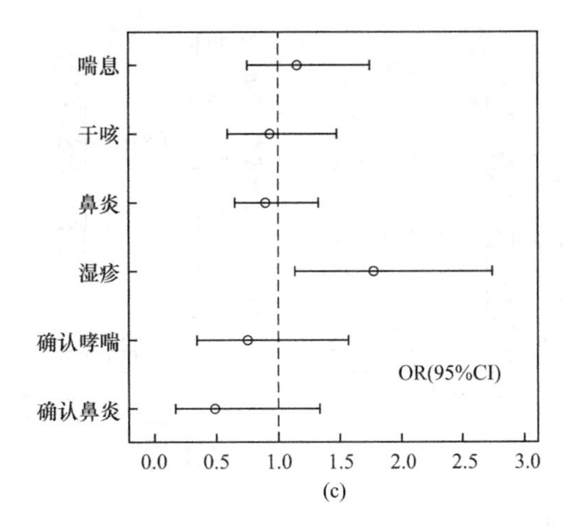

图 3-6　总体中不同烹饪能源对儿童哮喘及过敏性疾病的影响［aOR（95%CI）］（二）

(c) 燃烧木材烹饪

城市、郊区和农村中天然气烹饪对儿童哮喘及过敏性疾病的影响［aOR（95%CI）］　表 3-29

	aOR（95%CI）		
	城市	郊区	农村
喘息	1.40（0.98，2.00）	1.24（0.84，1.84）	1.52（0.92，2.48）
鼻炎	1.51（1.14，2.00）	1.49（1.08，2.07）	1.38（0.88，2.17）
湿疹	1.09（0.73，1.61）	1.68（1.01，2.78）	1.21（0.66，2.22）
确诊哮喘	1.38（0.81，2.35）	1.90（0.95，3.78）	0.99（0.37，2.65）
确诊鼻炎	1.25（0.70，2.24）	2.30（1.05，5.02）	0.60（0.11，3.13）

注：对儿童性别（男/女）、年龄（3～6岁）、家庭过敏史（是/否）、环境烟草烟雾（是/否）、宠物暴露（是/否）、母乳喂养时间（小于6个月/大于6个月）进行调整。

7. 气味感知

住宅由于房间不通气、潮湿或者室内污染，会产生一些可以被感知的气味，这些气味在一定程度上反映了室内环境的污染状况。气味感知的调研包括两阶段（近三个月和孩子出生时）室内人员自报告的通风不良引起的不新鲜气味、刺激性气味和烟草气味。住宅通风不良，室内各种污染物浓度较高，会产生不新鲜的气味。住宅内微生物包括细菌、霉菌等污染水平较高，就会产生一定的发霉气味。烟草的气味主要来自室内人员的吸烟活动，烟草气味中含有一氧化碳、焦油、苯并芘等有害物质，对人体的健康有害。

住宅调查中，近三个月（截至调查时）通风不良引起的不新鲜气味为32.4%，刺激性气味为16.3%，烟草气味自我报告的比率最高，为39.8%。孩子出生时，室内人员感知到通风不良引起的不新鲜气味的比率为29.3%，感知到刺激性气味的比率为13.5%，感知到烟草气味的比率最高，为31.0%。从图3-7中可以看出，住宅调查中，近三个月（截至调查时），发现通风不良引起的不新鲜气味、刺激性气味和烟草气味，会使自我报告中儿童哮喘及其症状的患病率显著提高，同样，从图3-8中可以看出，通风不良引起的不新鲜气味、刺激性气味和烟草气味，会使刚出生儿童哮喘及其症状的患病风险显著提高。

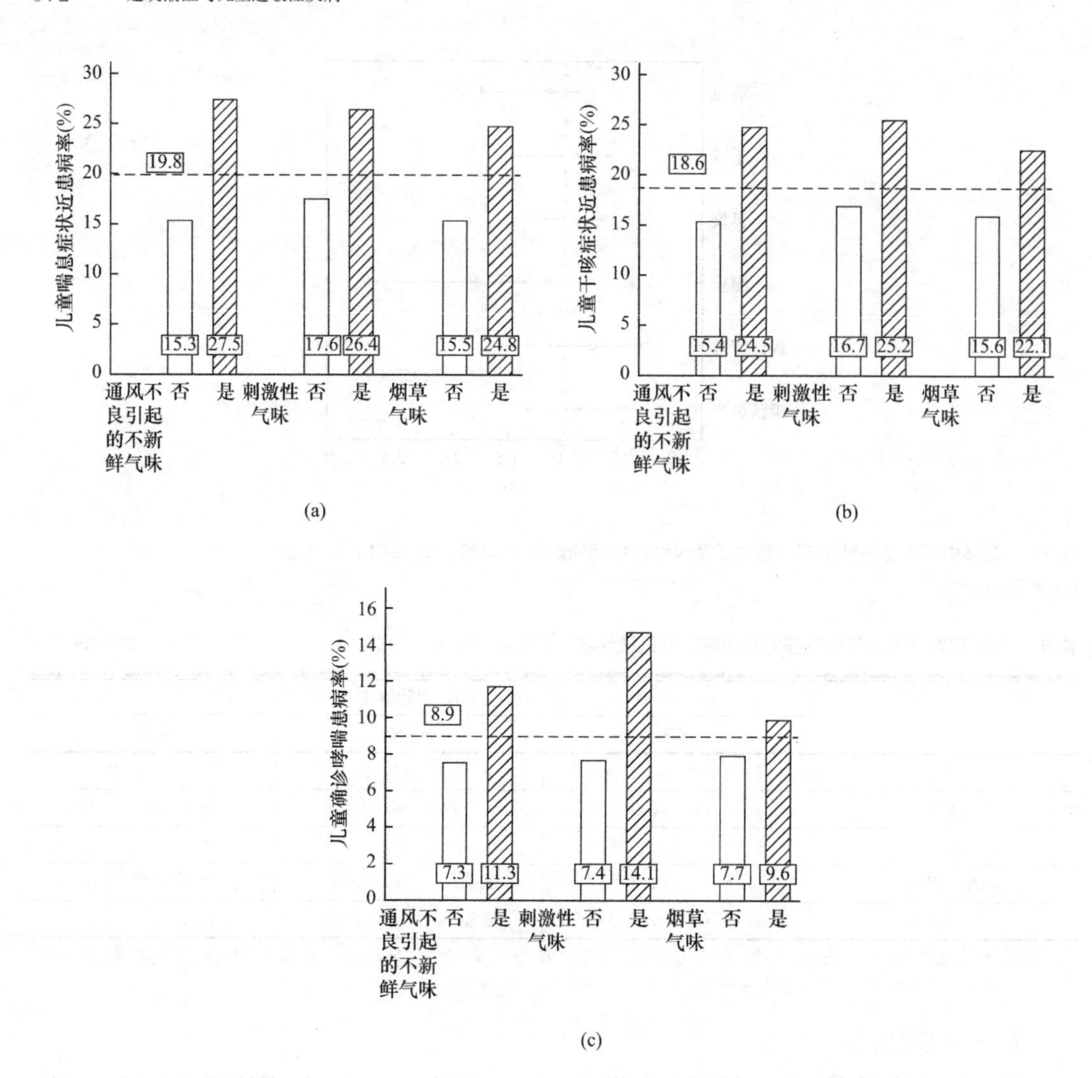

图 3-7 近三个月不同气味感知下儿童喘息、干咳症状以及确诊哮喘症状近患病率 （单位：%）

（a）喘息；（b）干咳；（c）确诊哮喘

通过不同气味感知与儿童哮喘患病之间的双变量相关性分析发现，近三个月的气味感知和孩子出生时的气味感知与儿童哮喘患病之间有着显著的相关性（$p<0.05$），如表 3-30 和表 3-31 所示。其中，卡方检验结果显示，近三个月的通风不良引起的不新鲜气味、刺激性气味和烟草气味基本上都会显著影响儿童哮喘及其表征的自我报告结果，孩子出生时的气味感知也会增加儿童哮喘及其表征的患病风险。

3.2.2 室内环境因素对儿童肺炎的影响

肺炎是一种影响肺部正常功能的急性下呼吸道感染，是指肺部的肺泡出现发炎的症状。肺由肺泡组成，健康的人在呼吸的时候肺泡会被空气所填充，而当人体患了肺炎时，肺泡则会充满脓和液体，从而限制氧气的吸入，影响身体健康。

儿童肺炎是儿科最常见的呼吸系统疾病，是住院患儿中最多见的严重危害儿童健康的疾病之一。研究显示肺炎每年引起了大约 200 万儿童的死亡，非洲和亚洲不发达国家

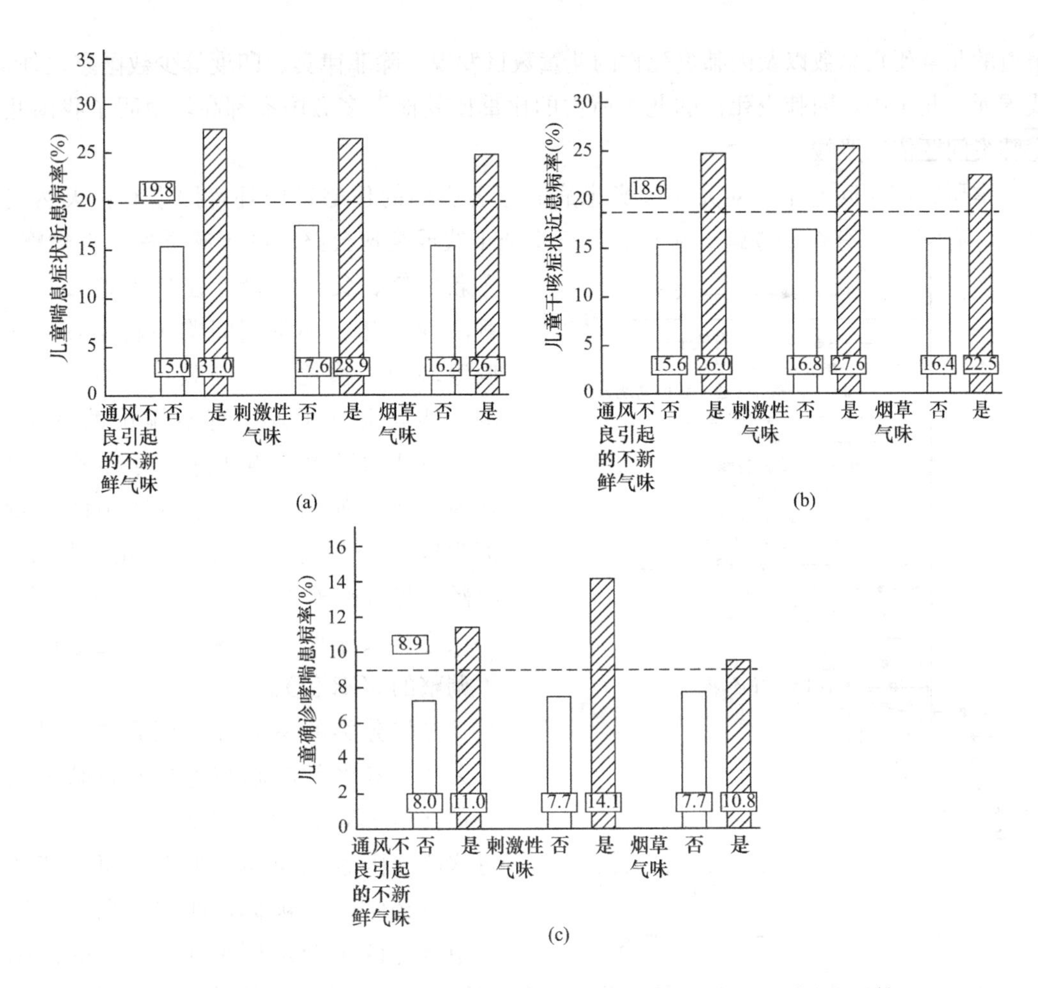

图 3-8　孩子出生时不同气味感知下儿童喘息、干咳症状及确诊哮喘的近患病率分布（单位：%）

(a) 喘息；(b) 干咳；(c) 确诊哮喘

儿童哮喘患病与近三个月气味感知之间的相关性分析结果（p 值，卡方检验）　表 3-30

气味感知	喘息症状	干咳症状	确诊哮喘
通风不良引起的不新鲜气味	<0.001	<0.001	0.001
刺激性气味	<0.001	<0.001	<0.001
烟草气味	<0.001	<0.001	0.083

儿童哮喘患病与出生时不同气味感知之间的相关性分析结果（p 值，卡方检验）　表 3-31

出生时气味感知	喘息症状	干咳症状	确诊哮喘
通风不良引起的不新鲜气味	<0.001	<0.001	0.024
刺激性气味	<0.001	<0.001	<0.001
烟草气味	<0.001	<0.001	0.009

和地区儿童肺炎死亡人数就占了其中的 70%[19]。全世界 5 岁以下的死亡儿童中有 18%的儿童死于肺炎，比死于结核病、艾滋病、疟疾的儿童总数还要多。在中国，肺炎也同样造成了大量儿童的死亡[20-22]。仅在中国大陆，5 岁以下儿童肺炎患病率便为 0.06～0.27 例/（人·年），死亡率为每 10 万人 184～1223 例[23,24]。本章分析了 2008 年 Black R E 等

报道的儿童死亡总数以及因肺炎死亡的儿童数目发现，除菲律宾、印度等少数国家之外，我国死亡儿童中，因肺炎死亡的儿童所占的比重比其他大多数国家都高，说明了我国儿童肺炎问题依旧严峻。

本研究调研问卷中，对儿童肺炎患病有显著影响的住宅室内环境因素有：天然气烹饪、有空调、有蚊子苍蝇、湿点、靠近交通干线或高速公路、冬天感觉冷、有蟑螂、重新装修、父亲吸烟、强化木地板、有刺激性气味、怀孕期间购买新家具、乳胶漆墙面、感觉空气潮湿、衣物被褥受潮、感觉空气干燥、有不愉快的气味、每天清洁和经常晾晒被褥，共19个室内环境因素。如图3-9所示（图中的aOR值为以“否”为对照组，对儿童性别、年龄、母乳喂养大于6个月、儿童病史、一次感冒大于两周和多户公寓住宅进行了调整的aOR值）。

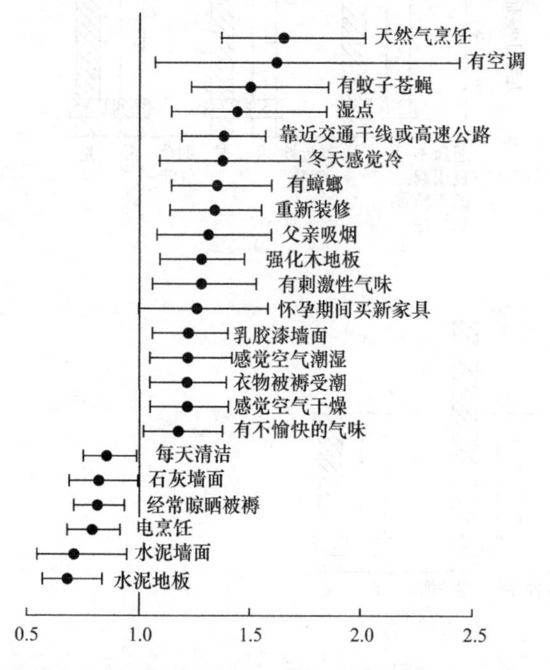

图3-9 显著影响儿童肺炎患病的室内环境因素汇总

参与分类的室内环境因素中，只有每天清洁和经常晾晒被褥是儿童肺炎的保护性因素，为将其转换成危险因素，将这两个因素反向编码为没有每天清洁和没有经常晾晒被褥，即在数据分析过程中将这两个变量原来为“是”的值编码为“否”，原来为“否”的值编码为“是”。可以发现，除上述影响因素之外，还有石灰墙面、电烹饪、水泥墙面和水泥地板也与儿童肺炎患病是存在显著关联的，但没有选为判别室内环境水平的因素，这是因为与石灰墙面和水泥墙面同类的乳胶漆墙面、与水泥地板同类的强化木地板以及与电烹饪同类的燃气烹饪已经入选，故不再选取存在关联的其他因素。

以住宅中存在以上室内环境因素的个数为依据编码一个新的变量，例如，某户住宅中对应于以上19个室内环境因素的值有1个为“是”，则认为该户住宅有1个室内环境危险因素，对应于该户住宅的新变量的值为1。某户住宅中对应于以上19个室内环境因素的值有2个为“是”，则认为该户住宅有2个室内环境危险因素，对应于该户住宅的新变量值为2。取新变量的四分位数，并依此为标准划分住宅室内环境等级，最终将住宅室内环境划分为4个等级，其中，有1～7个室内环境危险因素的住宅被划分为等级1，有8～9个室内环境危险因素的住宅被划分为等级2，有10～11个室内环境危险因素的住宅被划分为等级3，有12～19个室内环境危险因素的住宅被划分为等级4。本研究中对儿童肺炎患病有显著影响的室内环境危险因素均是会降低住宅室内环境质量的因素，住宅室内环境危险因素越多，室内环境质量越差，故住宅室内环境污染等级越高，室内环境质量越差。

不同室内环境污染等级儿童患过肺炎的比例及肺炎患病风险　表 3-32

等级	肺炎患病比例		OR		aOR[b]	
	%	*P* 值[a]	OR（95%CI）	*P* 值	aOR（95%CI）	*P* 值
1 级	17.3	—	1.00	—	1.00	—
2 级	29.7	<0.001	2.02（1.42，2.87）[c]	<0.001	1.84（1.27，2.68）[c]	0.001
3 级	34.2	—	2.48（1.74，3.55）[c]	<0.001	1.94（1.32，2.84）[c]	0.001
4 级	42.0	—	3.45（2.39，4.99）[c]	<0.001	2.47（1.66，3.67）[c]	<0.001

注：a. Pearson 卡方检验；

b. 对儿童性别、年龄、母乳喂养大于 6 个月、儿童病史、一次感冒大于两周和多户公寓住宅进行调整；

c. 以 1 级作为对照。

不同室内环境污染等级的住宅儿童自我报告患过肺炎的比例和肺炎患病风险如表 3-32 所示。可以看到，随着住宅室内环境污染等级的升高，儿童报告患过肺炎的比例也显著增高（$P<0.05$）。对儿童肺炎患病风险的分析也显示随着室内环境污染等级的升高，肺炎患病风险 OR（以住宅室内环境污染等级 1 级作为对照）以及 aOR（以住宅室内环境污染等级 1 级作为对照，并对儿童性别、年龄、母乳喂养大于 6 个月、儿童病史和多户公寓住宅进行调整）也显著增加。且关系保持显著，说明了室内环境状况越差，儿童肺炎患病风险越高。

不同感冒时长的儿童不同室内环境污染等级下患过肺炎的比例及肺炎患病风险　表 3-33

健康状况	等级	肺炎患病比例		OR		aOR[b]	
		%	*P* 值[a]	OR（95%CI）	*P* 值	aOR（95%CI）	*P* 值
一次感冒超过两周	1 级	37.5	—	1.00	—	1.00	—
	2 级	34.9	0.253	0.89（0.27，2.94）[c]	0.852	0.59（0.16，2.21）[c]	0.437
	3 级	38.9	—	1.06（0.34，3.35）[c]	0.920	0.61（0.17，2.19）[c]	0.452
	4 级	54.5	—	2.00（0.62，6.46）[c]	0.247	1.37（0.38，4.98）[c]	0.630
一次感冒不超过两周	1 级	16.2	—	1.00	—	1.00	—
	2 级	30.1	<0.001	2.22（1.52，3.26）[c]	<0.001	2.02（1.36，3.00）[c]	<0.001
	3 级	34.3	—	2.70（1.83，4.00）[c]	<0.001	2.19（1.46，3.29）[c]	<0.001
	4 级	38.8	—	3.27（2.18，4.91）[c]	<0.001	2.54（1.66，3.88）[c]	<0.001

注：a. Pearson 卡方检验；

b. 对儿童性别、年龄、母乳喂养大于 6 个月、儿童病史和多户公寓住宅进行调整；

c. 以 1 级作为对照。

表 3-33 为一次感冒超过两周的儿童和一次感冒不超过两周的儿童在不同室内环境污染等级下自我报告患过肺炎的比例和肺炎患病风险。可以发现，当住宅室内环境污染等级上升时，一次感冒不超过两周的儿童自我报告患过肺炎的比例显著增加，肺炎患病风险 OR（以住宅室内环境污染等级 1 级作为对照）以及 aOR（以住宅室内环境污染等级 1 级作为对照，并对儿童性别、年龄、母乳喂养大于 6 个月、儿童病史和多户公寓住宅进行调整）也显著增加。但是，在不同室内环境污染等级下，对一次感冒超过两周的儿童自我报告分析其患肺炎的比例，并没有发现显著差异（$P>0.05$），对各个等级儿童肺炎患病风险的分析也没有发现显著差异（$P>0.05$）。分析发现，不同室内环境污染等级中一次感冒超过两周的儿童样本量非常小，这可能是造成没有统计学意义的原因。

与表 3-33 相似，分析有哮喘或过敏性疾病病史和无哮喘或过敏性疾病病史的儿童在不同室内环境污染等级下，患过肺炎的比例和肺炎患病风险的自我报告，结果如表 3-34 所示。可以发现，有哮喘或过敏性疾病病史的儿童和没有哮喘和过敏性疾病病史的儿童，自我报告患过肺炎的比例也随住宅室内环境污染等级的升高而显著增加，对儿童肺炎患病风险 OR（以住宅室内环境污染等级 1 级作为对照）以及 aOR（以住宅室内环境污染等级 1 级作为对照，并对儿童性别、年龄、母乳喂养大于 6 个月、一次感冒大于两周和多户公寓住宅进行调整）的分析也发现了一样的关系。这印证了表 3-32 中对总体样本分析结果的正确性。

有无哮喘或过敏性疾病病史的儿童不同室内环境污染等级下患过肺炎的比例及患病风险　表 3-34

健康状况	等级	肺炎患病比例		OR		aOR[b]	
		%	*P* 值[a]	OR（95%CI）	*P* 值	aOR（95%CI）	*P* 值
有病史	1 级	26.0	<0.001	1.00	—	1.00	—
	2 级	36.3		1.62（1.03，2.56）[c]	0.038	1.56（0.97，2.51）[c]	0.065
	3 级	40.2	—	1.91（1.21，3.01）[c]	0.005	1.71（1.06，2.76）[c]	0.029
	4 级	49.5	—	2.79（1.76，4.42）[c]	<0.001	2.27（1.39，3.69）[c]	0.001
没有病史	1 级	10.1	—	1.00	—	1.00	—
	2 级	21.6	0.003	2.45（1.35，4.45）[c]	0.003	2.39（1.28，4.43）[c]	0.006
	3 级	23.4	—	2.72（1.46.5.07）[c]	0.002	2.39（1.25，4.58）[c]	0.008
	4 级	25.3	—	3.01（1.52，5.93）[c]	0.001	2.79（1.38，5.66）[c]	0.004

注：a. Pearson 卡方检验；
b. 对儿童性别、年龄、母乳喂养大于 6 个月、一次感冒大于两周和多户公寓住宅进行调整；
c. 以 1 级作为对照。

从以上分析可以发现重庆地区儿童住宅室内环境越差，儿童患肺炎的风险就越高。因此，优化住宅室内环境质量是改善儿童肺炎患病风险的一条重要渠道。

3.3 住宅室内环境改善措施

图 3-10 为各个环境因素对儿童哮喘及过敏性疾病的影响（对儿童性别、年龄、家庭过敏史、宠物暴露、环境烟草烟雾及母乳喂养时间是否大于 6 个月进行调整的分析结果），纵坐标表示总体、城市、郊区、农村中某个因素对儿童哮喘和过敏性疾病 6 种症状的影响达到显著性水平的疾病种类数的和（正数表示为危险因素，负数表示为保护因素）。从图 3-10 可以看出，影响儿童哮喘和过敏性疾病的主要危险因素有气味感知、距离交通干线或高速公路 200m 以内、强化木地板、天然气、油漆或乳胶漆、蟑螂，影响儿童哮喘和过敏性疾病的主要保护因素有每天对儿童卧室进行清洁、经常晾晒被褥、冬季经常打开儿童卧室窗户。

3.3.1 住宅通风对儿童哮喘等过敏性疾病的改善

1. 通风对室内气味的改善

室内气味感知是儿童哮喘和过敏性疾病的危险因素，各个季节经常开窗都可以从一定程度上降低各种气味感知。

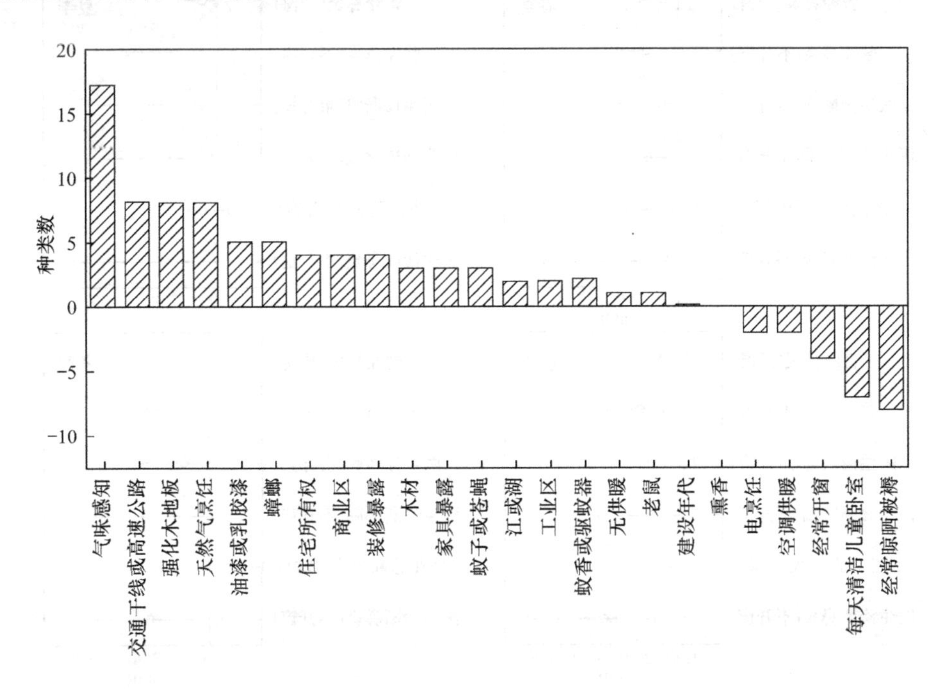

图 3-10　各个环境因素对儿童哮喘及过敏性疾病的影响

图 3-11(a) 为有发霉气味时，不同开窗习惯与儿童哮喘及过敏性疾病的相关性，图 3-11(b) 为有不愉快气味时，不同开窗习惯与儿童哮喘及过敏性疾病的相关性。总体上讲，四个季节经常开窗都可以有效减少室内的各种气味感知，进而降低儿童患哮喘及过敏性疾病的概率。

分析发现，春季开窗通风，可以有效降低通风不良气味对医生诊断鼻炎的发病率，减少不愉快气味对医生诊断哮喘、近 12 个月鼻炎和医生诊断鼻炎的发生率，降低刺激性气味对医生诊断哮喘和医生诊断鼻炎的发病率，减少发霉气味对曾经喘息、医生诊断哮喘、曾经鼻炎、医生诊断鼻炎和曾经湿疹的发生率，降低烟草气味对曾经喘息、曾经哮吼、曾经鼻炎和医生诊断鼻炎的发病率，减少空气潮湿对曾经喘息、医生诊断哮喘、医生诊断鼻炎和近 12 个月湿疹的发病率，降低空气干燥对医生诊断鼻炎的发生率。春季开窗可以显著降低在各种气味下，医生诊断哮喘和医生诊断鼻炎的发生。

夏季和春季相比，夏季开窗通风对气味与儿童患哮喘及过敏性疾病的影响更大，夏季开窗通风时，可以有效降低通风不良气味对曾经喘息、医生诊断哮喘、曾经哮吼和医生诊断鼻炎的发病率，减少不愉快气味对曾经哮喘、医生诊断哮喘、曾经鼻炎、近 12 个月鼻炎、医生诊断鼻炎和近 12 个月湿疹的发生率，降低刺激性气味对曾经喘息、近 12 个月喘息、医生诊断哮喘、医生诊断鼻炎和近 12 个月湿疹的发病率，减少发霉气味对曾经喘息、医生诊断哮喘、医生诊断鼻炎、曾经湿疹和近 12 个月湿疹的发生率，降低烟草气味对曾经喘息、医生诊断哮喘、曾经哮吼、医生诊断鼻炎和近 12 个月湿疹的发病率，减少感觉空气潮湿对曾经喘息、近 12 个月夜间干咳、医生诊断哮喘、曾经哮吼和近 12 个月湿疹的发病率，降低感觉空气干燥对近 12 个月夜间干咳、医生诊断哮喘、曾经哮

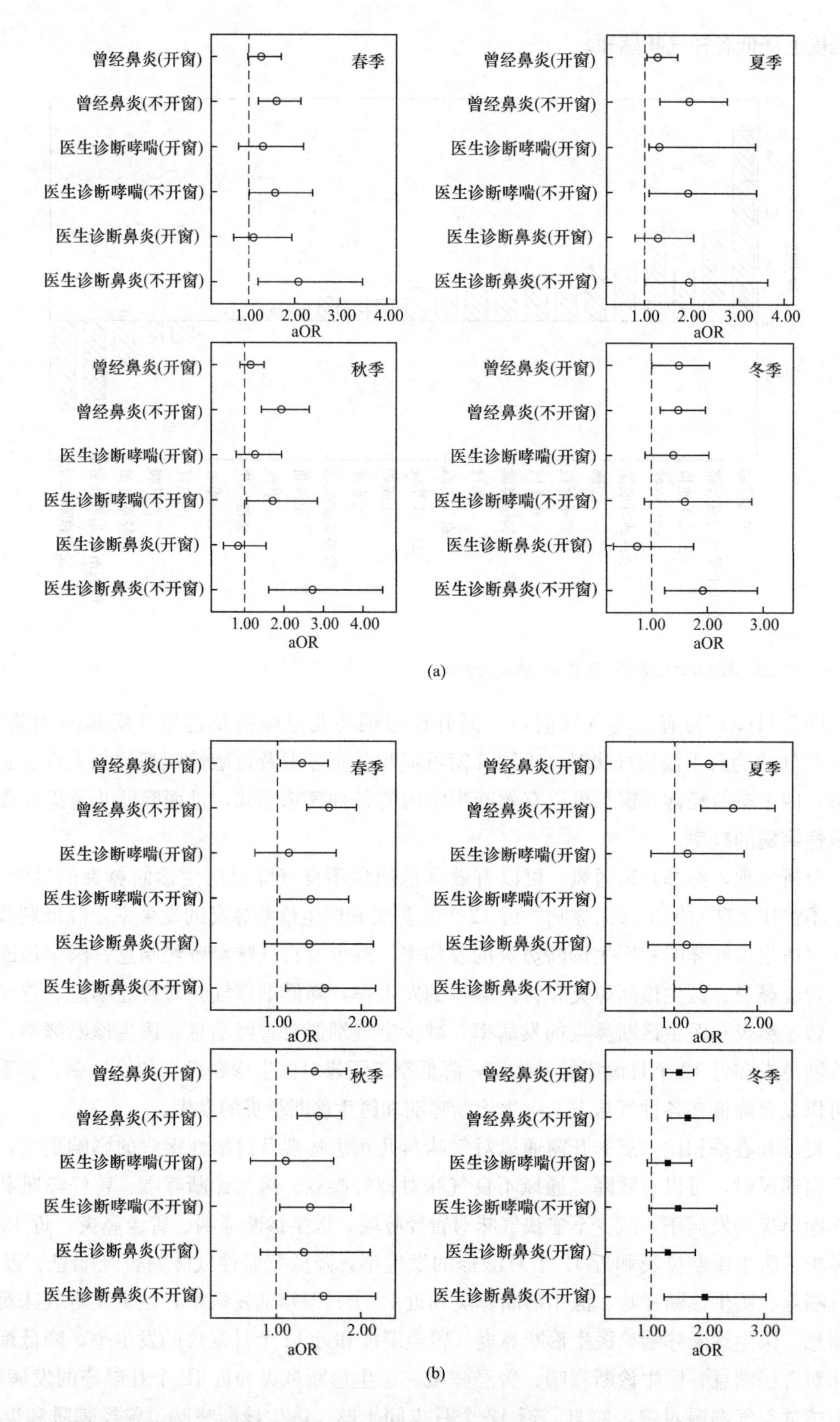

图 3-11　室内存在不同气味，不同开窗习惯与儿童哮喘及过敏性疾病的相关性

(a) 有发霉气味时；(b) 有不愉快气味时

吼、医生诊断鼻炎和近12个月湿疹的发生率。夏季开窗可以有效降低各种气味与曾经喘息、医生诊断哮喘、医生诊断鼻炎和近12个月湿疹的相关性。秋季开窗通风时，可以减少不愉快气味对曾经喘息、医生诊断哮喘和医生诊断鼻炎的发生率，降低刺激性气味对医生诊断鼻炎和近12个月湿疹的发病率，减少发霉气味对近12个月夜间干咳、医生诊断哮喘、曾经鼻炎、医生诊断鼻炎、曾经湿疹和近12个月湿疹的发生率，降低烟草气味对曾经喘息和曾经哮吼的发病率，减少感觉空气潮湿对曾经喘息、医生诊断哮喘和医生诊断鼻炎的发病率，降低感觉空气干燥对医生诊断哮喘、医生诊断鼻炎和近12个月湿疹的发生率。

秋季开窗对各种气味与儿童患哮喘及过敏性疾病的影响与春季开窗相似，秋季开窗与其他季节相比更能有效降低发霉气味对儿童健康的影响。冬季开窗通风时，可以有效降低通风不良气味对医生诊断哮喘和医生诊断鼻炎的发病率，减少不愉快气味对医生诊断鼻炎的发生率，降低刺激性气味对近12个月夜间干咳、医生诊断鼻炎和近12个月湿疹的发病率，减少发霉气味对曾经喘息、近12个月夜间干咳、医生诊断鼻炎、曾经湿疹和近12个月湿疹的发生率，降低烟草气味对曾经喘息、医生诊断哮喘、曾经哮吼、曾经鼻炎和近12个月鼻炎的发病率，减少感觉空气潮湿对曾经喘息、近12个月喘息和医生诊断鼻炎的发病率，降低感觉空气干燥对医生诊断哮喘、医生诊断鼻炎和近12个月湿疹的发生率。

2. 新家具及重新装修

家庭购买新家具和重新装修对儿童哮喘及过敏性疾病的发病具有一定关联性，开窗通风可以降低室内污染物浓度。

图3-12(a)为怀孕前一年购买新家具时，不同开窗习惯与儿童哮喘及过敏性疾病的相关性。图3-12(b)为怀孕前一年重新装修时，不同开窗习惯与儿童哮喘及过敏性疾病的相关性。总体上讲，当购买新家具和重新装修与儿童哮喘及过敏性疾病显著相关性时，通过开窗换气，可以有效降低儿童哮喘及过敏性疾病的发生。

分析发现，春季开窗通风，可以有效降低怀孕前一年购买新家具对医生诊断哮喘、曾经鼻炎和近12个月鼻炎的发病率，减少怀孕期间购买新家具对曾经喘息、曾经鼻炎、近12个月鼻炎和曾经湿疹的发生率，减少怀孕前一年重新装修对曾经喘息、曾经鼻炎和近12个月鼻炎的发生率。降低孩子0～1岁时重新装修对近12个月喘息、近12个月夜间干咳和曾经湿疹的发病率，减少孩子一岁后重新装修对近12个月喘息、近12个月夜间干咳、医生诊断鼻炎和近12个月湿疹的发病率。在怀孕期间购买新家具和孩子一岁后重新装修的情况下，春季开窗可以显著降低儿童哮喘及过敏性疾病的发病率。

夏季开窗通风，可以有效降低怀孕前一年购买新家具对曾经喘息、近12个月喘息、医生诊断哮喘、曾经鼻炎和近12个月鼻炎的发病率，减少怀孕期间购买新家具对近12个月夜间干咳、曾经哮吼和曾经湿疹的发病率，减少怀孕前一年重新装修对曾经喘息、近12个月鼻炎和医生诊断鼻炎的发病率，降低怀孕期间重新装修对曾经喘息、近12个月夜间干咳、医生诊断哮喘、曾经湿疹和近12个月湿疹的发病率，减少孩子一岁后重新装修对近12个月喘息、近12个月夜间干咳、医生诊断哮喘和近12个月湿疹的发病率。购买新家具和重新装修时，夏季开窗通风对降低儿童哮喘及过敏性疾病的发生比春季更显著。

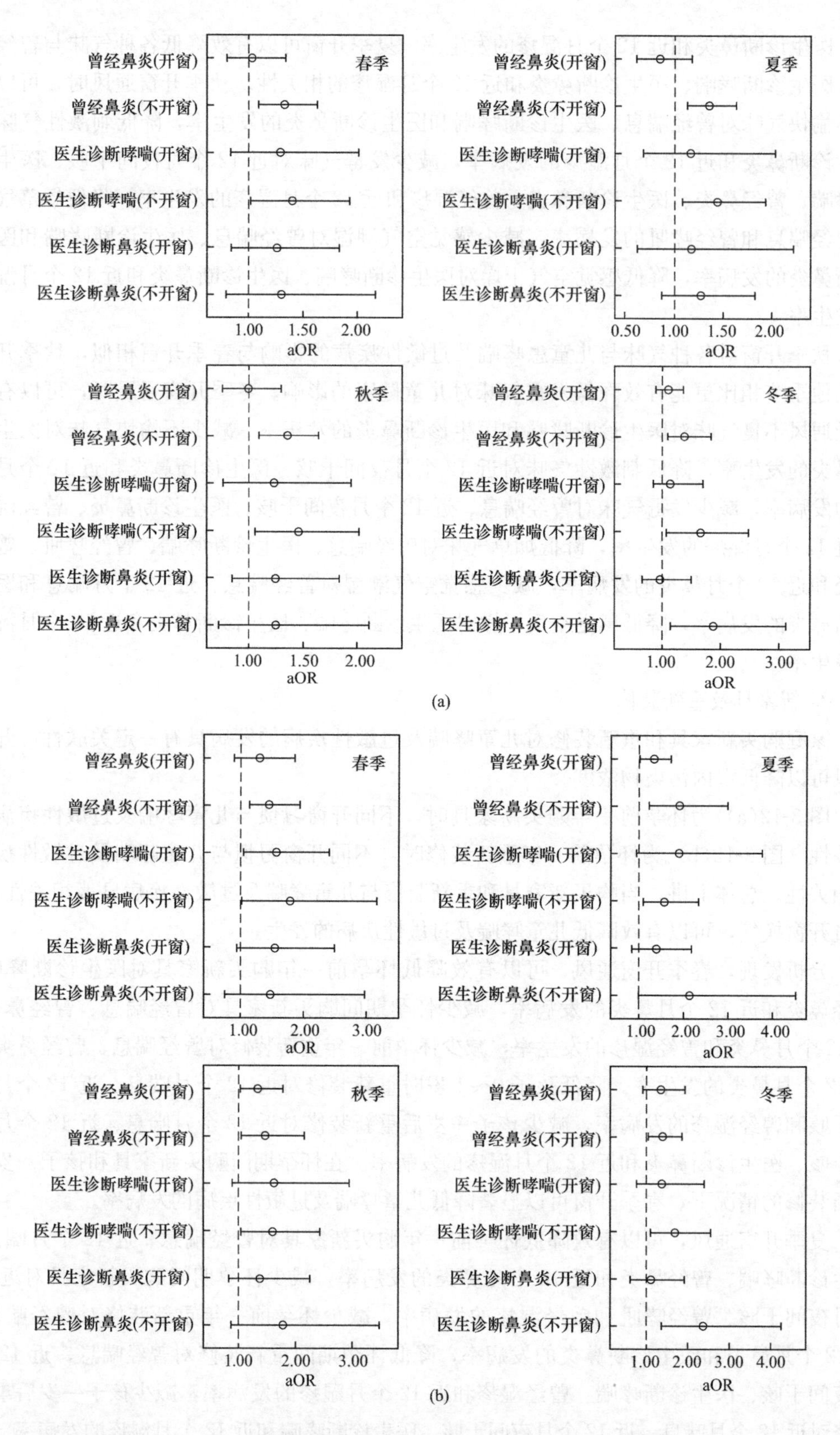

图 3-12 怀孕前一年购买新家具或重新装修时，不同开窗习惯与儿童哮喘及过敏性疾病的相关性

(a) 怀孕前一年购买新家具时；(b) 怀孕前一年重新装修时

秋季开窗通风，可以有效降低怀孕前一年购买新家具对近 12 个月喘息、近 12 个月夜间干咳、医生诊断哮喘、曾经鼻炎和近 12 个月鼻炎的发病率，减少怀孕期间购买新家具对曾经喘息、曾经哮吼、曾经鼻炎、近 12 个月鼻炎和曾经湿疹的发生率，降低怀孕期间重新装修对曾经喘息、近 12 个月夜间干咳、曾经湿疹和近 12 个月湿疹的发病率，降低孩子 0～1 岁时重新装修对近 12 个月夜间干咳和曾经湿疹的发病率，减少孩子一岁后重新装修对近 12 个月夜间干咳、医生诊断鼻炎和近 12 个月湿疹的发病率。

冬季开窗通风，可以有效降低怀孕前一年购买新家具对近 12 个月喘息、医生诊断哮喘、曾经鼻炎和医生诊断鼻炎的发病率，减少怀孕期间购买新家具对曾经喘息、近 12 个月喘息、曾经哮吼、曾经鼻炎、近 12 个月鼻炎和曾经湿疹的发生率，减少怀孕前一年重新装修对曾经喘息、医生诊断哮喘、曾经鼻炎、近 12 个月鼻炎和医生诊断鼻炎的发生率，降低怀孕期间重新装修对近 12 个月夜间干咳、曾经湿疹和近 12 个月湿疹的发病率，减少孩子一岁后重新装修对曾经喘息、近 12 个月喘息、近 12 个月夜间干咳、医生诊断哮喘、医生诊断鼻炎和近 12 个月湿疹的发病率。在怀孕前一年购买新家具、怀孕期间购买新家具、怀孕前一年重新装修和孩子一岁后重新装修的情况下，冬季开窗可以显著降低儿童哮喘及过敏性疾病的发生。

3. 环境烟草烟雾

室内环境烟草烟雾的暴露与儿童哮喘及过敏性疾病有显著相关性，开窗通风可以降低室内烟草烟雾的浓度。

如图 3-13 所示，室内烟草烟雾暴露与儿童哮喘及过敏性疾病有显著相关性时，通过

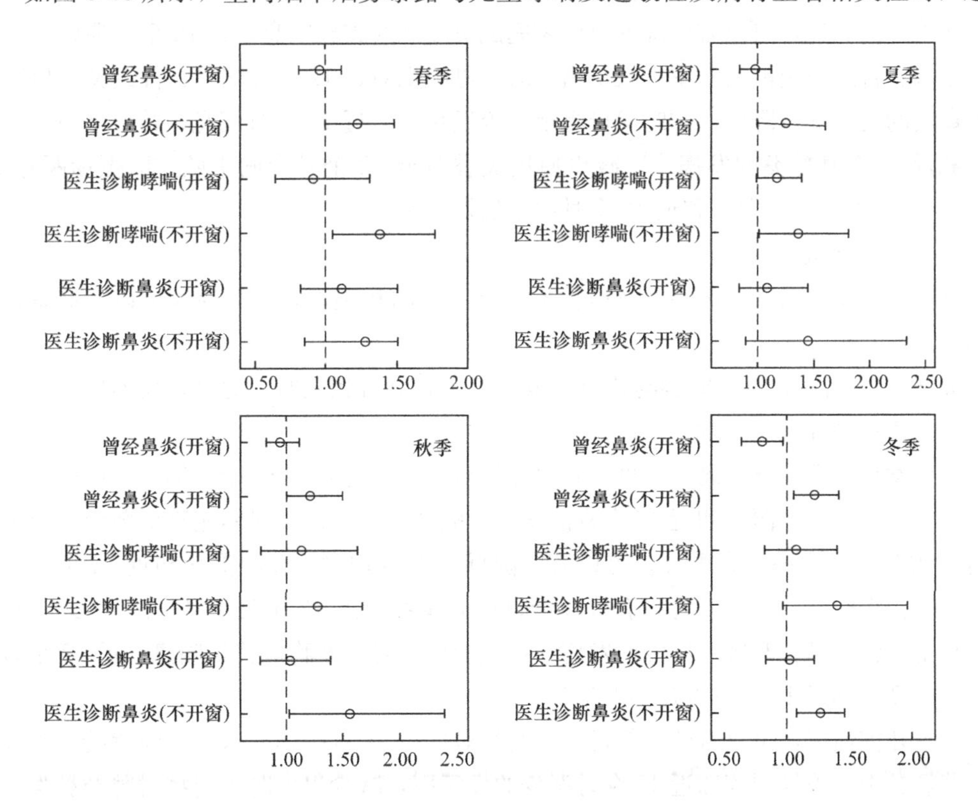

图 3-13　怀孕时父母有抽烟现象，不同开窗习惯与儿童哮喘及过敏性疾病的相关性

开窗通风，可以有效降低儿童哮喘及过敏性疾病的发生。

分析发现春季开窗通风，可以有效降低家庭成员吸烟对近12个月夜间干咳和曾经鼻炎的发病率，降低怀孕时父母吸烟对近12个月喘息、医生诊断哮喘、曾经哮吼、曾经鼻炎、近12个月鼻炎和近12个月湿疹的发病率，减少使用盘香对近12个月喘息、近12个月夜间干咳、医生诊断哮喘、曾经哮吼、曾经鼻炎、近12个月鼻炎、医生诊断鼻炎、曾经湿疹和近12个月湿疹的发生率，降低使用熏香对曾经喘息、曾经鼻炎和近12个月湿疹的发病率。春季开窗可以有效降低怀孕时父母吸烟和使用盘香对儿童患哮喘及过敏性疾病的影响。

夏季开窗通风，可以有效减少出生时父母吸烟对近12个月喘息和近12个月鼻炎的发生率，降低怀孕时父母吸烟对近12个月喘息、曾经哮吼、曾经鼻炎和近12个月鼻炎的发病率，减少使用盘香对近12个月喘息、医生诊断哮喘、近12个月鼻炎和医生诊断鼻炎的发生率，降低使用熏香对曾经鼻炎的发病率。在有室内烟草烟雾暴露时，相对于春季开窗，夏季开窗可以更好地降低儿童哮喘及过敏性疾病的发病率。

秋季开窗通风，可以有效减少出生时父母吸烟对曾经哮吼、近12个月鼻炎和近12个月湿疹的发生率，降低怀孕时父母吸烟对曾经喘息、近12个月喘息、曾经哮吼、曾经鼻炎、近12个月鼻炎、医生诊断鼻炎和近12个月湿疹的发病率，减少使用盘香对曾经喘息、近12个月夜间干咳、曾经鼻炎、医生诊断鼻炎和曾经湿疹的发生率，降低使用熏香对近12个月夜间干咳、曾经鼻炎和近12个月湿疹的发病率。秋季开窗对室内烟草烟雾暴露与儿童患哮喘及过敏性疾病的影响与夏季开窗相似。

冬季开窗通风，可以有效降低目前家庭成员吸烟对曾经喘息、近12个月喘息、近12个月干咳和曾经鼻炎的发病率，减少出生时父母吸烟对近12个月喘息、曾经鼻炎和近12个月鼻炎的发生率，降低怀孕时父母吸烟对曾经喘息、近12个月喘息、曾经哮吼、曾经鼻炎和近12个月鼻炎的发病率，减少使用盘香对近12个月夜间干咳、医生诊断哮喘、近12个月鼻炎、曾经湿疹和近12个月湿疹的发生率。

4. 室内饲养宠物

室内饲养宠物与儿童哮喘及过敏性疾病有一定的相关性，开窗通风可以降低室内过敏原的浓度。

如图3-14所示，饲养宠物与儿童过敏性疾病有显著相关时，通过开窗通风，可以有效降低儿童过敏性疾病的发生。

分析发现，春季开窗通风，可以有效降低目前养宠物对近12个月喘息、医生诊断哮喘、曾经鼻炎、曾经湿疹和近12个月湿疹的发病率，减少出生时养宠物对曾经湿疹和近12个月湿疹的发生率。春季开窗可以有效降低饲养宠物时，曾经湿疹和近12个月湿疹的发病率。夏季开窗通风，可以有效降低目前养宠物对近12个月喘息、医生诊断哮喘、曾经哮吼、曾经鼻炎和曾经湿疹的发病率，减少出生时养宠物对曾经喘息、近12个月喘息、曾经鼻炎和近12个月湿疹的发生率。

秋季开窗通风，可以有效降低目前养宠物对近12个月喘息、医生诊断哮喘、曾经哮吼、曾经鼻炎、曾经湿疹和近12个月湿疹的发病率，减少出生时养宠物对曾经鼻炎、曾经湿疹和近12个月湿疹的发生率。

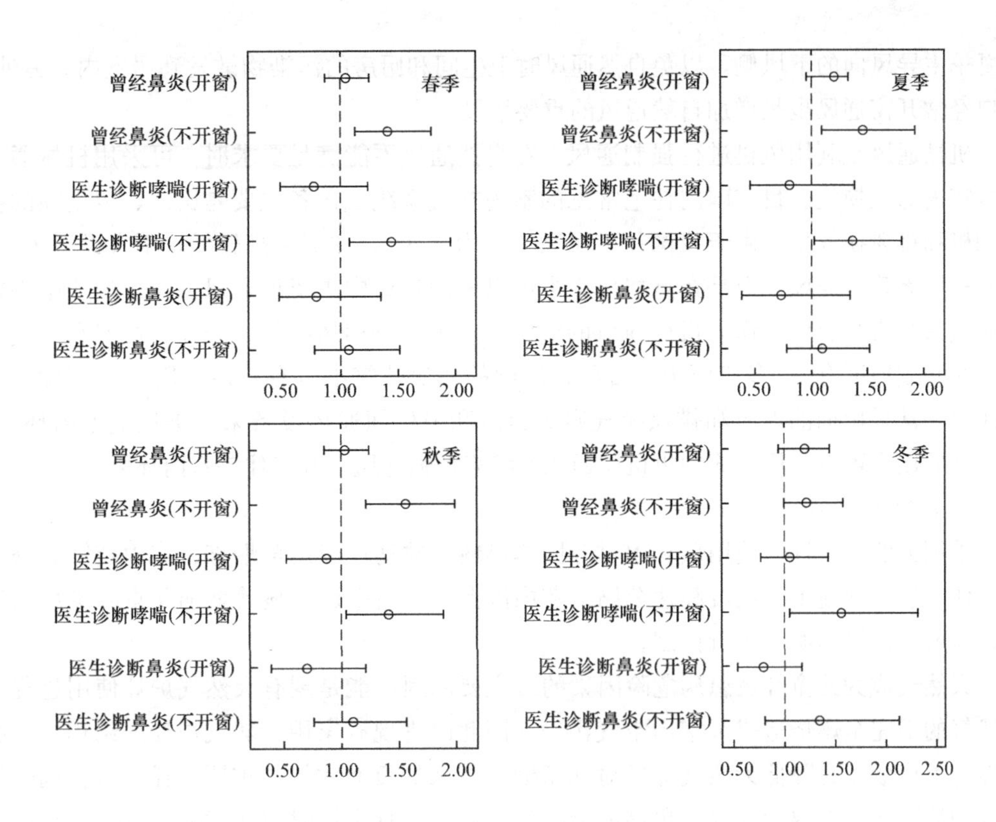

图 3-14　住户目前饲养宠物，不同开窗习惯与儿童哮喘及过敏性疾病的相关性

冬季开窗通风，可以有效降低目前养宠物对近 12 个月喘息、医生诊断哮喘、曾经湿疹和近 12 个月湿疹的发病率，减少出生时养宠物对近 12 个月喘息、曾经哮吼、曾经鼻炎、曾经湿疹和近 12 个月湿疹的发生率。对于目前饲养宠物，通过各个季节的开窗，都能显著降低近 12 个月喘息、医生诊断哮喘和曾经湿疹的发病率。而对于出生时饲养宠物，通过各季的开窗，都能显著降低近 12 个月湿疹的发病率。

3.3.2　儿童肺炎影响因素的改善措施

为降低儿童肺炎患病风险，应该采取所有可能的措施提前预防。除了可以采取增加母乳喂养时间、对儿童哮喘和过敏性疾病等病症尽快进行治疗等措施之外，本研究的分析也说明了室内环境条件的改善也是预防儿童肺炎，降低儿童肺炎患病风险可以采取的重要措施。以下将从增加通风、减少污染源、降低冬季寒冷感三个方面对可能采取的住宅室内环境控制手段进行分析，以指导家长趋利避害，降低儿童肺炎患病风险。

1. 室内通风

通风也是改善室内环境的重要措施之一。可以从多个方面来改善住宅室内的通风状况。自然通风是比较方便、节能的通风方式，我国大部分住宅主要依靠开窗这样的自然通风的方式来实现通风换气，因此，要尽可能好地保证自然通风效果。住宅周围环境、住宅结构、住宅朝向都是影响住宅自然通风效果好坏的重要因素，住户在选购或者建造住宅时应合理规划，使住宅的朝向和建筑结构能够实现良好的自然通风，做到起居室和卧室能进行良好的自然通风，不留死角，气流顺畅，卫生间和厨房在整栋住宅中的布局在夏季主导风向的下风侧，以免自然通风时卫生间和厨房的污染物散发到居室内。另外，住户经常开窗通风也是增加自然通风的重要手段。

机械通风是利用风机进行强制通风，在自然通风不能满足要求时，可采用机械通风进行室内通风换气。目前国内住宅常见的室内换气系统或设备主要是厨房、卫生间的抽油烟机和排风换气扇。由于我国住宅层高大多为2.8m，住宅层高较低，不宜设置风管，一般采用无管道通风，但是在高档住宅中可以采用户式中央机械通风系统。户式中央机械通风系统将整套住宅作为机械通风的整体考虑来进行通风换气、降噪、加湿和空气净化，在北欧地区有50多年历史，目前在法国的住房建筑中也有普遍应用[25]。因此，建议住户经常采用抽油烟机和排风换气扇等厨房和卫生间通风设备来改善住宅室内环境，有条件的住户可以采用户式中央机械通风系统来增强通风，改善住宅室内环境。

2. 污染源控制

采用天然气烹饪、使用煤和木材等固体燃料、被动环境烟草烟雾、室内装饰装修污染、住宅靠近交通干线或者高速公路、室内潮湿、室内空调会显著增加儿童肺炎患病风险，需要从污染的源头进行控制。

天然气成为儿童肺炎患病危险因素的最主要原因可能是现有天然气炉灶使用过程中天然气的不完全燃烧造成了室内空气污染，因此改进现有家用天然气炉灶的结构，提高天然气燃烧效率是降低天然气烹饪对儿童健康带来的负面效果的重要途径。家长选购天然气炉灶时建议选取燃烧效率更高的天然气炉灶，并且烹饪时应注意通风排烟。在有条件的情况下，使用电代替天然气作为烹饪能源也是更好的选择。

使用木材和煤等固体燃料是被大量研究验证了的增加儿童肺炎患病风险的重要因素，本研究虽然没有发现使用木材和煤与儿童肺炎患病的关联，但依然建议目前仍在使用木材和煤的少量家庭避免室内木材和煤的燃烧。

吸烟不仅会影响吸烟者本身的健康，还会影响处于被动吸烟中的儿童的健康，因此，建议家长尽可能不吸烟或者不在住宅内吸烟，特别是不要在儿童面前吸烟。当住宅内不可避免地存在吸烟烟雾时，应该及时通风，采用室外清洁空气稀释室内吸烟烟气，降低室内空气污染。

本研究的分析还发现，在母亲怀孕前一年内、母亲怀孕期间、儿童0到1岁时、儿童1岁以后这4个时间段中的任意一个时间段内住宅有重新装修、怀孕期间购买新家具、使用乳胶漆墙面、使用强化木地板是儿童肺炎患病的危险因素，但使用石灰墙面、使用水泥墙面、使用水泥地板儿童肺炎患病风险会显著降低，说明新装修过程中产生的污染物以及新家具、乳胶漆墙面、强化木地板可能产生的污染物会对儿童健康产生影响。因此，建议家长从母亲怀孕时开始避免儿童暴露于装修和新家具污染，住宅装修过程中尽可能避免或者减少强化木地板和乳胶漆墙面的使用，并注意装修时和装修后的住宅通风，以降低装饰装修材料产生的污染物对儿童健康的影响。

靠近交通干线或高速公路的住宅儿童肺炎患病风险显著较高，因此建议在进行住宅选址时，尽可能选择在居住区中央的住宅，避免交通干线或者高速公路产生的污染。

重庆地区空气常年高湿，在室内空气湿度较高的时候可以采用除湿剂等手段人为降低住宅室内湿度，以降低潮湿环境暴露，同时应注意经常开窗通风，以稀释住宅室内湿气和污染物。

另外，本研究发现室内有空调儿童肺炎患病风险较高。随着人们生活水平的提高，空调已经成为住宅中的必备品，特别是在重庆这样夏天高温的城市，大部分住宅中都会安装空调。本研究的分析认为，室内有空调成为儿童肺炎患病的危险因素可能是由于空调过滤网污染、分体式空调没有新风等原因。因此建议家长定期进行空调过滤网的清洁，并在使用分体式空调的过程中注意适当增加新风。

3. 降低冬季冷感觉

除增加通风和减少污染源之外，家长还可以通过加强孩子房间的清洁和经常晾晒被褥来改善儿童环境暴露情况，降低儿童肺炎患病风险。

3.4　总结

本章主要以 2010—2011 年针对重庆地区儿童住宅的大样本横断面调研和典型住宅的入户调研数据为基础，分析了重庆地区室内环境特征和污染物情况，同时结合家长的自我报告分析了室内环境因素对儿童健康的影响。

基于对室内环境因素，包括建筑地理位置、住所楼层、建设年代、住所面积、建筑周围环境、建筑类型、窗户类型、玻璃层数、地板材料、墙面材料、建筑维护、暖通空调方式、家长自我报告的生活习惯等分析，探讨了室内环境因素和三个起主导作用的因素（住宅形式、建筑年代、住宅面积）之间的相互关联，揭示了调研住宅的室内环境现状。同时，为了更直接地认识儿童住宅室内环境水平，随机选取了部分儿童住宅进行住宅室内环境的现场测试和现场问卷调研。结果显示被测住宅室内 TVOC、O_3、CO_2 含量存在超标现象，并通过分析室内环境和污染物浓度水平之间的关联关系，得到了不同住宅位置、不同室内通风等环境因素对污染物参数水平的不同影响。

通过分析不同室内环境因素与儿童哮喘及过敏性疾病之间的关联关系，影响儿童哮喘和过敏性疾病的主要危险因素有气味感知、住宅位置距离交通干线或高速公路 200m 以内、强化木地板、油漆或乳胶漆、蟑螂，而主要保护因素包括每天对儿童卧室进行清洁、经常晾晒被褥、冬天经常打开儿童卧室窗户等。住宅内经常开窗可以显著降低室内气体感知（尤其是通风不良的气味）和潮湿现象（尤其是衣服被褥受潮的情况），进而显著降低儿童哮喘及过敏性疾病的患病风险。当住宅购买新家具或重新装修、有烟草烟雾暴露或室内饲养宠物时，相对于经常开窗，不开窗对儿童哮喘及过敏性疾病的患病影响更显著。而针对不同室内环境因素对儿童患肺炎的影响分析显示，儿童住宅室内环境越差，儿童患肺炎的风险就越高。最后结合室内危险性因素和保护性因素，为改善儿童室内环境和降低儿童患病率提出了合理建议。

本章参考文献

[1]　沈晋明. 创造舒适的室内环境 [J]. 暖通空调，1997 (1)：35-38.

[2] Jin Y，Ma X，Chen X，et al. Exposure to indoor air pollution from household energy use in rural China：the interactions of technology，behavior，and knowledge in health risk management [J]. Social Science & Medicine，2006，62 (12)：3161-3176.

[3] Ezzati M. Indoor air pollution and health in developing countries [J]. The Lancet，2005，366 (9480)：104-106.

[4] Kurmi O P，Semple S，Simkhada P，et al. COPD and chronic bronchitis risk of indoor air pollution from solid fuel：a systematic review and meta-analysis [J]. Thorax，2010，65 (3)：221-228.

[5] Brasche S，Bischof W. Daily time spent indoors in German homes-Baseline data for the assessment of indoor exposure of German occupants [J]. Int J Hyg Environ Health，2006，208 (4)：247-253.

[6] Bager，P. Age at childhood infections and risk of atopy. [J]. Thorax，2002，57 (5)：379-382.

[7] Ramesh Bhat Y Manjunath N，Sanjay D，et al. Association of indoor air pollution with acute lower respiratory tract infections in children under 5 years of age [J]. Paediatrics and international child health，2012，32 (3)：132-135.

[8] Hyunok C，Norbert S，Jan S，et al. Common Household Chemicals and the Allergy Risks in Pre-School Age Children [J]. PLOS ONE，2010，5.

[9] 钱华，戴海夏. 室内空气污染与人体健康关系探讨 [J]. 上海环境科学，2006，25 (1)：33-42.

[10] 张伟. 室内空气污染危害及防治对策 [J]. 环境研究与监测，2013，26(2)：43-45.

[11] 万雄峰，喻李葵，侯华波. 厨房烟气对室内空气品质的影响及其改善方法 [J]. 建筑热能通风空调，2005，24 (3)：27-31.

[12] 刘建国，刘洋. 室内空气中 CO_2 的评价作用与评价标准 [J]. 环境与健康杂志，2005，22 (4)：303-305.

[13] 北镇. 中国室内环境污染危害严重 [J]. 世界环境，2004，5：30-45.

[14] 郝俊红. 中国四城市住宅室内空气品质调查及控制标准研究 [D]. 长沙：湖南大学，2004.

[15] 卢国良，吴金贵，庄祖嘉，等. 室内空气污染物暴露水平及影响因素分析 [J]. 中国公共卫生，2010，26 (006)：751-753.

[16] 张振，刘国红，彭朝琼，等. 深圳市城区居民室内空气污染现状调查 [J]. 环境卫生学杂志，2011，1 (5)：10-13.

[17] 李娟，黄海燕，邵茂清. 重庆住宅室内空气中甲醛污染调查 [J]. 重庆大学学报（自然科学版），2006，09：144-146.

[18] 国家质量监督检验检疫总局，中华人民共和国卫生部，国家环境保护总局. GB/T 18883—2002 室内空气质量标准 [S]. 北京：中国标准出版社，2002.

[19] Williams B G，Gouws E，Boschi-Pinto C，et al. Estimates of world-wide distribution of child deaths from acute respiratory infections [J]. Lancet Infect Dis，2002，2 (1)：25-32.

[20] Feng X L，Guo S，Yang Q，et al. Regional disparities in child mortality within China 1996-2004：epidemiological profile and health care coverage [J]. Environmental health and preventive medicine，2011，16 (4)：209-216.

[21] Wang Y P，Miao L，Dai L，et al. Mortality rate fbr children under 5 years of age in China from 1996 to 2006 [J]. Public Health，2011，125 (5)：301-307.

[22] Rudan I，Chan K Y，Zhang J S F，et al. Causes of deaths in children younger than 5 years in China in 2008 [J]，The Lancet，2010，375 (9720)：1083-1089.

[23] Guan X，Silk B J，Li W，et al. Pneumonia incidence and mortality in Mainland China：systematic review of Chinese and English literature，1985-2008 [J]. PloS one，2010，5 (7)：e11721.

[24] Feng J，Yuan X Q，Zhu J，et al. Under-5 -mortality rate and causes of death in China，2000 to 2010 [J]. Zhonghua liu xing bing xue za zhi，2012，33 (6)：558-61.

[25] 刘慧明. 对住宅机械通风系统的探讨 [J]. 现代装饰：理论，2011 (5)：2.

第4章

住宅室内潮湿暴露对儿童过敏性疾病影响

过敏性疾病是由于机体对过敏原产生异常免疫反应而引起的一大类疾病，不但可以累及全身多个系统，造成多系统多器官的损害，而且进展迅速，当暴露于过敏原后往往数分钟或数小时内即可出现症状，如不及时治疗甚至可导致死亡[1]。据 WAO（World Allergy Organization）白皮书估计全球过敏性疾病的患病率约为 10%～40%，影响了全球约 25%的人口，给社会带来了沉重的经济负担[2]。2016 年中国疾病预防控制中心妇幼保健中心调查显示：城市 0～24 月龄婴幼儿家长报告儿童曾发生或正在发生过敏性疾病症状的比例为 40.9%，过敏性疾病现患率为 12.3%[3]。总体来看，中国儿童过敏性疾病发病率呈上升趋势，逐渐接近西方国家。地域分布特点为南方高于北方，东部高于西部，发达城市高于欠发达城市，城市高于农村[4]。

由于儿童大多数时间在室内度过，室内环境中的过敏原、烟草烟雾、建筑潮湿、气体污染物、通风不良等都是影响儿童患哮喘及过敏性疾病的危险因素。其中，建筑潮湿环境作为室内环境的重要组成部分，由于过敏性疾病对儿童健康危害的严重性以及潮湿在住宅室内环境存在的普遍性，研究其关联成为急需解决的科学问题。为此，本研究及其团队从 2010 年起对住宅室内潮湿暴露对儿童过敏性疾病影响进行了一系列研究[5]。

4.1 住宅自报告室内潮湿特征

4.1.1 建筑潮湿表征指标

尽管目前对建筑室内潮湿环境没有统一的定义，但建筑潮湿会在建筑围护结构（墙、窗等）和室内空气质量产生显著的可视和可感知的表征，如图 4-1 所示的霉点、霉斑、湿点、窗户凝水等，同时，一些建筑出现的由于水泛滥而造成的损害也会造成可以看到或是潜在的建筑潮湿问题，一般统称为水损。结合以前国内外的研究和文献，本书所涉及分析的潮湿指标主要包括被褥受潮、窗户凝水、可视湿点、可视霉点、发霉气味、水损。被褥受潮是指被人感知到的被褥潮湿感，可视霉点是指室内地板、墙和顶棚上的可视霉点，可视湿点指室内地板、墙和顶棚上的可视湿点，水损是指水泛滥或其他由水造成的损害，窗户内侧凝水是指冬季窗户内侧底部的凝结或水汽现象，发霉气味是指室内的发霉气味。“霉点”和“窗户凝水”表征了室内空气湿度高。“水损”“湿点”和“发霉气味”表征了由于不合理建造和使用产生的建筑潮湿问题。

建筑内部结构潮湿和较高的室内空气相对湿度主要包括 4 个来源（室外源、室内源、建筑源和事故源）。调查问卷内容包括不同的指标来表征潮湿问题：“霉点”和“窗户凝水”作为室内空气高相对湿度的指标，“湿点”“水损”和“发霉气味”作为建筑内部结构潮湿的指标。通过在问卷中询问被调查者关于潮湿表征的相关问题，统计分析后得出室内潮湿情况，并用大量样本数据统计分析后得出一个地区建筑室内的潮湿情况。

调研问卷中涉及的住宅潮湿指标及问题包括：

1.“霉点”：在孩子睡觉的房间中的地板、墙和顶棚上，您是否注意到有明显的发霉现象？(是/否)；

图 4-1　建筑潮湿现象

(a) 霉点；(b) 湿点；(c) 水损；(d) 窗户凝水

2. “湿点”：在孩子睡觉的房间中的地板、墙和顶棚上，您是否注意到有明显的潮湿现象？(是/否)；

3. “水损”：您的住所是否有过水泛滥或者其他由水造成的损害？(是/否)；

4. “窗户凝水”：冬天的时候，在孩子睡觉的房间中，窗户的内侧底部是否有凝结或水汽现象？($>$5cm/$<$5cm)；

5. “发霉气味”：最近的三个月中，您是否被住所内的下述任何（一种或多种）气味所烦扰？(是/否)；

6. “被褥受潮”：近一年里您是否发现您住所内的衣物、被褥等有受潮现象？(是/否)。

在个别研究中引入了出现潮湿指标暴露的时间这一可能会影响儿童健康的因素，并与女性孕期相关联起来，研究中问卷参考了瑞典一项关于学龄前儿童的研究，并结合中国国情进行了适当修改[6]。问卷询问了孕期整个居住环境的一些潮湿问题，所有关于家中潮湿的问题如下：

1. “当前可见霉菌”：您是否注意到孩子房间的地板、墙壁或顶棚上有可见霉菌？(是/否)；

2. “当前潮湿污渍”：你是否注意到孩子房间的地板、墙壁或顶棚上有明显的潮湿污渍？（是/否）；

3.“窗户凝水”：在冬天，孩子房间的窗户（窗玻璃）的内部或底部有凝结或湿气发生吗？（超过 25cm/5～25cm/不足 5cm/无）；

4.“现时发霉味”：在过去三个月内，你曾否因居所有发霉味而感到困扰？（经常/有时/从不）；

5.“孩子出生时可见霉菌或湿斑”：孩子出生时，你是否注意到地板、墙壁或顶棚上有明显的霉菌或湿斑？（经常/有时/从不）；

6.“孩子出生时窗户凝水”：当孩子出生时，冬季期间窗户（窗户）的底部是否有凝结或潮湿现象？（经常/有时/从不）；

7.“孩子出生时发霉味”：孩子出生时，你是否为家里的发霉味所困扰？（经常/有时/从不）。

答案“不知道”被排除在分析之外。如果在孩子的房间里发现了可见的霉菌或潮湿的污渍，则组合的湿度指标“当前可见的霉菌或潮湿的污渍”被定义为“是”，否则就被归类为“否”。最后，住所潮湿包括三个指标：可见霉点或可见湿点、窗户凝水和发霉气味。孕期暴露定义为婴儿出生前发生的暴露，当前暴露指问卷回答前近一年儿童房间内的暴露情况。为评价单纯孕期潮湿暴露的独立影响，根据父母发现潮湿指标的时间将所有潮湿指标分为 4 类：“无暴露”（如果既没有孕期潮湿表征也没有当前潮湿表征的报告）“仅孕期暴露”（如果只报告孕期潮气指标）“仅当前暴露”（如果只报告当前潮气指标）和“连续暴露”（如果同时报告孕期和当前潮湿表征）。

4.1.2 住宅室内潮湿现状调研

1. 住宅室内总体潮湿现状调研

CCHH（China Children Homes Health，中国室内环境与儿童健康）课题组于 2010 年至 2012 年对 40010 名学龄前儿童针对家庭环境与健康进行了观察性研究[7]（调研城市、样本量见表 4-1），调查结果见表 4-2，40010 名儿童中男童占 51.9%，市区儿童占 75.9%；4 岁儿童占 35.1%，5 岁儿童占 30.9%。20.0%患儿有过敏性疾病家族史；48.3%患儿母乳喂养≤6 个月；64.2%的儿童家庭拥有当前住宅；58.9%的儿童在早期接触过有过吸烟暴露，32.5%的儿童在早期有过家庭装修。而在这 40010 名儿童中，有 7.5%曾经确诊哮喘，27.1%曾经患有喘息；报告曾经患有鼻炎的儿童占 54.9%，曾经确诊鼻炎的占 9%；调查前一年患喘息的儿童占 20.1%，调查前一年患鼻炎的儿童占 41.2%，由此可见儿童过敏性疾病在所调查的家庭广泛地存在。

CCHH 课题组调研城市及样本量 **表 4-1**

调研城市	样本量
北京	6494
上海	14634
南京	3352
太原	3561
长沙	3691

续表

调研城市	样本量
重庆	4971
乌鲁木齐	4307

所有被调查儿童的人口统计信息、协变量和疾病患病率　表 4-2

项目	描述	人数及百分比，n (%)
总计		40010 (100.0)
性别	男	20684 (51.9)
	女	19176 (48.1)
年龄	3 岁	7079 (17.7)
	4 岁	14041 (35.1)
	5 岁	12352 (30.9)
	6 岁	6526 (16.3)
住宅位置	城市	29432 (75.9)
	郊区/农村	9349 (24.1)
家庭过敏性疾病史	是	7725 (20.0)
	否	30886 (80.0)
住宅所有权	自有	24838 (64.2)
	租房	13866 (35.8)
母乳喂养时间	≤6 个月	18847 (48.3)
	>6 个月	13886 (35.8)
家庭吸烟暴露	是	22295 (58.9)
	否	15581 (41.1)
出生前家庭装修	是	12993 (32.5)
	否	27017 (67.5)
曾经确诊哮喘	是	2942 (7.5)
	否	36068 (92.5)
曾经喘息	是	10532 (27.1)
	否	28355 (72.9)
曾经确诊过敏性鼻炎	是	3471 (9.0)
	否	35084 (91.0)
曾经鼻炎	是	21364 (54.9)
	否	17505 (45.1)
调查前一年喘息	是	7847 (20.1)
	否	31150 (79.9)
调查前一年鼻炎	是	16018 (41.2)
	否	22847 (58.8)

研究进行了针对住宅状况研究了当前住宅 6 项指标（可见霉点，可见湿点，衣服被褥、水损、窗户凝水，发霉气味）和早期住宅三项指标（可见霉点、窗户凝水、发霉气味）的统计调研。如表 4-3 所示，在所有被调查儿童中分别有 6.4%和 11.4%的儿童接触过当前家庭可见霉点和可见湿点暴露。分别有 2.2%及 30.0%的家庭报告经常和偶尔会有服装被褥受潮的情况。在调查前一年和一年之前，分别有 6.7%和 7.5%的家庭报告住

宅有水损。分别有6.9%和15.8%的家庭报告了冬季窗玻璃上有>25cm和5～25cm的凝水。经常和偶尔暴露于发霉气味的儿童分别为0.7%和9.3%。早期住宅家庭潮湿调查结果显示，在被调查的儿童中有1.5%经常暴露于可见霉斑，偶尔暴露于可见霉斑的占12.0%。冬季经常或有时暴露于窗户凝水的儿童分别为9.5%和40.8%。分别有0.5%和7.7%的儿童经常和有时接触到发霉气味，从以上调研结果可知中国相当多的儿童暴露在潮湿环境当中。

所有被调查儿童当前和早期住宅潮湿暴露统计 表4-3

潮湿指标	描述	人数，百分比 *n*（%）
当前住宅潮湿指标		
可见霉点	是	2410（6.4）
	否	35332（93.6）
可见湿点	是	4346（11.4）
	否	33701（88.6）
服装及/或被褥潮湿	是，经常	849（2.2）
	是，偶尔	11554（30.0）
	否，从来没有	26174（67.8）
水损	是，在过去一年内	2568（6.7）
	是，在一年之前	2849（7.5）
	否，从来没有	32669（85.8）
窗户凝水	是，>25cm	2195（6.9）
	是，5～25cm	4994（15.8）
	是，<5cm	8470（26.7）
	否，从来没有	16031（50.6）
发霉气味	是，经常	247（0.7）
	是，有时	3383（9.3）
	否，从来没有	32674（90）
早期住宅潮湿指标		
可视霉点	是，经常	589（1.5）
	是，有时	4656（12.0）
	否，从来没有	33445（86.4）
窗户凝水	是，经常	3667（9.5）
	是，有时	15726（40.8）
	否，从来没有	19137（49.7）
发霉气味	是，经常	181（0.5）
	是，有时	2834（7.7）
	否，从来没有	33598（91.8）

2. 重庆地区住宅室内潮湿现状调研

研究对重庆地区调研结果的进一步分析，在2010年第一阶段的2917名调查儿童中，男孩和女孩分别为1467人和1450人，比例基本各半。其中，3岁、4岁、5岁和6岁调查儿童分别为667人、952人、861人、437人，对应的比例分别为22.9%、32.6%、29.5%和15.0%。在调查的住宅中，住户自我报告的发霉现象和潮湿现象分别为5.5%

和 8.0%，水损的自我报告结果为 8.6%，窗户凝水和衣物被褥受潮的自我报告结果相对较高，分别为 32.0%和 34.5%，调查住宅中发霉气味的自我报告结果为 11.6%。孩子出生时的建筑潮湿问题要略高于曾经的建筑潮湿问题的自我报告率，霉点湿点、窗户凝水和发霉气味的自我报告结果依次为 14.8%、38.4%和 12.0%。

如表 4-4 所示，房屋位置对孕期和当前潮湿问题有显著影响。农村和郊区可见霉点或可见湿点比城市地区更常见（孕期暴露 18.8%和 13.3%，当前暴露 13.0%和 8.5%），窗户凝水现象在城市地区更为常见（15.4%和 9.4%）。农村和郊区的发霉气味概率高于城市地区（孕期暴露率为 15.9%和 10.7%，当前暴露率为 14.5%和 10.6%）。

不同地点的家庭潮湿指标的流行情况　表 4-4

	房屋位置			
	总量（n=2868）	农村/郊区（n=754）	城市（n=2114）	P-value
	N(%)	N(%)	N(%)	
孕期可见霉点或湿点	410 (14.7)	136 (18.8)	274 (13.3)	<0.001
孕期有窗户凝水	1065 (38.5)	261 (36.1)	804 (39.3)	0.135
孕期有发霉气味	302 (12.0)	104 (15.9)	198 (10.7)	<0.001
当前可见霉点或湿点	252 (9.6)	87 (13.0)	165 (8.5)	0.001
当前窗户凝水	345 (13.8)	62 (9.4)	283 (15.4)	<0.001
当前发霉气味	287 (11.6)	93 (14.5)	194 (10.6)	0.007

研究在 2019 年 CCHH 第二阶段针对家中潮湿状况、建筑特点、家庭生活习惯及学龄前儿童健康状况（呼吸道过敏疾病或症状）的重复性横断面调查中，获得了 4396 份有效问卷。研究选取 4534 名 3～7 岁学龄前儿童数据作为基础数据库，其他年龄段数据因样本量小（12 名儿童），年龄信息缺失（397 名儿童）而完全排除。同时为了避免居住地变更对目标关联的影响，分析选择了 2563 名从胎儿时期起从未变更居住地的 3～7 岁学龄前儿童作为调查对象。

表 4-5 为 2653 名学龄前儿童的基本信息。在 2563 名学龄前儿童中，男孩和女孩的比例相似（50.9%及 49.1%）。4 岁到 6 岁的孩子数量相似占总体的 25%～29%，而 3 岁和 7 岁的孩子数量相对较少。共 29.7%的学龄前儿童报告有过敏家族史，82.4%的家庭拥有现有住宅，50.2%的儿童母乳喂养不足 6 个月，8.9%的家庭曾经翻修过现有住宅（怀孕前、孕期、出生后第一年），0.1%的学龄前儿童曾经有过吸烟暴露（孕期、出生后第一年或调查前一年）。同时，表 4-4 给出了 2019 年调研关于儿童呼吸道及过敏性疾病的患病率。对于呼吸道和过敏性疾病，曾患哮喘、过敏性鼻炎、肺炎、湿疹、喘息、鼻炎的患病率分别为 5.8%、9.3%、25.8%、20.8%、10.2%和 29.8%。当前（问卷调查前 12 个月）湿疹、喘息和鼻炎的患病率分别为 4.4%、7.8%和 22.8%。

被调查儿童的人口统计信息和疾病患病率　表 4-5

项目	描述	人数，n（%）
性别	男	1290 (50.9)
	女	1242 (49.1)

续表

项目	描述	人数，*n*（%）
年龄（岁）	3	251（9.8）
	4	647（25.2）
	5	740（28.9）
	6	648（25.3）
	7	277（10.8）
家庭过敏史	是	698（29.7）
	否	277（70.3）
住宅所有权	拥有	1967（82.4）
	租借	420（17.6）
母乳喂养时间	＜6个月	1271（50.2）
	≥6个月	1261（49.8）
家庭早期装修	是	185（8.9）
	否	1903（91.1）
家庭吸烟暴露	是	1211（50.1）
	否	1204（49.9）
曾患哮喘	是	135（5.8）
	否	2173（94.2）
曾患过敏性鼻炎	是	228（9.3）
	否	2219（90.7）
曾患肺炎	是	644（25.8）
	否	1851（74.2）
曾患湿疹	是	503（20.8）
	否	1921（79.2）
曾患喘息	是	250（10.2）
	否	2211（89.8）
曾患鼻炎	是	733（29.8）
	否	1725（70.2）
当前湿疹	是	109（4.4）
	否	2352（95.6）
当前喘息	是	193（7.8）
	否	2271（92.2）
当前鼻炎	是	564（22.8）
	否	1912（77.2）

此外，表4-6还统计了不同时期、不同室内住宅区域的具有各个潮湿指标的住宅数量。在不同时期、不同住宅室内区域，接触潮湿相关暴露的儿童所占比例均较低（＜6%）。对于不同潮湿指标，报告有发霉气味的比例高于可视霉点、可视湿点、水损、窗户凝水。在不同的住宅区域，客厅、卧室和卫生间中接触潮湿相关暴露的儿童

比例无显著差异。报告不同时期卧室窗户凝水的儿童比例始终高于客厅和卫生间。在不同时期，暴露于调查前近一年的各项潮湿指标的儿童比例始终高于怀孕前一年、孕期和出生后第一年。

住宅各区域的潮湿指标状况　表4-6

潮湿指标	人数，n（%）		
	客厅	卧室	卫生间
怀孕前一年			
可视霉点	40（1.9）	49（2.4）	49（2.4）
可视湿点	27（1.3）	36（1.7）	41（2.0）
水损	53（2.6）	44（2.1）	35（1.7）
窗户凝水	35（1.7）	70（3.4）	38（1.9）
发霉气味	68（3.3）	96（4.6）	95（4.6）
孕期			
可视霉点	30（1.4）	32（1.5）	37（1.8）
可视湿点	28（1.4）	22（1.1）	31（1.5）
水损	38（1.8）	30（1.4）	32（1.5）
窗户凝水	32（1.6）	57（2.8）	32（1.6）
发霉气味	60（2.9）	77（3.7）	78（3.8）
出生后第一年			
可视霉点	35（1.7）	43（2.1）	41（2.0）
可视湿点	26（1.3）	33（1.6）	38（1.8）
水损	41（2.0）	36（1.7）	30（1.4）
窗户凝水	31（1.5）	54（2.6）	32（1.6）
发霉气味	58（2.8）	88（4.2）	85（4.1）
调查前近一年（当前）			
可视霉点	48（2.3）	62（3.0）	61（2.9）
可视湿点	37（1.8）	38（1.8）	51（2.5）
水损	61（2.9）	59（2.8）	54（2.6）
窗户凝水	43（2.1）	82（4.0）	40（2.0）
发霉气味	69（3.3）	116（5.6）	112（5.4）

4.1.3　住宅潮湿相关影响因素

为了深入了解儿童住宅室内潮湿环境的状况，下面将对与住宅室内潮湿环境相关的建筑环境因素进行相关性分析。研究发现建筑地理位置与可视霉点、可视湿点、窗户内侧凝水、发霉气味显著相关（见表4-7），说明了上述四个潮湿表征在城市、郊区和农村这三个地区的分布差异存在统计学意义。建筑周边情况和建筑类型与可视湿点、窗户内侧凝水、发霉气味显著相关，表明了上述四个潮湿表征在不同建筑周边和不同建筑类型情况下的分布差异存在统计学意义，而与可视霉点、水损关联不显著。建设年代与所有五种潮湿指标都显著相关，这表明不同年代的建筑有着明显不同的潮湿暴露水平。窗户类型与可视霉点、可视湿点、窗户内侧凝水、发霉气味显著相关，表明了上述四个潮湿表征在不同窗户类型住宅中的分布差异存在统计学意义，而与水损关联不显著。

建筑环境因素与潮湿表征的相关性分析结果 表 4-7

	可视霉点	可视湿点	水损	窗户凝水	发霉气味
建筑地理位置	**0.004**	**0.000**	0.628	**0.000**	**0.000**
建筑周边情况	0.339	**0.007**	0.953	**0.000**	**0.027**
建设年代	**0.002**	**0.000**	**0.001**	**0.000**	**0.000**
建筑类型	0.310	**0.000**	0.134	**0.000**	**0.000**
窗户类型	**0.000**	**0.000**	0.210	**0.000**	**0.000**

注：（小于 0.05 的加粗）已经在表中加粗，表示两者之间存在显著性联系（Pearson 卡方检验：$P<0.05$）

1. 建筑地理位置

图 4-2 展示了城市、郊区和农村中儿童住宅室内五个潮湿表征的分布情况。从图 4-2 中可以看出，可视霉点在城市、郊区和农村中的分布比例依次增加，分别为 4.5%、5.3%和 7.7%。另外，可视湿点和发霉气味的结果也呈相同趋势，其中可视湿点在农村住宅室内出现的比例达到 14.9%，显著高于城市和郊区的。但是，窗户内侧的分布结果却呈相反的趋势，农村中发现窗户内侧凝水的仅占 5.6%，显著低于城市和郊区的，这可能是因为农村住宅在冬季时，门窗没有经常紧闭，室内通风性较好，不易在窗户内侧产生凝结和水汽现象。但是，水损在城市、郊区和农村住宅中的分布比例相差不大，与卡方检验的结果一致。

2. 建筑周围环境

图 4-3 为不同建筑周围环境的儿童住宅室内五个潮湿表征的分布情况。从图 4-3 中可以看出，靠近工业区的住宅室内出现可视湿点和发霉气味的比例最高，显著高于其他三种建筑周边的情况。另外，窗户内侧凝水在临江（或湖）的住宅中出现得最多，其分布比例为 18.9%，这可能是因为靠近江边的空气中湿气相对较大，住宅室内较易在窗户内侧产生凝结和水汽现象。但是，可视霉点和水损在不同建筑周边情况的住宅中的分布比例相差不大，与卡方检验的结果一致，表明可视霉点和水损与建筑周边情况不存在显著性联系。

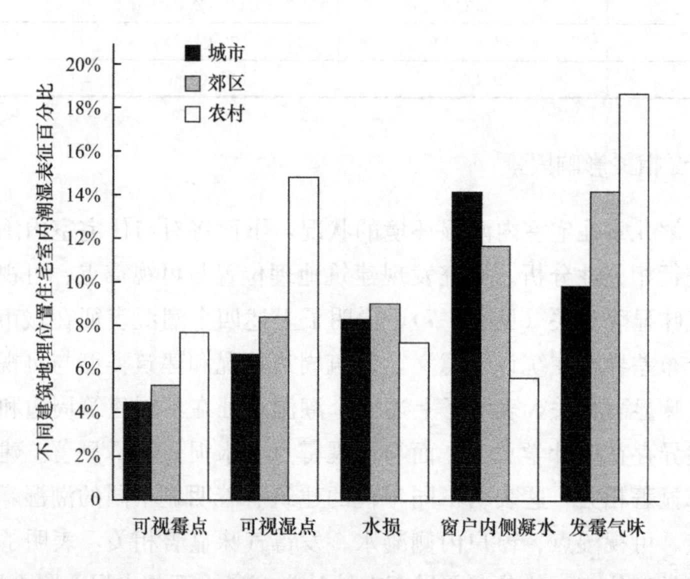

图 4-2 不同建筑地理位置的住宅室内五个潮湿表征的分布比例

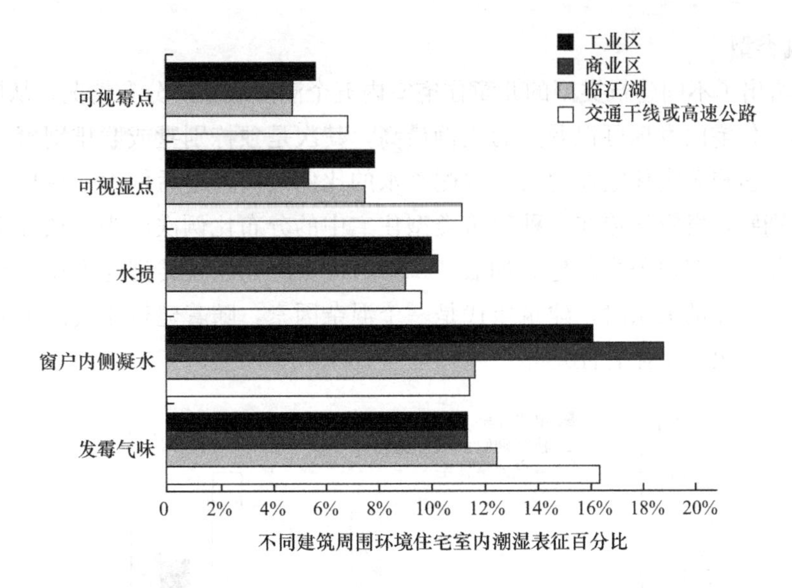

图 4-3　不同建筑周围环境的住宅室内五个潮湿表征的分布比例

3. 建筑建设年代

如图 4-4 所示，儿童住宅的建设年代越早，室内发现可视霉点、可视湿点、水损和发霉气味的比例越高。但是，研究发现 1980 年之前建设的住宅，室内存在可视霉点、可视湿点、水损和发霉气味的比例均低于 1980—1990 年建设的住宅。这是因为 1980 年之前建设的住宅，其中有 28.0%在孩子出生的前后几年进行了重新装修，掩盖了住宅室内地板、墙和天花板上的霉点和湿点，从而造成上述四个潮湿表征的比例低于 1980—1990 年建设的住宅（重新装修比例为 15.9%）。另外研究发现，住宅建设年代越晚，室内发现窗户内侧凝水的比例越高，2000 年之后建设的儿童住宅，冬季室内窗户上出现凝结水汽的比例要远远高于 2000 年之前建设的住宅，这可能是由于建筑技术的进步而带来的建筑的气密性逐渐提高导致的。

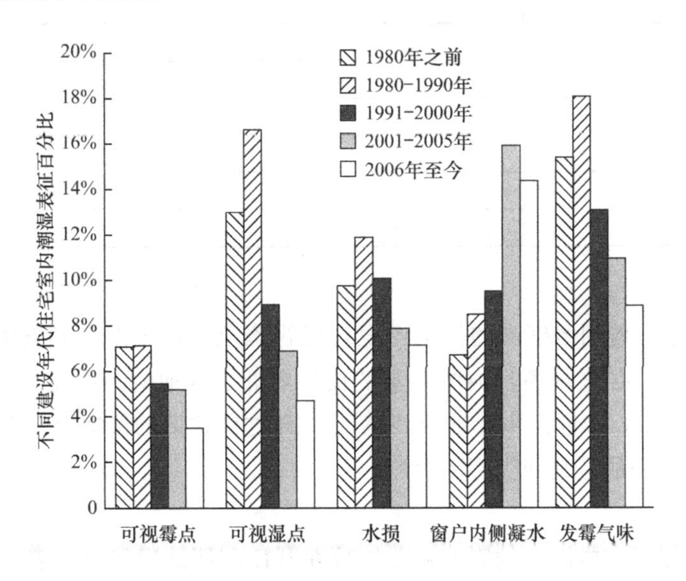

图 4-4　不同建设年代的住宅室内五个潮湿表征的分布比例

4. 建筑类型

图 4-5 给出了不同建筑类型的儿童住宅室内五个潮湿表征的分布情况。从图 4-5 中可以看出，单户住宅内发现可视湿点的比例最高，其次是独栋别墅或联排别墅，最后是多户公寓住宅。多户公寓住宅发现窗户内侧凝水的比例最高，之后依次是单户住宅和独栋别墅或联排别墅，发霉气味在三种建筑类型住宅中的分布比例次序为：独栋别墅或联排别墅＞单户住宅＞多户公寓住宅。如表 4-8 所示，在研究建筑类型与可视湿点、窗户内侧凝水和发霉气味的关系时，建筑年代是一个混杂因素，随着建筑年代的不同，在上述三个潮湿表征上出现了显著性差异。

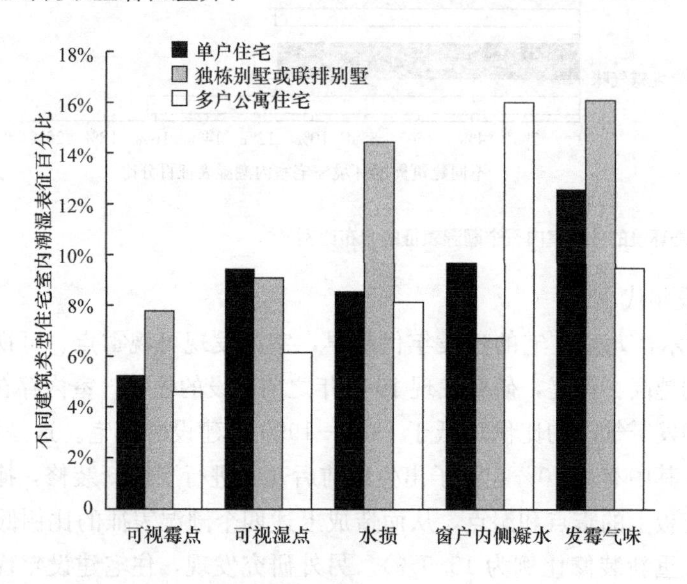

图 4-5 不同建筑类型的住宅室内五个潮湿表征的分布比例

不同建筑类型住宅在 2000 年前后建造的分布比例 表 4-8

建筑类型	建造年代	比例
多户公寓	2000 年之后	72.4%
	2000 年之前	26.6%
独栋别墅或联排	2000 年之后	67.9%
	2000 年之前	32.1%
单户	2000 年之后	55.8%
	2000 年之前	44.2%

5. 窗户类型

如图 4-6 所示，使用木框窗的住宅中发现可视霉点、可视湿点和发霉气味的比例均高于使用其他窗的，但发现窗户内侧凝水的比例要低于其他窗。但建筑年代是一个混淆因素，如表 4-9 所示，木框窗主要被安装在 2000 年之前建造的住宅上，而 2000 年之后建造的住宅中主要采用的是其他类型的窗户。

6. 人员生活习惯

人员生活习惯对室内潮湿的影响主要体现在开窗和清洁房间上。表 4-10 为不同冬季开窗习惯的家庭是否发现窗户内侧凝水的比例，可知冬季开窗频率越高，住宅室内发现窗户内侧凝水的比例越低。其原因可能是窗户内侧的凝水主要是由于冬季房间内门窗紧闭，较低的室内新风量不能将室内水汽有效排除所造成的。

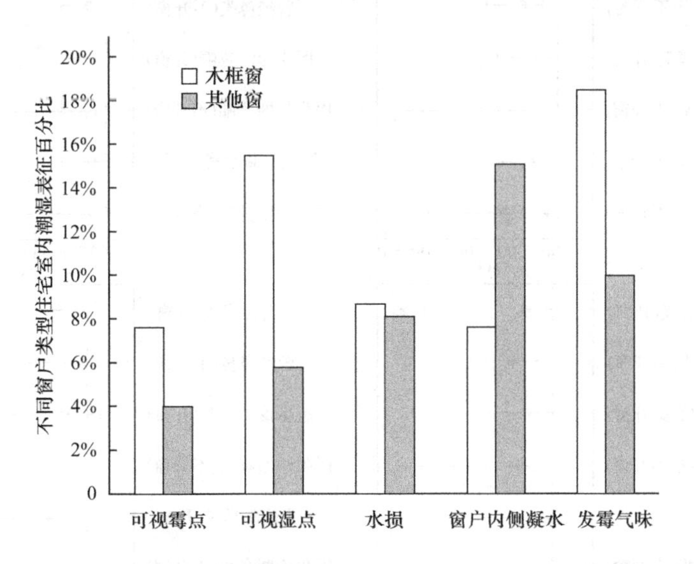

图 4-6　不同窗户类型的住宅室内五个潮湿表征的分布比例

不同窗户类型住宅在 2000 年前后建造的分布比例　表 4-9

窗户类型	建造年代	比例
其他窗	2000 年之后	71.5%
	2000 年之前	28.5%
木框窗	2000 年之后	32.9%
	2000 年之前	67.1%

不同冬季开窗习惯的家庭是否发现窗户内侧凝水的比例　表 4-10

冬季开窗习惯	窗户内冷凝水	
	是	否
从不	22.8%	77.2%
有时	14.3%	85.7%
经常	10.0%	90.0%

由表 4-10 可知，各个季节经常开窗都可以从一定程度上降低室内各种潮湿现象。由图 4-7 可知，开窗通风对衣服被褥受潮的改善比室内其他潮湿表征的改善更显著，且对水损的改善最小。如图 4-7 所示，春季开窗通风时，可以有效降低室内霉点对近一年夜间干咳、医生诊断哮喘、曾经哮喘、近一年鼻炎、医生诊断鼻炎和曾经湿疹的患病率，减少室内湿点对医生诊断哮喘、曾经哮喘、曾经鼻炎和一年鼻炎的患病率，降低水损对近一年夜间干咳、曾经哮喘、曾经鼻炎、近一年鼻炎和近一年湿疹的患病率。室内有各种潮湿现象的情况下，春季开窗可以显著降低近一年夜间干咳的患病率。

夏季开窗通风时，可以有效降低室内霉点对曾经喘息、近一年鼻炎和医生诊断鼻炎的患病率，减少室内湿点对近一年喘息、近一年夜间干咳、曾经哮吼、曾经鼻炎和近一

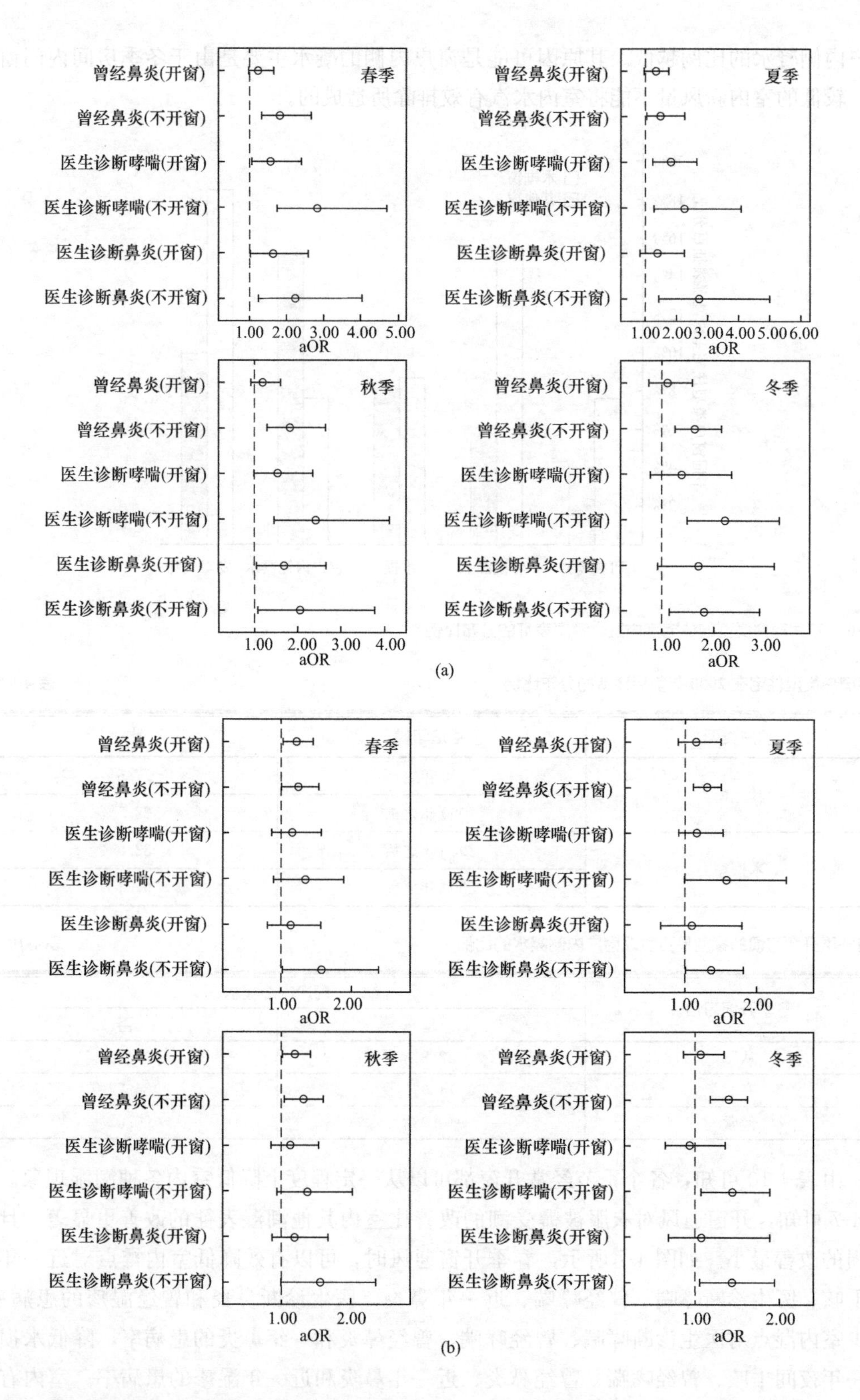

图 4-7　不同开窗习惯与儿童哮喘及过敏性疾病的相关性

(a) 水损；(b) 衣服被褥受潮

年鼻炎的发病率。降低水损对近一年夜间干咳、医生诊断鼻炎、曾经湿疹和近一年湿疹的患病率，减少窗户凝水对曾经喘息、医生诊断哮喘、曾经鼻炎、曾经湿疹和近一年湿疹的患病率。降低衣服被褥受潮对曾经喘息、医生诊断哮喘、曾经鼻炎、近一年鼻炎、医生诊断鼻炎和近一年湿疹的患病率。在有室内潮湿现象时，夏季开窗对儿童哮喘及过敏性疾病的降低没有春季开窗效果好。

秋季开窗通风时，可以有效降低室内霉点对近一年鼻炎的患病率，减少室内湿点对近一年夜间干咳、曾经哮吼和曾经鼻炎的患病率，降低水损对近一年夜间干咳、曾经哮喘、曾经鼻炎、近一年鼻炎和近一年湿疹的患病率，减少窗户凝水对曾经喘息、近一年夜间干咳、医生诊断哮喘、医生诊断鼻炎、曾经湿疹和近一年湿疹的患病率，降低衣服被褥受潮对曾经喘息、曾经哮喘、医生诊断鼻炎和近一年湿疹的患病率。秋季开窗对室内各种潮湿现象与儿童哮喘及过敏性疾病的影响与夏季开窗相似。

冬季开窗通风时，可以有效降低室内霉点对喘息、近一年喘息、近一年鼻炎和医生诊断鼻炎的患病率，减少室内湿点对曾经喘息、曾经哮吼和曾经鼻炎的患病率，降低水损对曾经喘息、近一年喘息、近一年夜间干咳、医生诊断哮喘、曾经哮喘、曾经鼻炎、近一年鼻炎、医生诊断鼻炎和曾经湿疹的患病率，减少窗户凝水对曾经喘息、近一年夜间干咳、医生诊断哮喘、曾经鼻炎、医生诊断鼻炎、曾经湿疹和近一年湿疹的患病率，降低衣服被褥受潮对曾经喘息、近一年喘息、近一年夜间干咳、医生诊断哮喘、曾经哮喘、曾经鼻炎、近一年鼻炎、医生诊断鼻炎和近一年湿疹的患病率。在室内存在水损、窗户凝水和衣服被褥受潮的情况下，冬季开窗可以显著降低儿童哮喘及过敏性疾病的患病率。

对于清洁房间对家庭室内潮湿的影响，孩子睡觉房间的清洁频率分布如下：每天清洁比率为 40％，每周 1～2 次的比率为 55％以及每周不到 1 次的比率为 5％。如表 4-11 所示，每天对孩子睡觉的房间进行一次吸尘和扫地、拖地清洁的家庭发现可视霉点、水损、窗户内侧凝水和发霉气味的比例均比每天没有进行房间清扫的家庭低，由此可知经常清洁房间是家庭发现潮湿问题的保护因素。

每天是否清洁房间的家庭室内发现潮湿问题的比例　　表 4-11

每天清洁房间	合计（％）	可视霉点（％）	可视湿点（％）	水损（％）	窗户内侧凝水（％）	发霉气味（％）
是	39.6	4.9	8.7	8.0	12.4	11.1
否	60.4	5.6	8.0	10.3	15.6	11.9

4.2　不同潮湿表征对儿童过敏性疾病影响

4.2.1　潮湿表征与儿童过敏性疾病的关联

国内外大量研究发现室内潮湿问题是影响人体健康的危险因素，但单独研究各种潮湿表征与儿童过敏性疾病相关性的研究较少。华中师范大学张铭等[7,8]在 2011 年在武汉进行了流行病学问卷调查，研究发现经混杂因子调整后对于“曾经患过湿疹”，有关潮湿问题的比值比在 1.3～2.2 之间，即潮湿问题与儿童过敏性湿疹相关联，特别是房内可见的发霉和衣物/床单受潮这两个潮湿表征，与建筑物相关的潮湿问题，特别是可见的霉点、可见湿点和冬季窗户凝水是哮喘或鼻炎的风险因子。东南大学的沈红萍[9]于2012年对其课题组2010年至2011年收集的6461份南京地区儿童健康横断面调查问卷进行统计分析发现，发霉、湿点两项潮湿表征对哮喘症状、鼻炎症状、确诊哮喘及湿疹的患病率都有显著性影响，被褥潮湿对哮喘症状、鼻炎症状及湿疹的患病率有显著性影响，而窗户凝水仅对哮喘症状和确诊哮喘患病率有显著性影响。四项潮湿表征对哮喘症状的比值比都大于1且都达到显著性水平（$P<0.05$），但对确诊过敏性鼻炎患病率却都没有显著性影响。上海理工大学的沈丽等[10]于2013对其课题组前期获得的上海地区15526份儿童健康问卷进行分析发现室内各项潮湿表征对儿童喘息、鼻炎症状、湿疹患病率有明显的影响。通过调研数据分析，各项潮湿表征在所调查城市普遍存在，潮湿表征与儿童健康之间的关联急需进一步探究。

本研究及其研究团队对2010年重庆横断面研究调查所获得的潮湿表征数据进行分析，定义了现在建筑潮湿问题有：发霉现象、潮湿现象、水损、窗户凝水、衣物被褥受潮、发霉气味，孩子出生时建筑潮湿问题有：霉点湿点、窗户凝水、发霉气味。由于儿童的哮喘、鼻炎不同于湿疹那样易被父母观测并且做出确诊判断，其确诊需要医生做出诊断，这导致若只研究儿童哮喘、鼻炎的确诊情况会低估潮湿对儿童过敏性疾病的影响，本研究将哮喘及鼻炎的典型症状也纳入了研究范围。哮喘的症状包括发作性的喘息、胸闷、干咳、呼吸困难等，研究将喘息、干咳这样能被父母直接报告的哮喘患者典型症状纳入潮湿表征与儿童哮喘的相关性影响分析。鼻炎的症状通常表现为鼻塞、流涕、打喷嚏、鼻痒、喉部不适，咳嗽等，本研究将打喷嚏、鼻塞等典型的鼻炎症状也纳入潮湿表征与儿童鼻炎的相关性影响分析，并将其归纳为鼻炎并区别于确诊鼻炎。

通过对在过去一年中住宅室内存在与不存在潮湿问题的儿童患病率的比较得到，当室内存在可视霉点、可视湿点、水损、窗户内侧凝水和发霉气味这五类潮湿表征时，儿童鼻炎、湿疹、确诊哮喘和确诊鼻炎的患病率均比室内不存在上述五类潮湿表征的要高，如图4-8所示。其中，室内存在可视霉点时，儿童喘息和鼻炎的患病率比存在其他四类潮湿表征的要高，室内存在发霉气味时，儿童干咳的患病率比存在其他四类潮湿表征的要高，室内存在可视湿点时，儿童湿疹的患病率比存在其他四类潮湿表征的要高，室内存在水损时，儿童确诊哮喘和确诊鼻炎的患病率比存在其他四类潮湿表征的要高。

为了深入分析住宅室内潮湿表征对儿童健康的影响程度，对影响儿童哮喘及过敏性疾病的室内潮湿表征进行了列联表分析，检验结果见图4-9（没有调整混杂因素的影响）。分析得知可视霉点与喘息、干咳、鼻炎、确诊哮喘有显著性关联，可视湿点和发霉气味与喘息、干咳、鼻炎、湿疹、确诊哮喘有显著性关联，水损与所有儿童过敏性疾病或症状有显著性关联，窗户内侧凝水与除喘息外的其他所有儿童过敏性疾病或症状有显著关联（Pearson卡方检验：$P<0.05$）。

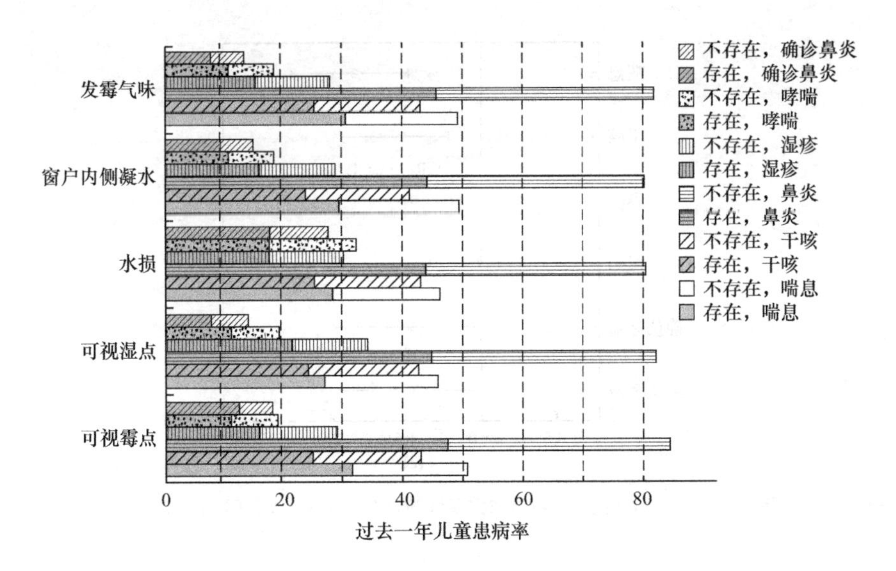

图 4-8　存在与不存在各项潮湿表征与儿童患病率之间的对比图

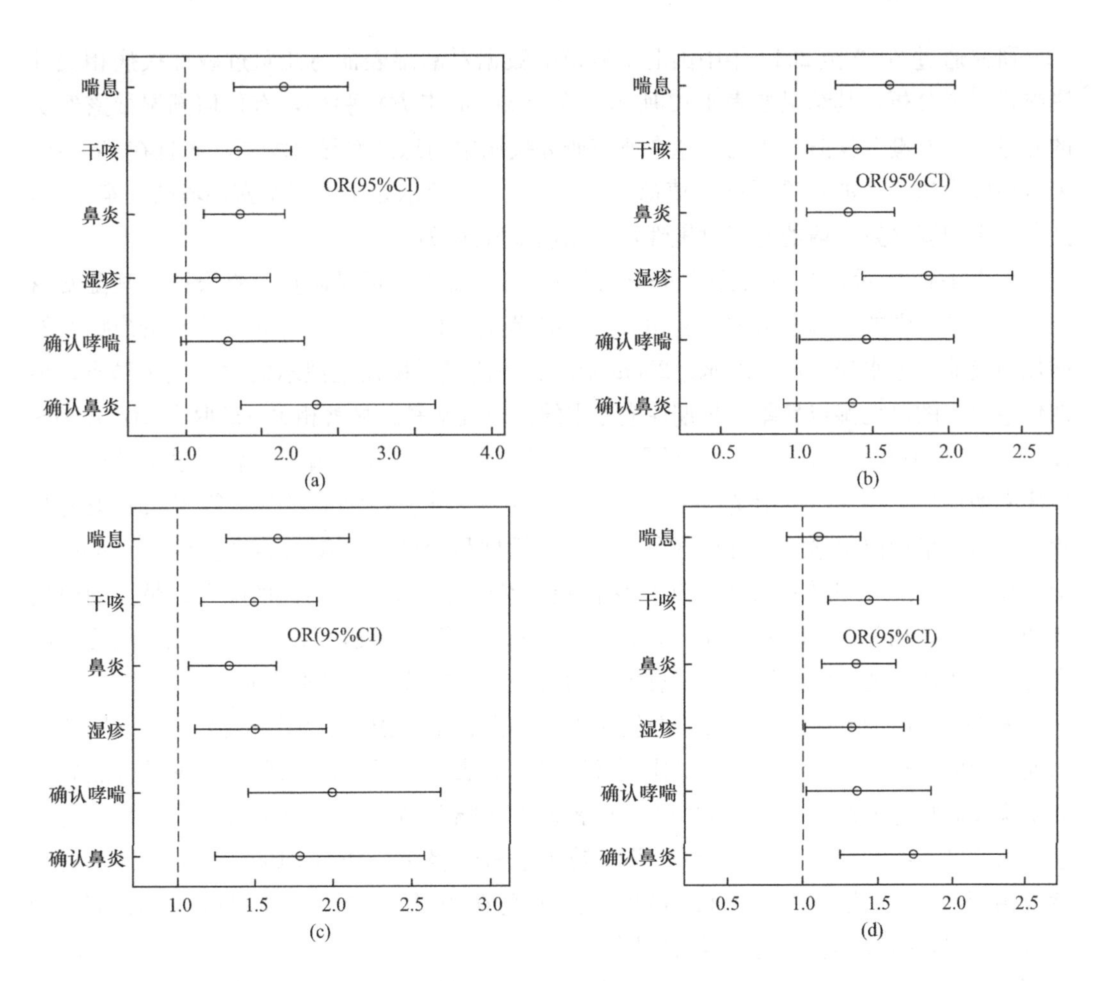

图 4-9　住宅室内不同潮湿表征暴露对儿童哮喘及过敏性疾病的影响［OR（95%CI）］（一）

（a）可视霉点；（b）可视湿点；（c）水损；（d）窗户内侧凝水

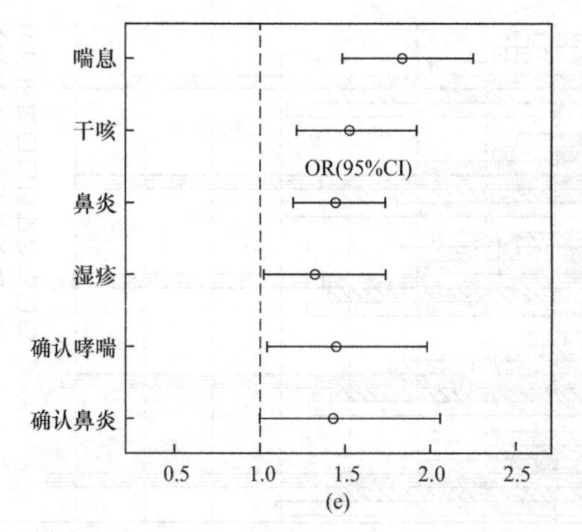

图 4-9 住宅室内不同潮湿表征暴露对儿童哮喘及过敏性疾病的影响 [OR (95%CI)] (二)
(e) 发霉气味

4.2.2 不同潮湿表征与儿童过敏性疾病相关性

研究通过 2010 至 2012 年中国七个城市的数据对潮湿表征与儿童过敏性疾病相关性影响进行了分析，其结果如表 4-12 所示。在 Pearson 卡方检验中，有任何潮湿暴露经历的儿童比没有潮湿暴露经历的儿童在所有研究疾病中的患病率显著增高，而且在 Pearson 卡方检验中患病率的几乎所有 p 值都小于 0.001。与偶尔处于潮湿暴露环境的儿童相比，经常处于潮湿暴露环境的儿童过敏性疾病患病率普遍较高。

如表 4-12 所示，在多元逻辑回归分析中，可见霉点、可见湿点、衣服被褥潮湿暴露与儿童曾经哮喘的患病率增加显著相关（aOR 范围：1.15～1.40）。曾经哮喘的患病率的增加与当前住宅水损、窗户凝水＞25cm 暴露、当前或早期住宅偶尔的发霉气味暴露、早期住宅偶尔的可见湿点暴露、早期住宅冬季的窗户凝水暴露显著相关（aOR 范围：1.20～1.44）。在当前和早期住宅中，可见霉点、可见湿点、冬季窗户凝水与曾经过敏性鼻炎的患病率增加显著相关（aOR 范围：1.18～1.46）。在过去一年中经常暴露于衣服被褥受潮、水损、早期偶尔暴露于可见霉点与曾患过敏性鼻炎的患病率增加显著相关（aOR 范围：1.15～1.73）。此外，所有研究的潮湿指标暴露都与曾经和当前的喘息、鼻炎的患病率增加有显著相关性（aOR 范围：1.16～2.64）。与偶尔接触到潮湿指标的儿童相比，经常接触到所研究的潮湿指标的儿童有更高的曾经和当前喘息、鼻炎患病率。

表 4-13 为 2011 年我国（数据不包含中国香港、中国澳门、中国台湾）3～6 岁儿童当前住所可见霉点导致患病的人口比例及数量。如表 4-13 所示，当前住所可见霉点导致的疾病或症状里大约有 90000（2.02%）名曾患哮喘儿童，约有 295000（1.89%）名儿童曾患喘息，约有 59000（1.09%）儿童曾患过敏性鼻炎，约有 319000（0.98%）名儿童曾患鼻炎，约有 2291000（2.45%）名儿童在过去一年患过喘息，约有 354000（1.46%）名儿童鼻炎在过去一年患过鼻炎。

从以上研究可以看出，住宅室内存在的潮湿表征暴露会在一定程度上影响儿童的健康状况，而且增加了儿童过敏性疾病的患病率，而要进一步准确分析单项潮湿表征对儿童过敏性疾病的影响则需先对混杂因子进行排除。对儿童性别、年龄、家庭过敏史、宠物

逻辑回归中调整混杂因素后，疾病与潮湿暴露之间的关联 表4-12

项目	aOR，95%CI（p-value）[a]					
	曾经患病[b]				近12个月[c]	
	哮喘	喘息	过敏性鼻炎	鼻炎	喘息	鼻炎
1. 当前住宅的潮湿指标						
(1) 可见霉点（比值比参照项：无）						
有	1.35，1.13～1.62(0.001)	1.45，1.29～1.63(0.001)	1.19，1.01～1.42(0.046)	1.42，1.27～1.59(0.001)	1.53，1.38～1.69(0.001)	1.46，1.33～1.60(0.001)
(2) 可见湿点(比值比参照项：无)						
有	1.35，1.17～1.56(0.001)	1.44，1.31～1.58(0.001)	1.18，1.03～1.35(0.017)	1.50，1.37～1.64(0.001)	1.49，1.38～1.62(0.001)	1.39，1.30～1.49(0.001)
(3) 衣服被褥潮湿(比值比参照项：无)						
有，在过去一年里	1.40，1.02～1.92(0.036)	1.41，1.15～1.73(0.001)	1.38，1.03～1.84(0.031)	1.66，1.36～2.03(0.001)	1.41，1.18～1.68(0.001)	1.66，1.43～1.94(0.001)
有，在一年之前	1.15，1.03～1.29(0.015)	1.40，1.30～1.50(<0.001)	1.00，0.89～1.11(0.957)	1.36，1.28～1.45(<0.001)	1.44，1.36～1.53 (<0.001)	1.31，1.25～1.38(<0.001)
(4) 水损(比值比参照项：无)						
有，经常	1.11，0.91～1.37(0.304)	1.28，1.14～1.45(<0.001)	1.16，0.97～1.39(0.110)	1.38，1.23～1.55(<0.001)	1.29，1.16～1.43(<0.001)	1.31，1.20～1.43(<0.001)
有，偶尔	1.25，1.04～1.49(0.015)	1.36，1.22～1.52(<0.001)	1.27，1.08～1.49(0.004)	1.33，1.21～1.47(<0.001)	1.33，1.19～1.47(<0.001)	1.16，1.06～1.26(0.001)
(5) 窗户凝水(比值比参照项：无)						
有，>25cm	1.43，1.16～1.76(0.001)	1.47，1.28～1.69(<0.001)	1.46，1.19～1.78(<0.001)	1.35，1.19～1.53(<0.001)	1.55，1.38～1.74(<0.001)	1.51，1.37～1.67(<0.001)
有，5～25cm	0.98，0.82～1.16(0.785)	1.33，1.20～1.47(<0.001)	1.24，1.06～1.44(0.007)	1.18，1.08～1.29(<0.001)	1.36，1.25～1.48(<0.001)	1.38，1.28～1.48(<0.001)
有，<5cm	1.08，0.94～1.24(0.302)	1.32，1.21～1.43(<0.001)	1.24，1.09～1.41(0.001)	1.22，1.13～1.31(<0.001)	1.39，1.29～1.49(<0.001)	1.28，1.21～1.36(<0.001)
(6) 发霉气味(比值比参照项：无)						
有，经常	1.53，0.89～2.61(0.123)	2.27，1.60～3.22(<0.001)	1.73，1.06～2.80(0.027)	1.93，1.32～2.82(0.001)	2.23，1.67～2.97(<0.001)	1.60，1.21～2.11(0.001)
有，偶尔	1.33，1.12～1.58(0.001)	1.58，1.42～1.76(<0.001)	1.07，0.90～1.27(0.445)	1.61，1.45～1.78(<0.001)	1.65，1.51～1.80(<0.001)	1.43，1.32～1.54(<0.001)

续表

项目	aOR，95%CI（p-value）[a]					
	曾经患病[b]				近12个月[c]	
	哮喘	喘息	过敏性鼻炎	鼻炎	喘息	鼻炎
2. 早期住宅的潮湿暴露指标						
（1）可见霉点（比值比参照项：无）						
有，经常	1.16，0.75～1.80(0.495)	1.32，1.01～1.71(0.039)	1.41，0.96～2.06(0.080)	1.69，1.31～2.19(<0.001)	1.33，1.00～1.76(0.048)	1.57，1.23～2.00(<0.001)
有，偶尔	1.20，1.03～1.40(0.019)	1.59，1.45～1.74(<0.001)	1.17，1.02～1.35(0.028)	1.50，1.37～1.64(<0.001)	1.64，1.49～1.81(<0.001)	1.39，1.27～1.51(<0.001)
（2）窗户凝水（比值比参照项：无）						
有，经常	1.44，1.21～1.70(<0.001)	1.64，1.47～1.83(<0.001)	1.41，1.20～1.65(<0.001)	1.50，1.35～1.66(<0.001)	1.62，1.44～1.82(<0.001)	1.65，1.50～1.83(<0.001)
有，偶尔	1.06，0.95～1.19(0.321)	1.32，1.23～1.41(<0.001)	1.15，1.04～1.28(0.009)	1.24，1.17～1.31(<0.001)	1.34，1.25～1.44(<0.001)	1.24，1.17～1.32(<0.001)
（3）发霉气味（比值比参照项：无）						
有，经常	1.39，0.69～2.80(0.352)	2.64，1.67～4.17(<0.001)	1.79，0.98～3.26(0.058)	2.23，1.33～3.73(0.002)	2.58，1.63～4.10(<0.001)	1.95，1.23～3.09(<0.001)
有，偶尔	1.31，1.08～1.58(0.006)	1.74，1.55～1.95(<0.001)	1.09，0.90～1.32(0.377)	1.71，1.52～1.92(<0.001)	1.90，1.68～2.14(<0.001)	1.47，1.31～1.64(<0.001)

注：aOR为调整混杂因素后的比值比，95%CI为95%的置信区间，a为在logistic回归模型中对儿童性别、年龄、住宅位置、住宅所有权、家庭过敏史、宠物暴露、吸烟暴露、母乳喂养持续时间进行调整；b为针对出生后从未改变居住地点的儿童的研究；c为针对除早期住宅有潮湿指标暴露的所有儿童的研究。

我国3~6岁儿童当前住所可见霉点所导致患病的人口比例 表4-13

疾病	aOR（95%CI）	人口比例（95%CI）	患病儿童总数	可见霉点数量（95%CI）
曾经患病				
哮喘	1.32（1.12~1.55）	2.02%（0.76%~3.50%）	4491904	90563（34195~157282）
喘息	1.30（1.20~1.40）	1.89%（1.27%~2.54%）	15603456	295624（197988~397010）
过敏性鼻炎	1.17（1.01~1.37）	1.09%（0.06%~2.35%）	5437568	59006（3517~127778）
鼻炎	1.15（1.11~1.20）	0.98%（0.67%~1.28%）	32625408	318940（219808~416320）
过去一年患病				
喘息	1.38（1.28~1.48）	2.45%（1.81%~3.10%）	11879904	290973（214466~368115）
鼻炎	1.23（1.17~1.28）	1.46%（1.09%~1.81%）	24350848	354371（266209~440846）

注：数据不含中国香港、中国澳门、中国台湾。

暴露、吸烟暴露、母乳喂养持续时间等混杂因素进行分析调整，进行多元逻辑回归及卡方检验后得出不同潮湿表征与儿童过敏性疾病的相关性影响的结果。

1. 不同潮湿表征与儿童哮喘的相关性

由表4-14可知，早期（出生后一年）和当前（调查前十二个月）可视霉点暴露对儿童喘息症状和干咳症状的自我报告结果的影响十分显著，早期可视霉点暴露会增加儿童哮喘症状的近患病，但是对确诊哮喘的患病率没有显著影响。早期和当前可视湿点暴露对儿童喘息症状和干咳症状的自我报告结果的影响十分显著，早期可视湿点暴露会增加哮喘症状的近患病率，但是对确诊哮喘的患病率没有显著影响。当前水损暴露会使儿童喘息症状和确诊哮喘的患病风险显著提高。早期窗户凝水对儿童喘息症状和干咳症状的自我报告结果的影响十分显著，会增加哮喘症状的近患病率，但是对确诊哮喘的患病率没有显著影响，当前窗户凝水会显著增加儿童自我报告的干咳症状结果。早期发霉气味暴露会显著增加儿童喘息症状、干咳症状和确诊哮喘的患病风险，当前发霉气味暴露会显著提高儿童喘息症状和干咳症状的自我报告结果，发霉气味是所有哮喘和过敏性疾病病症的危险因素。早期衣物被褥受潮与儿童自我报告的喘息症状和干咳症状的相关性十分显著。

逻辑回归中疾病和潮湿暴露之间的相关性分析 表4-14

疾病名称	时期	总患病率（%）	不同潮湿表征下患病率（%）			Person卡方检验结果（$P<0.05$表示显著）
			潮湿表征	否	是	
喘息	当前	19.8	发霉现象	18.4	34	<0.001
			潮湿现象	18.3	27.6	0.001
			水损	18.6	27.1	0.001
			窗户凝水	18.6	22.9	0.013
			衣服被褥受潮	17.8	23.8	<0.001
			发霉气味	17.6	30.9	<0.001
	早期	19.8	霉点湿点	17.8	30.3	<0.001
			窗户凝水	17.2	23.8	<0.001
			发霉气味	17.5	35	<0.001

续表

疾病名称	时期	总患病率（%）	不同潮湿表征下患病率（%）			Person 卡方检验结果（$P<0.05$ 表示显著）
			潮湿表征	否	是	
干咳	当前	18.6	发霉现象	18	27.3	0.005
			潮湿现象	17.8	25.7	0.004
			水损	18	25.4	0.013
			窗户凝水	15.8	22.8	<0.001
			衣服被褥受潮	17	21.6	0.002
			发霉气味	17	25.7	<0.001
	早期	18.6	霉点湿点	17.3	25.4	<0.001
			窗户凝水	16.2	22.1	<0.001
			发霉气味	17.1	27.2	<0.001
确诊哮喘	当前	8.9	发霉现象	8.5	13.9	0.026
			潮湿现象	8.4	13.2	0.017
			水损	8.2	15.9	<0.001
			窗户凝水	8	11.2	0.008
			衣服被褥受潮	8.4	10.1	0.124
			发霉气味	7.8	12.6	0.006
	早期	8.9	霉点湿点	8.7	10.3	0.297
			窗户凝水	8	10.3	0.034
			发霉气味	7.9	12.4	0.009

住宅室内潮湿表征对儿童哮喘及过敏性疾病的影响 ［aOR（95%CI）］ 表 4-15

	喘息	干咳	鼻炎	湿疹	确认哮喘	确认鼻炎
可视霉点	**1.707（1.258，2.317）**	1.356（0.978，1.881）	**1.438（1.088，1.900）**	1.186（0.811，1.735）	1.196（0.753，1.899）	**2.080（1.335，3.239）**
可视湿点	**1.464（1.131，1.896）**	1.295（0.988，1.697）	1.252（0.998，1.569）	**1.837（1.390，2.429）**	1.240（0.851，1.808）	1.289（0.842，1.973）
水损	**1.499（1.167，1.925）**	**1.359（1.048，1.763）**	1.207（0.966，1.508）	**1.389（1.035，1.863）**	**1.689（1.210，2.357）**	**1.563（1.058，2.037）**
窗户内侧凝水	1.092（0.875，1.363）	**1.298（1.042，1.618）**	**1.317（1.095，1.584）**	1.266（0.984，1.628）	1.223（0.898，1.667）	**1.566（1.121，2.186）**
发霉气味	**1.620（1.286，2.041）**	**1.546（1.219，1.959）**	**1.375（1.121，1.686）**	**1.344（1.014，1.781）**	1.153（0.807，1.646）	1.254（0.843，1.865）

注：aOR 为调整混杂因素后的比值比，95%CI 为 95%的置信区间，加粗表示显著，$P<0.05$，在 logistic 回归模型中对儿童性别（男/女）、年龄（3～6 岁）、家庭过敏史（是/否）、宠物暴露（是/否）、吸烟暴露（是/否）、母乳喂养持续时间（≤6 个月/>6 个月）进行调整。

2. 不同潮湿表征与儿童湿疹、鼻炎的相关性

由表 4-15 可知，水损与湿疹（aOR：1.389，95% CI：1.035，1.863）存在显著联系。窗户内侧凝水与湿疹不存在显著联系。发霉气味与儿童湿疹（aOR：1.344，95% CI：1.014，1.781）存在显著联系。可视霉点与儿童鼻炎（aOR：1.438，95% CI：1.088，1.900）、确诊鼻炎（aOR：2.080，95% CI：1.335，3.239）存在显著联系。可视湿点与鼻炎、确诊鼻炎不存在显著联系。水损与确认鼻炎（aOR：1.563，95% CI：

1.058，2.307）存在显著联系。窗户内侧凝水与儿童鼻炎（aOR：1.317，95% CI：1.095，1.584）、确诊鼻炎（aOR：1.566，95% CI：1.121，2.186）存在显著联系。发霉气味与儿童鼻炎（aOR：1.375，95% CI：1.121，1.686）存在显著联系，与确诊鼻炎不存在显著联系。

4.2.3　潮湿表征的混杂因素

在研究疾病与暴露因素的相互关系时往往会受到一些无关变量的影响而出现偏倚，这些无关变量叫作混杂因素。混杂因素会造成暴露因素与所研究疾病之间相关关系的偏倚，致使本研究过高估计暴露因素与疾病之间的任何一种关系，特别是暴露因素与所研究疾病之间不存在任何关系时，由于混杂因素的作用将使它们之间出现假相关。在研究潮湿表征与儿童健康相关性影响时需使用逻辑回归模型对混杂因素进行调整，以剔除混杂因子对潮湿表征和儿童健康相关性结果的影响，进而准确地认识潮湿表征与儿童健康之间的关系。

哮喘与过敏性疾病和儿童性别有关，哮喘病在男孩中早期发作最为常见。过敏性疾病早期患病常见于男孩，但随着年龄的增长，在女孩中的患病率较高，并且性别差异会逐渐消失。另外，哮喘和过敏性鼻炎、湿疹的相关性与年龄有关，3 岁内出现过敏的儿童更容易得哮喘，8 岁后出现过敏的儿童不容易继续发展为哮喘[11]。遗传是导致儿童过敏性疾病的主要原因，国内外许多学者研究发现在儿童哮喘的危险因素中，家庭哮喘史即遗传因素占绝对重要的地位，德国学者研究发现，父亲哮喘对儿童哮喘的影响比母亲哮喘的大[12]，而且有学者通过儿童出生跟踪研究（0～6 岁）发现，父亲哮喘病史对儿童哮喘的影响比母亲哮喘病史大得多[13]。与过敏性疾病相关的因素主要还包括宠物过敏原、环境吸烟、母乳喂养时间等。宠物过敏原主要指来自宠物的毛发、唾液、排泄物。灰尘中猫、狗过敏原的含量超过 8μg/g 就会引起过敏疾病。瑞典的一项调查得到，瑞典在校哮喘儿童中对长毛动物过敏的比例达到 70%[14]。吸烟暴露是室内最重要的污染物之一，其对健康最普遍的影响是对眼睛、鼻子和喉咙的刺激。意大利的学者研究发现母亲吸烟的儿童哮喘患病率显著高于母亲不吸烟的儿童[15]。母乳中含有 IgA 等保护性蛋白，母乳喂养能降低儿童患哮喘的危险性[16]。

研究对 2010 年在重庆横断面调查获得的 4950 名 3～6 岁儿童反馈问卷进行了潮湿表征与儿童健康相关性影响研究，对混杂因素进行了对比分析。如图 4-10 和表 4-16 所示，研究分析的 4950 名儿童中，男女儿童在喘息、鼻炎、确认哮喘和确认鼻炎的患病率上存在显著性差异，男孩喘息、鼻炎、湿疹、确认哮喘和确认鼻炎的患病率均高于女孩，只有干咳患病率低于女孩。对家庭过敏史与患病率进行分析发现，存在与不存在家庭过敏史的儿童在喘息、干咳、鼻炎、湿疹、确认哮喘和确认鼻炎的患病率上存在显著性差异，存在家庭过敏史的儿童喘息、干咳、鼻炎、湿疹、确认哮喘和确认鼻炎的患病率均高于不存在家庭过敏史的。对母乳喂养时间≤6 个月与母乳喂养时间>6 个月对儿童健康相关性影响对比发现母乳喂养时间≤6 个月和>6 个月的儿童在干咳、鼻炎、确认哮喘和确认鼻炎的患病率上存在显著性差异，母乳喂养时间≤6 个月的儿童喘息、干咳、鼻炎、湿疹、确认哮喘和确认鼻炎的患病率均高于母乳喂养时间>6 个月的。宠物暴露的定义是指被调查家庭在儿童出生时和目前这两个时间段内存在饲养宠物的行为。在 2010 年现况研究中，有 27.6%的家庭存在宠物暴露。研究表明，存在与不存在宠物暴露的儿童在喘息、干咳和湿疹的患病率上存在显著性差异，存在宠物暴露的儿童喘息、干咳、鼻炎、湿疹和确认哮喘患病率均高于不存在宠物暴露的。吸烟暴露在 2010 年的现况研究分析发现，有 69.7%的家庭存在吸烟暴露，存在与不存在吸烟暴露的儿童在喘息和干咳的患病率上存在显著性差异，存在吸烟暴露的儿童喘息、干咳和鼻炎患病率均高于不存在吸烟暴露的。

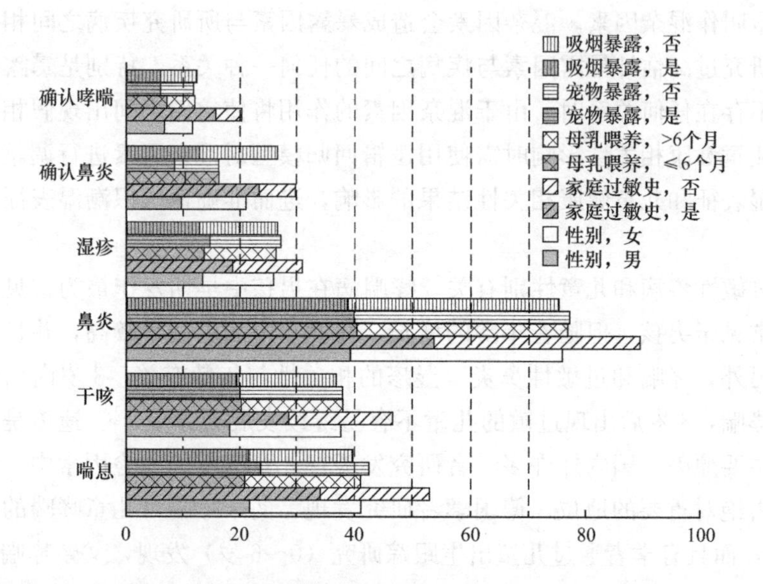

图 4-10　各混杂因素下儿童哮喘及过敏性疾病患病率对比图

由表 4-16 和图 4-11 可知，3～6 岁儿童在喘息、干咳和湿疹的患病率上存在显著性差异，3 岁儿童喘息、干咳、鼻炎和湿疹的患病率均高于 4～6 岁儿童，6 岁儿童确认鼻炎的患病率高于3～5岁儿童。

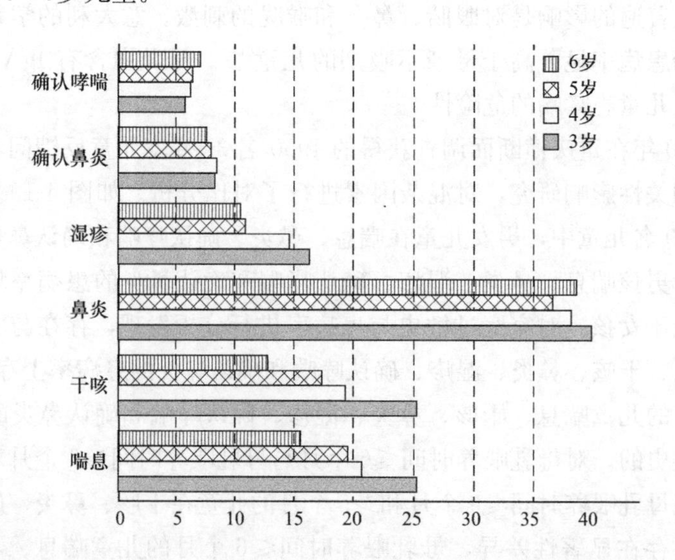

图 4-11　3～6 岁儿童哮喘及过敏性疾病患病率的对比图

混杂因素与儿童哮喘及过敏性疾病的相关性分析结果　　表 4-16

	喘息	干咳	鼻炎	湿疹	确认哮喘	确认鼻炎
性别（男/女）	**0.036**	0.533	**0.044**	0.257	**0.000**	**0.009**
年龄（3~6 岁）	**0.000**	**0.000**	0.362	**0.000**	0.896	0.605
家庭过敏史（是/否）	**0.000**	**0.000**	**0.000**	**0.000**	**0.000**	**0.000**
宠物暴露（是/否）	**0.000**	0.191	0.153	**0.022**	0.530	0.953
吸烟暴露（是/否）	**0.021**	0.083	0.141	0.505	0.572	0.571
母乳喂养持续时间（≤6 个月/≥6 个月）	0.527	**0.011**	**0.010**	0.168	**0.000**	**0.003**

注：字体加粗表示分层数据间存在显著性差异（Pearson 卡方检验：$P<0.05$）。

对混杂因素对儿童健康的影响进行列联表分析，从图 4-12(a) 可以发现家庭过敏史是儿童喘息、干咳、鼻炎、湿疹、确认哮喘和确认鼻炎的危险因素（以“否”作为参考组，参考组：aOR＝1，对儿童性别、年龄、宠物暴露、吸烟暴露、母乳喂养持续时间进行调整）。从图 4-12(b) 可以看出宠物暴露是儿童喘息和湿疹的危险因素。（以“否”作为参考组，参考组：aOR＝1；对儿童性别、年龄、家庭过敏史、吸烟暴露、母乳喂养持续时间进行调整）。从图 4-12(c) 可以看出是儿童喘息的危险因素（以“否”作为参考组，参考组：aOR＝1，对儿童性别、年龄、家庭过敏史、宠物暴露、母乳喂养持续时间进行调整）。从图 4-12(d) 可以看出母乳喂养持续时间≤6 个月是儿童干咳、鼻炎、确认哮喘和确认鼻炎的危险因素。（以“否”作为参考组，参考组：aOR＝1；对儿童性别、年龄、家庭过敏史、宠物暴露、吸烟暴露进行调整）。

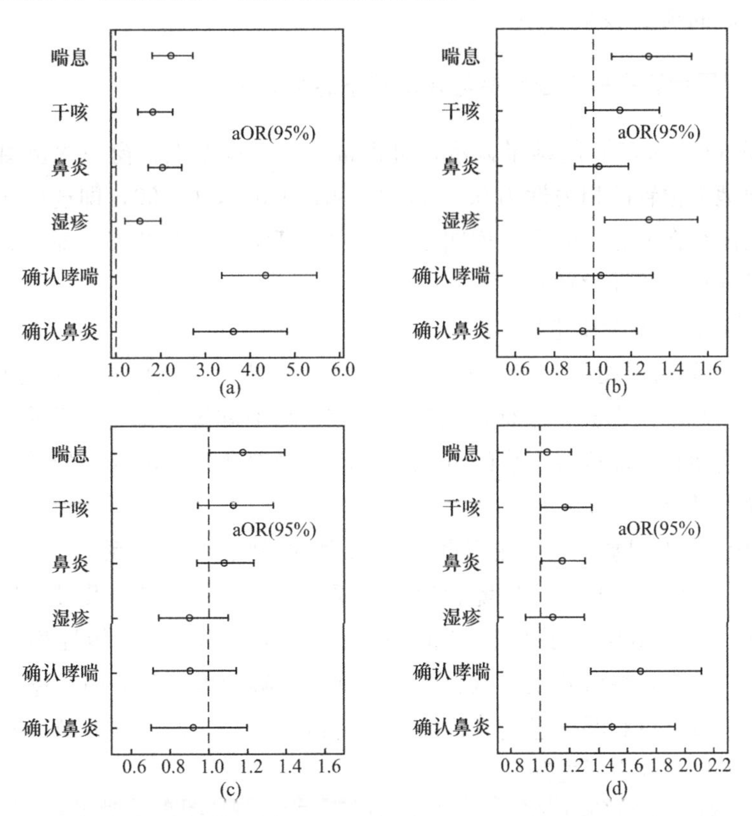

图 4-12　混杂因素对儿童过敏性疾病的影响 [（95%CI）]

(a) 家庭过敏史；(b) 宠物暴露；(c) 吸烟暴露；(d) 母乳喂养持续时间

4.3　住宅潮湿和儿童过敏性疾病的暴露-剂量-反应关系

目前，关于哮喘等过敏性疾病的发病特点和发展趋势有两种主流假说："卫生学"假说和"剂量-反应"假说。"剂量-反应"假说认为，随着社会工业化的快速发展，全球大气、水、土壤污染日益严重，日常生活中充斥的化学制剂越来越多，这些在十几年前不存在或剂量很少的因素对哮喘易感儿都会产生极为不利的影响。生活环境的改变使得变应原暴露增加，室内空气流通减少，造成多种变应原聚集，大气中弥漫的油烟、杀虫喷雾剂、烟草烟雾、致病微生物、甲醛等都会刺激呼吸道，可导致其气道高反应性的发生。国内外大量研究也表明导致过敏性疾病患病率不同的因素在地区之间是有差异的，这些因素可能与各个地区的气候条件、室内外环境、生活方式、饮食习惯、微生物暴露、对疾病的认识和管理等有关。在流行病学研究中，通常需要了解某种暴露水平的变化与结局指标发生风险的潜在关系，从而达到对该结局进行有效预防或干预的目的，这种关系即剂量-反应关系。一些研究指出，空气中过敏原如致敏花粉、微生物等的暴露密度与过敏性疾病存在剂量关系，室内潮湿指标、通风量等与过敏性疾病可能也存在剂量-反应关系。

"剂量-反应"假说已得到越来越多学者和研究的支持[10]，本节基于此分析室内潮湿指标与儿童健康的剂量-反应关系。

4.3.1　不同暴露地区室内潮湿环境与儿童健康的相关性

卡方检验（$P<0.05$）的结果显示，可视霉点、可视湿点、窗户内侧凝水、发霉气味分别和建筑地理位置的相关性为0.004，0.000，0.000，0.000，即这些潮湿表征与建筑地理位置之间存在显著性联系，说明了上述四个潮湿表征在城市、郊区和农村这三个地区的分布差异存在统计学意义。

1. 潮湿暴露指标及健康指标

本节采用五个潮湿指标：①可视霉点；②可视湿点；③水损；④窗户内侧凝水；⑤发霉的气味。对于儿童健康指标，喘息、干咳、鼻炎和湿疹都是指儿童在调查之前1年内患过的疾病症状，即这些疾病的近患率，确诊哮喘和确诊鼻炎是指儿童被医生诊断出患有的哮喘和鼻炎。

2. 儿童患病与不同暴露地区住宅室内潮湿环境的剂量-反应关系

由于城市、郊区和农村居住环境和生活习惯的不同，儿童哮喘及过敏性疾病的患病率会有所不同。图4-13给出了城市、郊区和农村中儿童哮喘及过敏性疾病患病率的差异，从图中可以看出，城市儿童干咳、鼻炎、确认哮喘和确认鼻炎患病率比郊区和农村的要高，农村儿童喘息和湿疹患病率比城市和郊区的要高，而郊区儿童哮喘及过敏性疾病患病率均介于城市和农村之间。

造成上述患病率差异的原因很多，住宅室内潮湿环境的不同是原因之一采用logistic回归对城市、郊区和农村中住宅室内潮湿环境对儿童健康的影响进行对比分析得到图4-14，

图 4-14 中给出了城市、郊区和农村中住宅室内五个潮湿指标暴露下儿童哮喘及过敏性疾病的患病比值比（以“否”作为参考组，参考组：aOR=1，对儿童性别、年龄、家庭过敏史、宠物暴露、吸烟暴露、母乳喂养持续时间进行调整）。

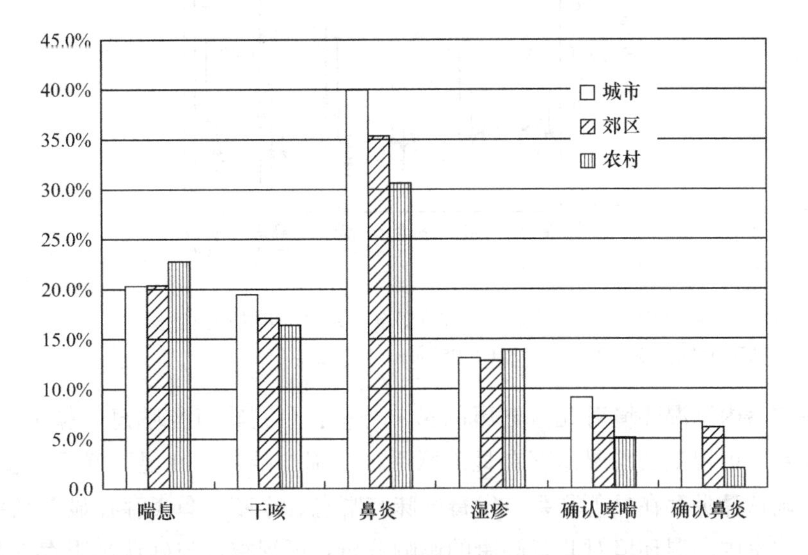

图 4-13　重庆城市、郊区和农村中儿童哮喘及过敏性疾病的比较

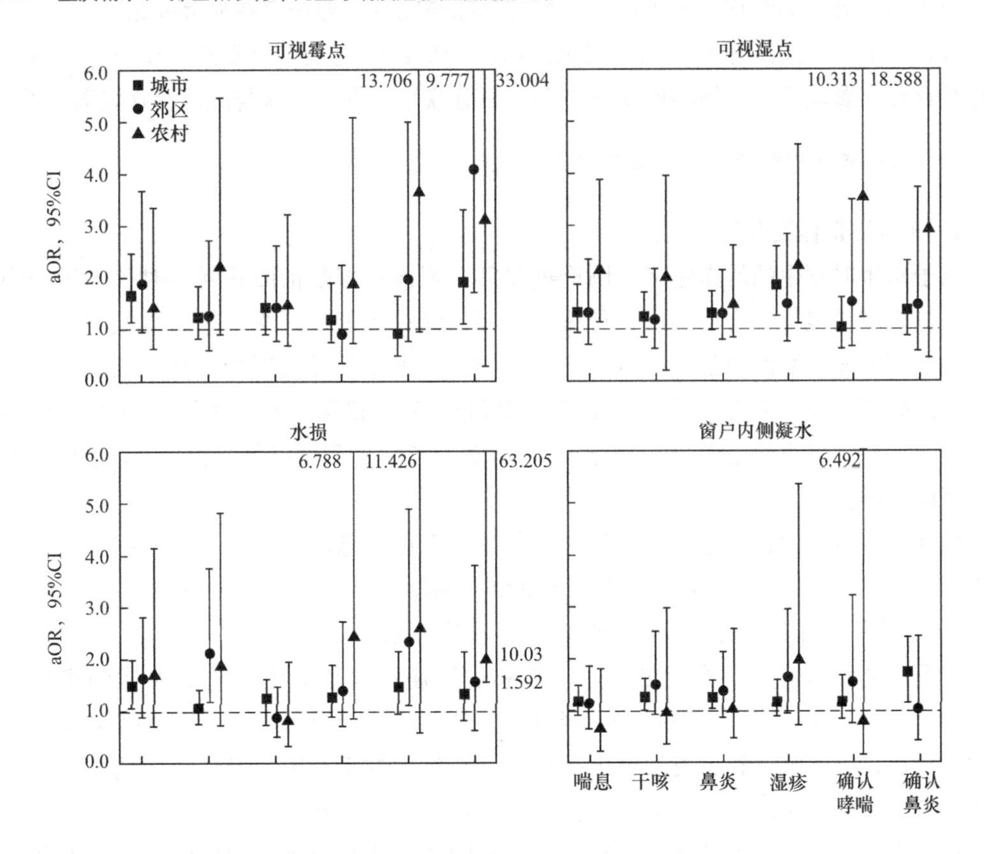

图 4-14　城市、郊区和农村中住宅室内可视霉点、可视湿点、水损、窗户内侧凝水、发霉气味对儿童哮喘及过敏性疾病的影响［（aOR 95%CI）］（一）

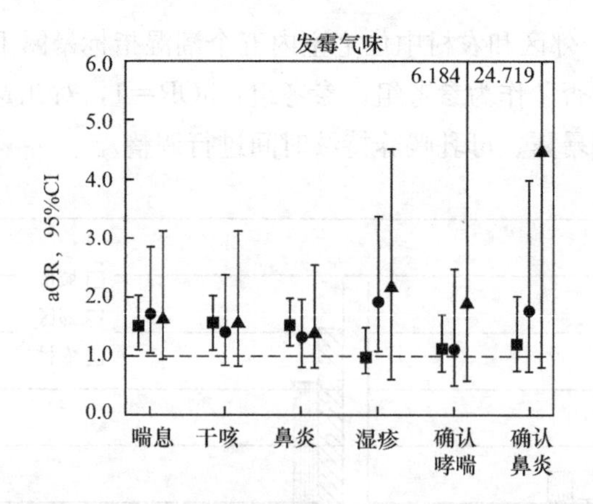

图 4-14 城市、郊区和农村中住宅室内可视霉点、可视湿点、水损、窗户内侧凝水、发霉气味对儿童哮喘及过敏性疾病的影响［（aOR 95%CI）］（二）

城市住宅室内潮湿环境对儿童健康的影响分析：可视霉点与喘息、鼻炎、确认鼻炎存在显著联系，可视湿点与湿疹存在显著联系，水损与喘息存在显著联系，窗户内侧凝水与鼻炎、确认鼻炎存在显著联系，发霉气味与喘息、干咳、鼻炎存在显著联系。

郊区住宅室内潮湿环境对儿童健康的影响分析：可视霉点与确认鼻炎存在显著联系，水损与干咳、确认哮喘存在显著联系，发霉气味与喘息、湿疹存在显著联系。

农村住宅室内潮湿环境对儿童健康的影响分析：可视湿点与喘息、干咳、湿疹、确认哮喘存在显著联系，水损与确认鼻炎存在显著联系，发霉气味与湿疹存在显著联系。

4.3.2 围产期及当前暴露对儿童健康的影响

1. 潮湿暴露程度及健康指标

孩子出生时发生的暴露定义为围产期暴露，当前暴露是指回答问卷时孩子房间内的情况。分析用潮湿指标为：①可见霉菌或潮湿污渍；②窗户凝水；③发霉气味。为了评估仅围产期暴露于潮湿的独立影响，所有潮湿指标根据父母发现潮湿指标的时间分为四类："无暴露"（如果未报告围产期或当前潮湿指标）、"仅围产期暴露"（如果仅报告围产期潮湿指标）、"仅当前暴露"（如果报告当前潮湿指标）和"持续暴露"（如果报告围产期和当前潮湿指标）。

此外，分析了六种健康结果，包括：①过去 1 年喘息；②过去 1 年夜间咳嗽；③过去 1 年鼻炎；④过去 1 年湿疹；⑤医生诊断的哮喘；⑥医生诊断的鼻炎。

2. 儿童患病与围产期及当前暴露的剂量-反应关系

按围产期和当前潮湿指标划分，呼吸和过敏症状以及医生诊断的疾病的患病率见表 4-17(a) 和表 4-17(b)。在过去的 1 年中，在围产期或当前暴露于家庭潮湿环境中的儿童中，喘息、夜间咳嗽和鼻炎的发生率较高。在过去的 1 年中，当在围产期发现窗户凝水或发霉气味时，湿疹的患病率明显更高。当前或围产期暴露在窗户凝水中的儿童更有可能被医生诊断为哮喘和鼻炎。一般来说，有围产期或当前潮湿问题的家庭中的儿童有更多的哮喘、过敏和相关症状。

按围产期潮湿指标划分，呼吸和过敏症状以及医生诊断疾病的患病率　**表 4-17(a)**

	围产期可视霉点或湿点			围产期窗户凝水			围产期发霉气味		
	是	否	*P* 值	是	否	*P* 值	是	否	*P* 值
	N(%)	*N*(%)		*N*(%)	*N*(%)		*N*(%)	*N*(%)	
过去1年喘息	125(30.3)	420(17.8)	**<0.001**	253(23.8)	292(17.2)	**<0.001**	96(32.0)	388(17.5)	**<0.001**
过去1年夜间咳嗽	104(25.4)	410(17.3)	**<0.001**	235(22.1)	276(16.2)	**<0.001**	82(27.2)	380(17.1)	**<0.001**
过去1年鼻炎	183(44.3)	916(38.5)	**0.025**	467(43.6)	618(36.1)	**<0.001**	137(45.2)	840(37.8)	**0.013**
过去1年湿疹	55(13.5)	323(13.6)	0.967	168(15.8)	210(12.3)	**0.009**	46(15.3)	278(12.5)	0.165
医生诊断的哮喘	42(10.3)	207(8.7)	0.297	110(10.3)	136(8.0)	**0.034**	37(12.4)	176(7.9)	**0.009**
医生诊断的鼻炎	30(7.4)	148(6.2)	0.375	86(8.1)	89(5.2)	**0.002**	17(5.6)	137(6.2)	0.718

按当前潮湿指标划分，呼吸和过敏症状以及医生诊断疾病的患病率　**表 4-17(b)**

	当前可视霉点或湿点			当前窗户凝水			当前发霉气味		
	是	否	*P* 值	是	否	*P* 值	是	否	*P* 值
	N(%)	*N*(%)		*N*(%)	*N*(%)		*N*(%)	*N*(%)	
过去1年喘息	74(29.8)	421(17.8)	**<0.001**	75(21.9)	422(19.7)	0.339	88(30.9)	386(17.6)	**<0.001**
过去1年夜间咳嗽	67(27.2)	415(17.5)	**<0.001**	94(27.4)	356(16.6)	**<0.001**	74(25.7)	374(17.0)	**<0.001**
过去1年鼻炎	108(43.2)	908(38.3)	0.128	150(43.6)	804(37.3)	**0.024**	138(48.3)	817(37.2)	**<0.001**
过去1年湿疹	46(18.7)	314(13.2)	**0.018**	53(15.4)	283(13.2)	0.262	43(15.0)	277(12.6)	0.243
医生诊断的哮喘	31(12.5)	199(8.4)	**0.029**	44(12.8)	181(8.4)	**0.008**	36(12.6)	172(7.8)	**0.006**
医生诊断的鼻炎	21(8.6)	141(5.9)	0.105	34(10.0)	123(5.7)	**0.003**	20(7.1)	130(5.9)	0.438

注：1. 问卷调查的结果分为两组："是"（当答案是"经常"或"有时"）和"否"（当答案是"从不"）。指标"窗户上的凝水"分为两类："是"（当答案为"大于25cm""5～25cm"和"小于5cm"时）和"否"（当答案为"否"时）。答案"不知道"被排除在分析之外。如果在孩子的房间中发现可见霉点或湿点，则定义潮湿指标"当前可见的霉菌或潮湿污渍"为"是"，否则定义为"否"；

2. 当排除缺失数据时，在每个因素的"是"和"否"答案中，计算报告的呼吸道和过敏症状以及医生诊断的疾病的 n（人数）和%（占总人数的百分比）；

3. P 值是通过卡方检验在每个指标的"是"和"否"答案之间对哮喘和过敏症状的患病率进行计算的，粗体表示 P 值小于 0.05。

通过多元逻辑回归模型分析关联性，调整混杂因素，得到围产期暴露于潮湿环境与儿童健康之间的关系如表 4-18(a) 所示。在过去的1年中，除了当前暴露于窗户上的凝水之外，喘息与暴露于潮湿环境中显著相关。图 4-16(a) 中显示了过去1年中夜间咳嗽与围产期或当前报告的所有潮湿指标之间的联系。由于围产期暴露在潮湿环境中，过去1年中鼻炎的患病率明显较高，并且当报告暴露在当前发霉的气味下，过去1年中患鼻炎的风险增加。在过去的1年中，湿疹分别与围产期窗户上的凝水和当前可见霉点或湿点显著相关。围产期暴露于发霉气味是医生诊断的哮喘的危险因素，医生诊断的鼻炎的患病率受围产期和当前窗户凝水的显著影响。过去1年的呼吸道和过敏症状以及父母提供的医生诊断疾病与本节研究涉及的大多数潮湿指标密切相关。在所有结果中，发现围产期暴露于发霉气味和过去1年中患喘息之间的关联最强（调整后比值比：2.18；95%置信区间：1.65～2.88）。

表4-18(b)显示了围产期暴露对儿童健康的独立影响。在没有围产期和当前暴露作为参考的情况下，仅围产期暴露于潮湿指标与过去1年的一些呼吸和过敏症状显著相关，围产期仅暴露于窗户上的凝水是本节研究中涉及的所有症状的风险因素。在过去的1年中，发现了仅当前接触窗户上的凝水与喘息之间的联系，而仅当前接触与过去1年中的呼吸和过敏症状之间的其他联系并不显著。在过去的1年中，呼吸和过敏症状的患病率，包括喘息、夜间咳嗽和鼻炎，随着持续暴露于潮湿环境（围产期+当前暴露）而显著增加，而这些关联与仅当前暴露无关。对于医生诊断的哮喘，仅在围产期暴露于发霉气味和持续暴露于窗户上的凝水中的患病率较高。当不使用围产期和当前暴露作为参考时，由父母报告的医生诊断得鼻炎的风险随着仅围产期、仅当前和持续暴露于窗户上的凝水而显著增加。在过去1年中，仅在围产期暴露于大多数潮湿指标下，对某些呼吸和过敏症状的独立影响是显著的，并且通常这些症状的患病率随着持续暴露而进一步增加。然而，在医生诊断的疾病中，并没有发现像仅在围产期暴露对健康指标的显著影响，与未暴露相比，仅在当前暴露与健康结果之间几乎没有关联。

4.3.3 不同室内暴露区域和暴露时期对儿童健康的影响

1. 潮湿暴露程度及健康指标

本节在①可见霉斑；②可见湿点；③水损；④窗玻璃上的凝水；⑤发霉的气味五个潮湿指标的基础上，为剂量-反应关系分析创建了三个分类变量：

围产期潮湿暴露与儿童患病之间的联系 （aOR 95%CI） 表4-18(a)

	当前可视霉点或湿点			当前窗户凝水			当前发霉气味		
	是	否	P值	是	否	P值	是	否	P值
	N(%)	N(%)		N(%)	N(%)		N(%)	N(%)	
过去1年喘息	74(29.8)	421(17.8)	**<0.001**	75(21.9)	422(19.7)	0.339	88(30.9)	386(17.6)	**<0.001**
过去1年夜间咳嗽	67(27.2)	415(17.5)	**<0.001**	94(27.4)	356(16.6)	**<0.001**	74(25.7)	374(17.0)	**<0.001**
过去1年鼻炎	108(43.2)	908(38.3)	0.128	150(43.6)	804(37.3)	**0.024**	138(48.3)	817(37.2)	**<0.001**
过去1年湿疹	46(18.7)	314(13.2)	**0.018**	53(15.4)	283(13.2)	0.262	43(15.0)	277(12.6)	0.243
医生诊断的哮喘	31(12.5)	199(8.4)	**0.029**	44(12.8)	181(8.4)	**0.008**	36(12.6)	172(7.8)	**0.006**
医生诊断的鼻炎	21(8.6)	141(5.9)	0.105	34(10.0)	123(5.7)	**0.003**	20(7.1)	130(5.9)	0.438

潮湿暴露与儿童患病之间的联系（aOR 95%CI） 表4-18(b)

	可视霉点或湿点			窗户凝水			发霉气味		
	仅围产期暴露	仅当前暴露	持续暴露	仅围产期暴露	仅当前暴露	持续暴露	仅围产期暴露	仅当前暴露	持续暴露
过去1年喘息	**1.84 (1.34，2.52)**	1.34 (0.84，2.15)	**2.35 (1.51，3.66)**	**1.63 (1.30，2.06)**	**1.82 (1.03，3.21)**	1.22 (0.87，1.72)	**1.89 (1.26，2.82)**	1.31 (0.84，2.05)	**2.64 (1.80，3.88)**
过去1年夜间咳嗽	**1.54 (1.10，2.14)**	1.50 (0.95，2.38)	**1.85 (1.16，2.95)**	**1.34 (1.05，1.72)**	1.61 (0.89，2.93)	**1.95 (1.42，2.67)**	**1.55 (1.02，2.37)**	1.07 (0.67，1.72)	**2.45 (1.66，3.62)**
过去1年鼻炎	**1.40 (1.06，1.85)**	1.20 (0.81，1.79)	1.12 (0.74，1.71)	**1.27 (1.04，1.54)**	0.91 (0.54，1.55)	**1.44 (1.10，1.89)**	1.20 (0.83，1.73)	1.27 (0.88，1.85)	**1.84 (1.29，2.64)**
过去1年湿疹	0.95 (0.63，1.43)	1.50 (0.91，2.47)	1.37 (0.81，2.35)	**1.67 (1.28，2.19)**	1.76 (0.92，3.38)	1.40 (0.96，2.05)	1.06 (0.63，1.78)	0.86 (0.48，1.53)	1.52 (0.95，2.43)
医生诊断的哮喘	0.83 (0.49，1.40)	1.21 (0.65，2.26)	1.08 (0.54，2.18)	1.01 (0.72，1.43)	0.88 (0.34，2.29)	**1.58 (1.04，2.40)**	**1.83 (1.06，3.14)**	1.17 (0.62，2.21)	1.69 (0.96，2.99)
医生诊断的鼻炎	1.02 (0.57，1.82)	1.50 (0.75，3.01)	1.50 (0.72，3.13)	**1.76 (1.19，2.60)**	**2.37 (1.02，5.49)**	**2.01 (1.21，3.34)**	0.77 (0.35，1.73)	1.05 (0.51，2.17)	1.09 (0.53，2.25)

注：1. 对性别、年龄、哮喘和过敏家族史、暴露于环境暴露、妊娠年龄和房屋位置进行了调整。
2.（a）为相对于“否”的回答，用“是”的回答来估计潮湿指标的aOR（调整比值比）。回答“否”的潮湿指标的aOR为1。（b）为针对没有暴露作为参考来估计潮湿指标的aOR，aOR为1。粗体表示小于0.05的P值。

首先，在住宅的每个区域（客厅 LR，卧室 BedR 和浴室 BathR）和每个时期（怀孕前一年 BP、怀孕期间 DP、孩子出生后第一年 FY 以及调查前的过去 1 年 PY）累积了家庭潮湿暴露的次数。并做出了如下定义：0. 无潮湿指标；1. 只有一个潮湿指标；2. 两个潮湿指标；3. 三个潮湿指标；4. 四个潮湿指标；5. 五个潮湿指标，其中由于暴露在 3～5 个潮湿指标下的儿童样本量较小，故将暴露在 2～5 个潮湿指标下的儿童合并为一个具有≥2 个潮湿指标的分组。

其次，在客厅，卧室和浴室三个住宅区域累积了家庭潮湿暴露的次数。并做出了如下定义：0. 无家庭潮湿暴露期；1. 仅 BP 或仅 DP 或仅 FY 或仅 PY 家庭潮湿暴露；≥2. 超过或等于两个时期存在与潮湿相关的暴露，包括 BP＋DP 或 BP＋FY 或 BP＋PY 或 DP＋FY 或 DP＋PY 或 FY＋PY、BP＋DP＋FY 或 BP＋DP＋PY 或 BP＋FY＋PY 或 DP＋FY＋PY、BP＋DP＋FY＋PY。

最后，在每个时期（怀孕前一年、怀孕期间、孩子出生后第一年以及调查前的过去 1 年）累积了家庭潮湿暴露的区域数量（客厅、卧室和浴室）。并做出了如下定义：0. 无家庭潮湿暴露区域；1. 仅 LR 或仅 BedR 或仅 BathR 暴露于家庭潮湿环境中；≥2. 多于或等于两个与潮湿相关的暴露区域，包括 LR＋BedR 或 LR＋BathR 或 BedR＋BathR 或 LR＋BedR＋BathR。

此外，分析了九种健康结果，包括：①曾经：医生诊断的哮喘；医生诊断的过敏性鼻炎；医生诊断得肺炎；医生诊断得湿疹；喘息；鼻炎。②当前（调查前 1 年内）：湿疹；喘息；鼻炎。

2. 儿童患病与不同室内暴露区域和暴露时期的剂量-反应关系

问卷调研的结果表明，哮喘、过敏性鼻炎、肺炎、湿疹、喘息、鼻炎的曾经患病率分别为 5.8%、9.3%、25.8%、20.8%、10.2%和 29.8%。当前（在问卷调查前的过去 1 年内）湿疹、喘息和鼻炎的患病率分别为 4.4%、7.8%和 22.8%。

此外，不同时期、不同住宅区域，暴露在不同潮湿指标下的儿童比例较低（均＜6%）。对于不同的潮湿指标，暴露在发霉气味下的儿童比例高于其他指标。对于不同的住宅区域，在客厅、卧室和浴室中，暴露在潮湿环境下的儿童比例没有显著差异。在不同时期，只有卧室中暴露于窗玻璃上的凝水下的儿童比例始终高于客厅和浴室。对于不同的时期，在问卷前一年暴露在潮湿指标下的儿童比例始终高于孕前一年、孕期和孩子出生后第一年。

在不同时期，不同居住区域的不同指标显示，暴露潮湿环境下儿童的过敏性疾病的患病率高于未暴露在潮湿环境下的儿童。在暴露和未暴露于潮湿环境下的学龄前儿童中，曾经患哮喘、过敏性鼻炎、喘息和当前患喘息的患病率差异均具有统计学意义。大多数情况下，曾经患肺炎、鼻炎和当前患鼻炎的患病率差异具有统计学意义。在大约一半的对照组中，曾经患湿疹和当前患湿疹的患病率差异具有统计学意义。此外，过敏性疾病的患病率随着潮湿指标的累积分数、潮湿相关暴露时期的分数和潮湿相关暴露区域的分数的增加而显著增加。

学龄前儿童曾经患病和当前患病与家庭潮湿指标的关系见图 4-15 和图 4-16。在不同住宅区域的不同时期由五个潮湿指标显示，几乎在所有情况下，暴露在潮湿环境下都与

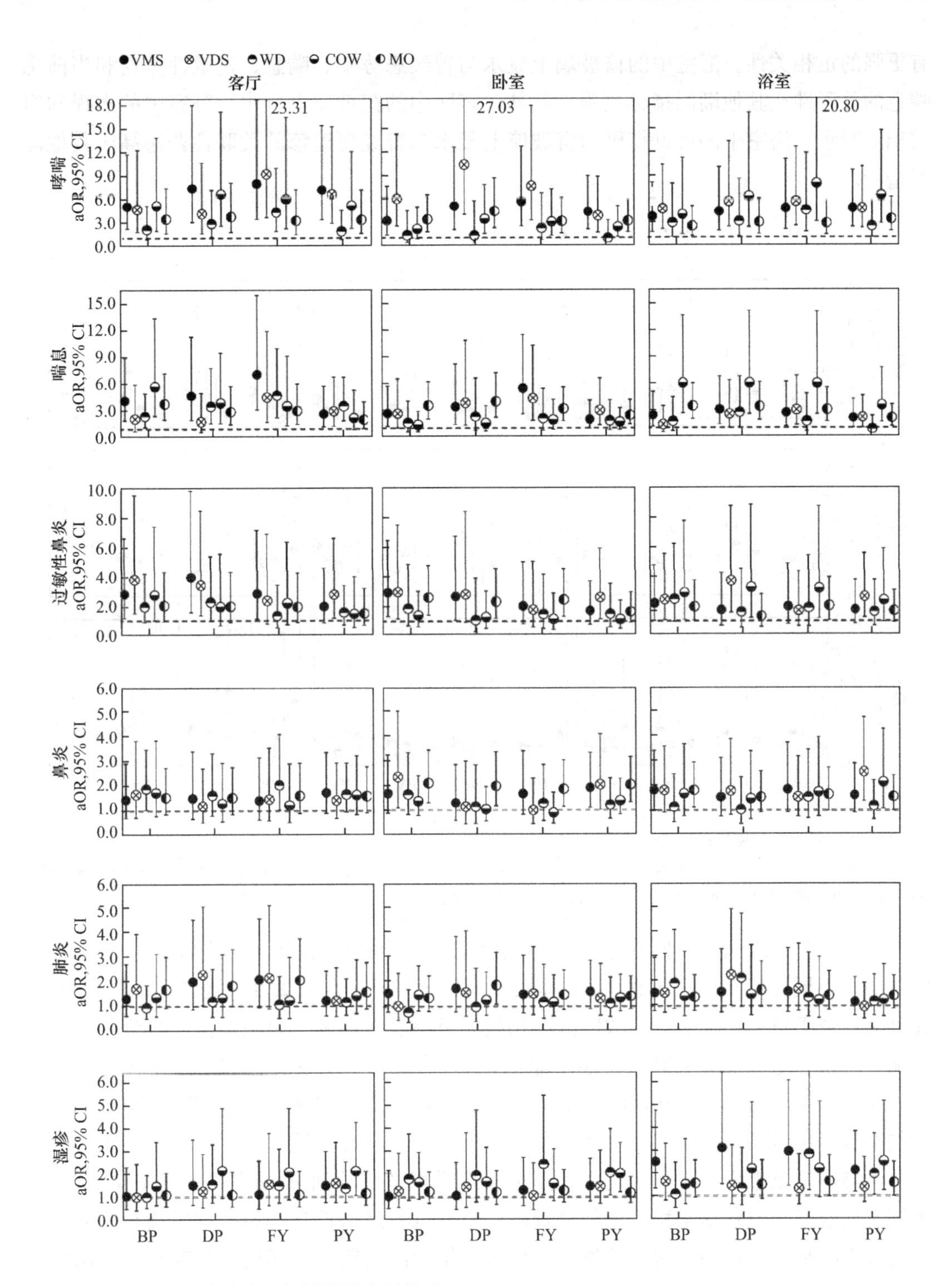

图 4-15　学龄前儿童曾经患病与家庭潮湿指标的关系

注：aOR，调整后的比值比；CI，置信区间；VMS，可见霉斑；VDS，可见潮湿的污渍；WD，水渍；COW，窗玻璃上凝水；MO，霉味；BP，孕前一年；DP，孕期；FY，孩子出生后第一年；PY，问卷前一年。

过敏性疾病患病率的增加呈正相关。在大多数情况下，对于曾经患哮喘、喘息、过敏性鼻炎和当前患喘息，正相关性是非常显著的。在五个潮湿指标中，在客厅和卧室中，可见霉斑和可见湿点与其他潮湿指标相比，通常与曾经患哮喘、喘息、过敏性鼻炎和肺炎有更强的正相关性。浴室中的窗玻璃上凝水与曾经患哮喘、喘息、过敏性鼻炎和当前患喘息的关联性比其他潮湿指标更强。此外，客厅中的窗玻璃上凝水、卧室中的水损和窗玻璃上凝水、浴室中的可见霉斑和窗玻璃上凝水与曾经患湿疹的关联性普遍高于其他潮湿指标。

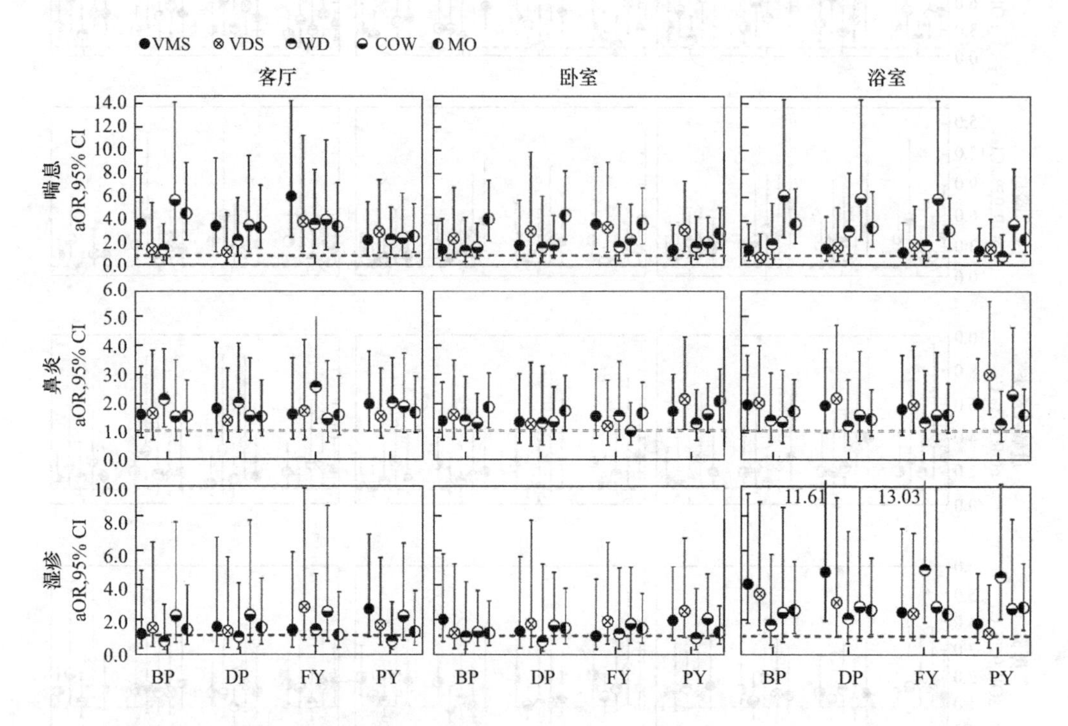

图 4-16 学龄前儿童当前患病与家庭潮湿指标的关系

注：aOR，调整后的比值比；CI，置信区间；VMS，可见霉斑；VDS，可见潮湿的污渍；WD，水渍；COW，窗玻璃上凝水；MO，霉味；BP，孕前一年；DP，孕期；FY，孩子出生后第一年；PY，问卷前一年。

学龄前儿童患病与不同住宅区域不同时期潮湿指标的累积分数的剂量-反应关系见图 4-17。不同时期在不同住宅地区的潮湿指标得分较高，与过敏性疾病患病率较高相关，尤其是曾经患哮喘、喘息、过敏性鼻炎和当前患喘息。在客厅中潮湿指标得分与曾经患哮喘、喘息、过敏性鼻炎和当前患喘息的剂量-反应关系比在卧室和浴室中更显著，同时，孩子出生后第一年比其他时期更显著。然而，在浴室中潮湿指标的得分与当前患湿疹的剂量-反应关系一般比在客厅和卧室中更显著，并且在不同时期之间没有显著差异。

学龄前儿童患病与不同时期家庭潮湿暴露累积区域的剂量-反应关系见图 4-18（a）。不同时期家庭潮湿暴露累积区域得分较高，通常也与过敏性疾病患病率较高相关，尤其是曾经患哮喘、喘息和当前患喘息。与孕前一年和问卷前一年相比，孕期和孩子出生后第一年的累积区域得分与曾经患哮喘、喘息和当前患喘息的剂量-反应关系更显著。

学龄前儿童患病与不同居住区家庭潮湿暴露的累积期的剂量-反应关系见图 4-18（b）。在不同住宅区域，家庭潮湿暴露累积时期得分较高，通常与过敏性疾病患病率较高相关，尤其是曾经患哮喘、喘息和当前患喘息。与客厅和卧室相比，浴室的家庭潮湿暴露累积时期得分与曾经患哮喘和当前患湿疹的剂量-反应关系更显著。与卧室和浴室相比，客厅的家庭潮湿暴露累积时期得分与曾经患喘息和当前患哮喘的剂量-反应关系更为显著。

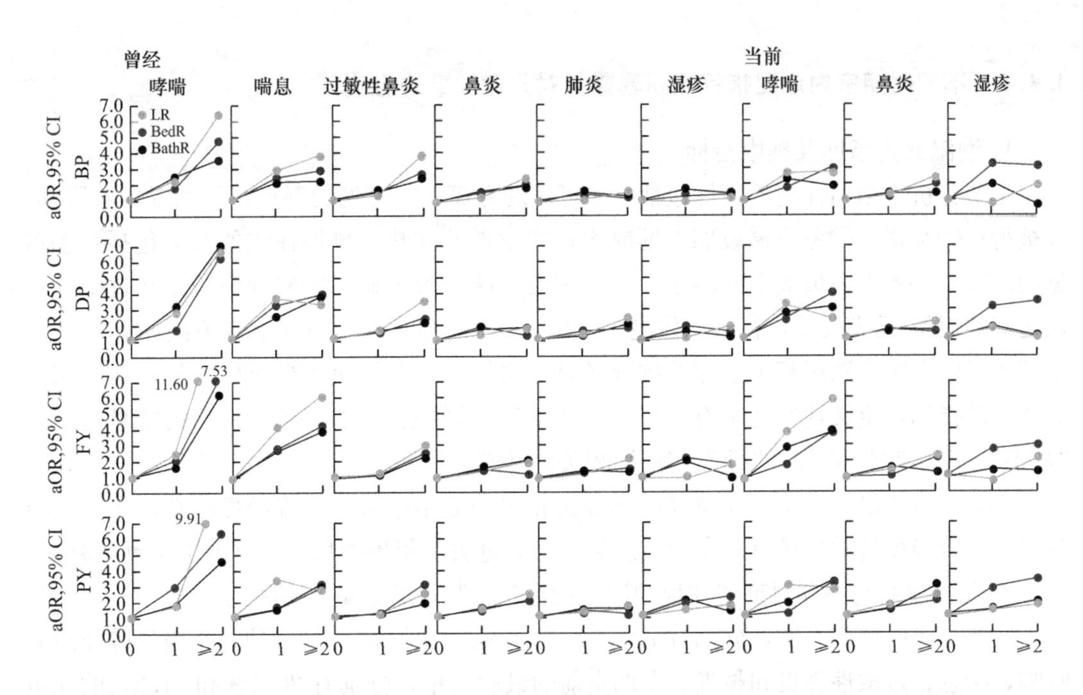

图 4-17　学龄前儿童患病与不同住宅区域不同时期潮湿指标的累积分数的剂量-反应关系

注：aOR，调整后的比值比；CI，置信区间；LR，客厅；BedR，卧室；BathR，浴室；BP，孕前一年；DP，孕期；FY，孩子出生后第一年；PY，问卷前一年。

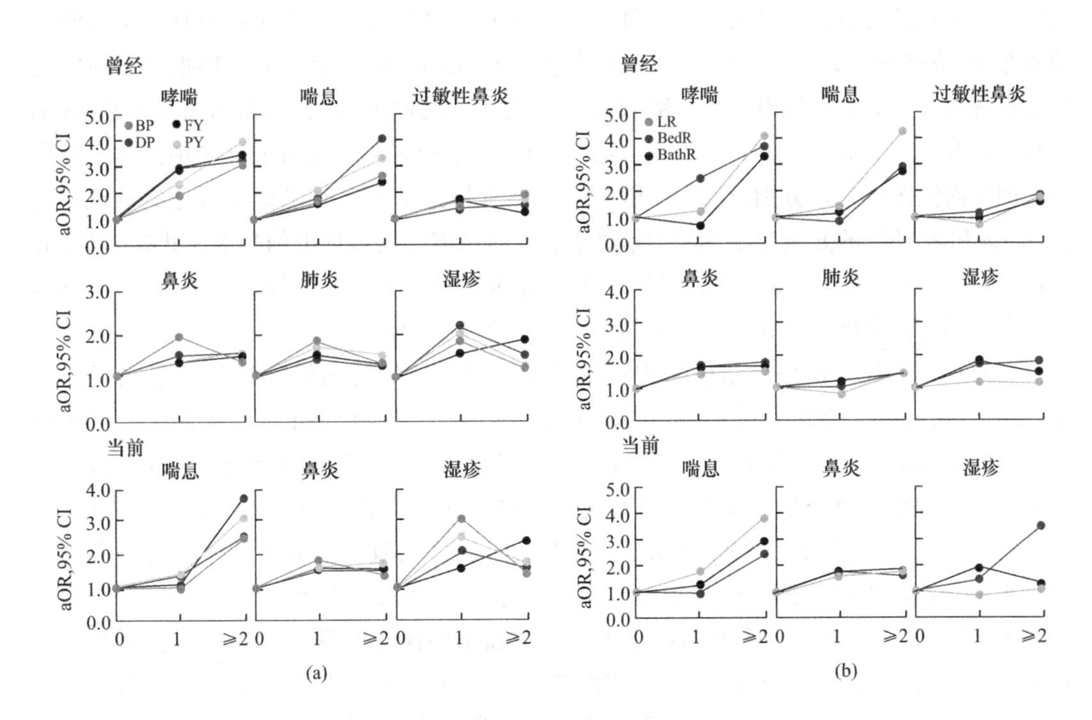

图 4-18　学龄前儿童患病与不同时期和居住地区家庭潮湿暴露的剂量-反应关系

(a) 学龄前儿童患病与不同时期家庭潮湿暴露累积区域的剂量-反应关系；

(b) 学龄前儿童患病与不同居住区家庭潮湿暴露的累积期的剂量-反应关系

注：aOR，调整后的比值比；CI，置信区间；LR，客厅；BedR，卧室；BathR，浴室；BP，孕前一年；DP，孕期；FY，孩子出生后第一年；PY，问卷前一年。

4.3.4 不同时期室内潮湿指标累积暴露量对儿童健康的影响

1. 潮湿暴露指标及健康指标

本节分析中当前住宅的指标包括：①可见的霉斑；②可见的湿点；③潮湿的衣服和/或被褥；④水损；⑤冬季窗玻璃上的凝水；⑥发霉的气味。早期住宅的指标包括：①可见的霉斑；②冬季窗玻璃上的凝水；③发霉的气味。为了显示家庭潮湿暴露和过敏性疾病之间的剂量-反应关系，在早期住宅（范围：$n=0\sim3$）和当前住宅（范围：$n=0\sim6$）中累积了以上家庭潮湿相关指标的数量（n）。此外，如果早期和当前住宅都有任何与潮湿相关的指标，定义这些儿童有“早期和当前”与潮湿相关的暴露。相同的定义适用于“从不”“仅早期”和“仅当前”与潮湿相关的暴露。

本节分析了以下 6 个与儿童哮喘和鼻炎相关的健康结果：①曾经患哮喘；②曾经患喘息；③曾经患过敏性鼻炎；④曾经患鼻炎；⑤过去 1 年患喘息；⑥过去 1 年患鼻炎。

2. 儿童患病与不同时期居住地的潮湿指标累积数量的剂量-反应关系

问卷调研的结果表明，分别有 7.5%、27.1%、9.0%和 54.9%的儿童报告曾经患有哮喘、喘息、过敏性鼻炎和鼻炎。在调查前的最后一年，分别有 20.1%和 41.2%的儿童患有喘息和鼻炎。在所有接受调查并且出生后未改变居住地的儿童中，这些疾病的患病率是相似的。对于当前住宅的室内潮湿现象，有 6.4%和 11.4%的儿童分别暴露于可见的霉斑和可见的湿点。总共有 2.2%和 30.0%的儿童分别报告经常穿着和有时穿着潮湿的衣服和/或被褥。共有 6.7%和 7.5%的儿童分别在调查前一年和前一年报告了住宅内的水损现象。冬天，分别有 6.9%和 15.8%的儿童窗玻璃上有大于 25cm 和 5～25cm 的凝水。共有 0.7%和 9.3%的儿童分别频繁暴露于和有时暴露于发霉的气味中。对于早期住宅的室内潮湿现象，分别有 1.5%和 12.0%经常暴露于和有时暴露于可见的霉斑。共有 9.5%和 40.8%的儿童在冬季经常暴露于和有时暴露于窗玻璃上的凝水。共有 0.5%和 7.7%的儿童分别经常暴露于和有时暴露于发霉的气味。出生后未改变居住地的儿童中，暴露在不同潮湿指标下的儿童比例也与所有受调查儿童相似。

当前和早期住宅的潮湿指标累积数与逻辑回归分析中过敏性疾病患病率之间的剂量-反应关系的研究结果见图 4-19。相比未暴露在潮湿指标下的儿童，暴露在任意潮湿指标下的儿童具有更高的过敏性疾病患病率。与有时暴露于潮湿指标下的儿童相比，经常暴露于潮湿指标下的儿童通常具有更高的过敏性疾病患病率。暴露于可见的霉斑、可见的湿点以及潮湿的衣服和/或床上用品与曾经患哮喘概率的增加显著相关。在过去的一年里，曾经患哮喘概率的增加也与以下因素显著相关：当前住宅的水损，冬季窗玻璃上的凝水大于 25cm，有时暴露于当前住宅和早期住宅的发霉气味中，有时暴露于早期住宅的可见霉斑中，和在早期住宅的冬季窗玻璃上经常发现凝水。当前和早期住宅中可见的霉斑、可见的湿点、冬季窗玻璃上的凝水与曾经患过敏性鼻炎概率的增加显著相关。经常暴露在潮湿的衣服和/或床上用品中，过去 1 年前在当前住宅中暴露于水损，经常暴露在当前住宅的发霉气味中，有时在早期住宅中暴露在可见的霉斑中，与曾经患过敏性鼻炎概率的增加显著相关。此外，所有研究的潮湿暴露都与曾经和当前患喘息和鼻炎概率的增加有显著关联。与有时暴露于潮湿指标的儿童相比，经常暴露于潮湿指标的儿童在曾经以及在调查前的最后一年患喘息和鼻炎的概率也更高。

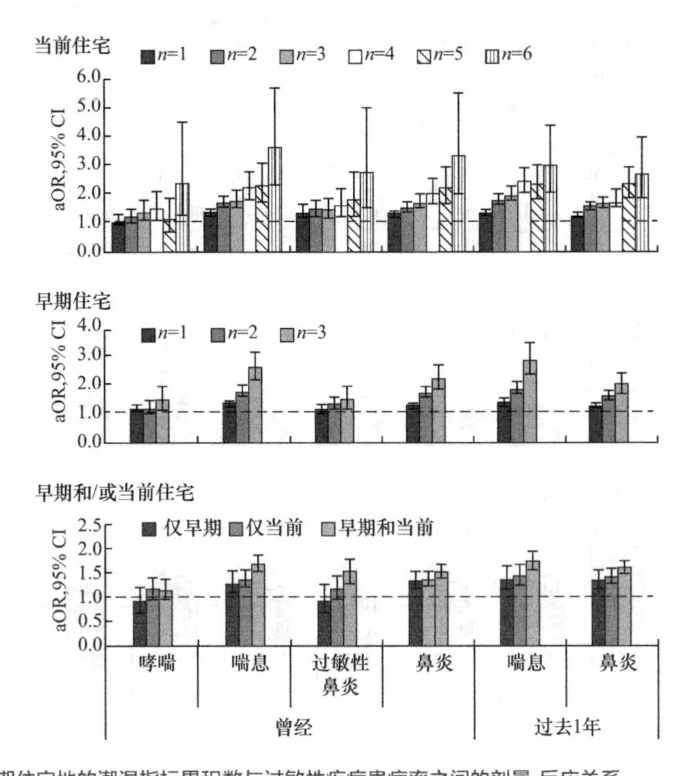

图 4-19　当前和早期住宅地的潮湿指标累积数与过敏性疾病患病率之间的剂量-反应关系

注：aOR，调整后的比值比；CI，置信区间。调整后的因素包括儿童的性别、年龄、居住地、过敏性疾病家族史、居住地所有权、母乳喂养持续时间、家庭环境烟草烟雾（ETS）和早期家庭改造。

当前住宅内潮湿暴露的累积数量与除曾经患哮喘外的所有研究疾病患病率的增加具有显著的正剂量-反应关系。早期住宅的累积潮湿暴露次数也与过敏性疾病患病率的增加有显著的剂量-反应关系。与仅早期暴露于家庭潮湿相关环境或仅当前暴露于家庭潮湿相关环境的儿童相比，在早期和当前住宅均暴露于潮湿环境的儿童过敏性疾病患病率更高。

在没有过敏性疾病家族史的儿童中，在当前和早期住宅地的潮湿指标累积数与过敏性疾病患病率之间的剂量-反应关系见图 4-20。大约一半的家庭潮湿指标与医生诊断的哮喘和过敏性鼻炎之间的关联是显著的。大多数关于曾经和过去 1 年患喘息的研究之间的关联是显著的。在曾经和过去 1 年中，所有关于鼻炎的研究之间的关联都是显著的。此外，当前或早期住宅的潮湿指标的累积数量与所有研究疾病（哮喘除外）之间的剂量-反应关系是显著的。

在没有医生诊断的哮喘和过敏性鼻炎的儿童中，在当前和早期住宅的潮湿指标的累积数量和过敏性疾病患病率之间的剂量-反应关系见图 4-21。除了在曾经和过去 1 年中频繁暴露于可见霉斑与喘息之间的关联之外，所有分析的家庭潮湿相关指标与曾经和过去 1 年中喘息和鼻炎的增加概率之间的关联都是显著的。当前或早期潮湿暴露累积次数与喘息和鼻炎之间的剂量-反应关系也是显著的。

总的来说，当前和早期家庭潮湿暴露，尤其是持续的家庭潮湿暴露（当前和早期），是中国儿童哮喘、喘息和鼻炎的危险因素。

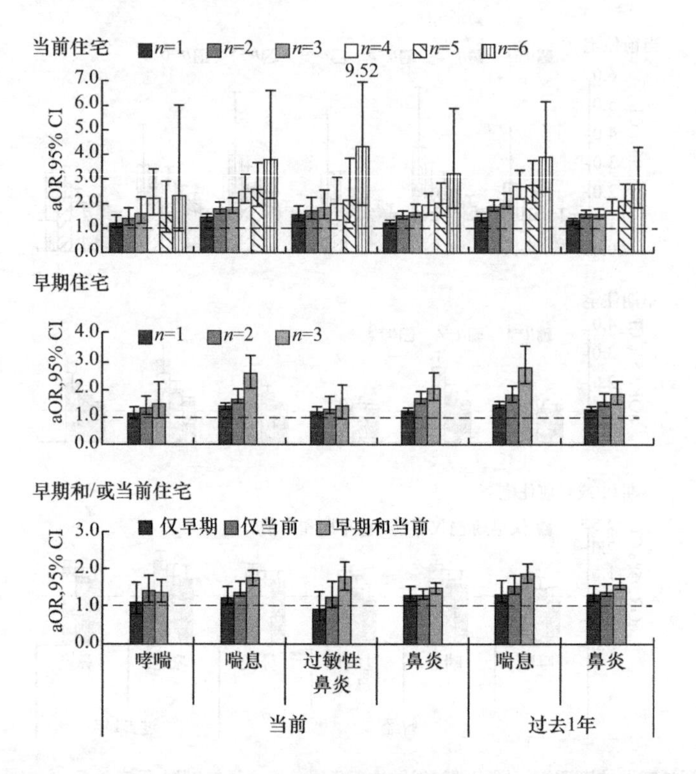

图 4-20　在没有过敏性疾病家族史的儿童中，在当前和早期住宅地的潮湿指标累积数与过敏性疾病患病率之间的剂量-反应关系

注：aOR，调整后的比值比；CI，置信区间。调整后的因素包括儿童的性别、年龄、居住地、居住地所有权、母乳喂养持续时间、家庭环境烟草烟雾（ETS）和早期家庭改造。

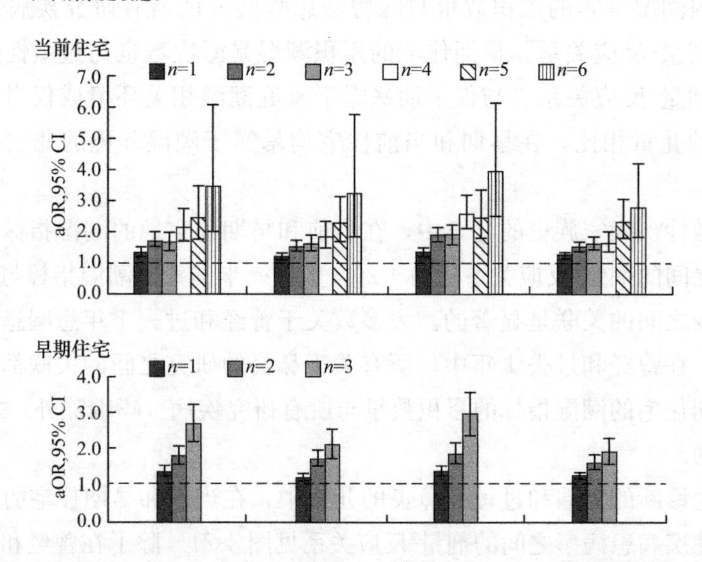

图 4-21　在没有医生诊断的哮喘和过敏性鼻炎的儿童中，在当前和早期住宅的潮湿指标的累积数量和过敏性疾病患病率之间的剂量-反应关系（一）

注：aOR，调整后的比值比；CI，置信区间。调整后的因素包括儿童的性别、年龄、居住地、居住地所有权、母乳喂养持续时间、家庭环境烟草烟雾（ETS）和早期家庭改造。

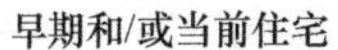

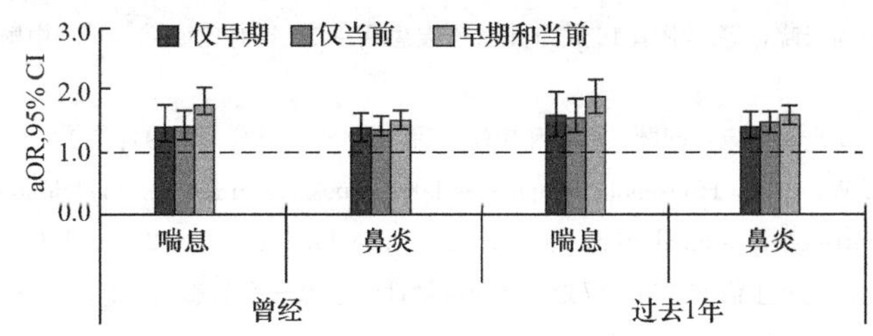

图 4-21　在没有医生诊断的哮喘和过敏性鼻炎的儿童中，在当前和早期住宅的潮湿指标的累积数量和过敏性疾病患病率之间的剂量-反应关系（二）

注：aOR，调整后的比值比；CI，置信区间。调整后的因素包括儿童的性别、年龄、居住地、居住地所有权、母乳喂养持续时间、家庭环境烟草烟雾（ETS）和早期家庭改造。

4.4　总结

通过进一步分析横断面调研中用户自报告的室内潮湿和儿童过敏性疾病患病的相关性，住宅经常开窗可以显著降低室内气体感知（尤其是通风不良的气味）和潮湿现象（尤其是衣服被褥受潮的情况），进而显著降低儿童哮喘及过敏性疾病的患病率。住宅购买新家具或重新装修、有烟草烟雾暴露或室内饲养宠物时，不开窗相对于经常开窗对儿童哮喘及过敏性疾病患病率的影响更显著。住宅室内存在潮湿指标会增加儿童过敏性疾病的患病率，家庭过敏史、宠物暴露、呼吸暴露、母乳喂养持续时间≤6 个月是儿童干咳、鼻炎、确认哮喘和确认鼻炎的危险因素，而早期可视霉点暴露、早期可视湿点暴露、早期发霉气味暴露、早期窗户凝水均会增加哮喘症状的近患病率。

通过对室内潮湿表征的累积暴露和儿童过敏性疾病患病的暴露-剂量-反应关系分析，不同暴露地区、不同暴露时期、室内不同暴露区域、潮湿指标累积暴露数量等对儿童健康都存在显著性影响。室内不同区域的潮湿指标累计分数越高，过敏性疾病的患病率就越高，尤其是曾经患哮喘、曾经患喘息、曾经患过敏性鼻炎和近期患喘息。与卧室和浴室相比，客厅的潮湿指标累计分数与曾经患哮喘、喘息、过敏性鼻炎和近期患喘息的关联更显著。相较于怀孕前一年、怀孕期间和近一年的潮湿暴露，孩子出生后第一年的潮湿暴露与儿童曾经患哮喘、喘息、过敏性鼻炎和当前患喘息有更显著的关系，但各时期潮湿暴露对儿童当前患湿疹概率的影响无显著差异。结果更进一步证实了住宅室内潮湿暴露是儿童哮喘、喘息、鼻炎等过敏性疾病患病的危险因素，对于未来室内潮湿环境控制、改善室内环境质量具有一定的指导和参考作用。

本章参考文献

[1]　HAAHTELA T，HERTZEN L V，MKEL M，et al. Finnish Allergy Programme 2008-2018-time to act and change the course [J]. Allergy，2008，63 (6)：634-645.

[2]　叶青，尚世强. 儿童过敏性疾病实验室检查的现状与进展 [J]. 中华检验医学杂志，2020，43 (5)：515-519.

[3]　王硕，蒋竞雄，王燕，等. 城市 0～24 月龄婴幼儿过敏性疾病症状流行病学调查 [J]. 中国儿童保健杂志，

2016，24（2）：119-122.

[4] 刘传合，洪建国，尚云晓，等. 中国 16 城市儿童哮喘患病率 20 年对比研究［J］. 中国实用儿科杂志，2015，30（8）：596-600.

[5] 张寅平. 室内空气安全和健康：问题、思考和建议［J］. 安全，2020，41（9）：1-10.

[6] CAI J，LI B，YU W，et al. Household dampness-related exposures in relation to childhood asthma and rhinitis in China：A multicentre observational study［J］. Environment International，2019，126：735-746.

[7] 张铭，武阳. 家庭环境和生活方式对武汉地区儿童过敏性湿疹患病率的影响［J］. 科学通报，2013，58（25）：2542-2547.

[8] 张铭，周鄂生. 武汉地区室内环境质量与儿童哮喘和过敏性鼻炎患病率的关系［J］. 科学通报，2013，58（25）：2548-2553.

[9] 沈红萍. 南京市住宅空气环境对儿童患过敏性疾病的影响研究［D］. 东南大学，2012.

[10] 沈丽，黄晨，邹志军，等. 基于实测的居室环境与儿童健康相关性研究［C］//上海市制冷学会学术年会，2013：404-409.

[11] 王娟. 重庆地区住宅环境对人体健康影响的研究［D］. 重庆大学，城市建设与环境工程学院，2011.

[12] FE RNANDOD，MARTINEZ. Viruses and atopic sensitization in the first years of life［J］. American Journal of Respiratory & Critical Care Medicine，2000，162：S95-9.

[13] DOLD S，WJST M，MUTIUS E V，et al. Genetic risk for asthma，allergic rhinitis，and atopic dermatitis［J］. Archives of Disease in Childhood，1992，67（8）：1018-1022.

[14] GROUP I S，GROUP I P I S，PATTEMORE I P. The International Study of Asthma and Allergies in Childhood（ISAAC）Steering Committee. Worldwide variation in prevalence of symptoms of asthma，allergic rhinoconjunctivitis，and atopic eczema：ISAAC［J］. The Lancet，1998，351：1225-1232.

[15] SUNDELL J，KJELLMAN M. The Air We Breathe Indoors［J］. Swede：National Institute of Public Health，1995：20-22.

[16] LITONJUA A A，CAREY V J，BURGE H A. Parental history and the risk for childhood asthma. Does mother confer more risk than father?［J］. Am J Respir Crit Care Med，1998，158（1）：176-181.

第5章

建筑潮湿对儿童过敏性疾病影响的追踪研究

近十年来，中国经济水平迅速提高，城镇化和工业化快速发展，再加上气候变化，导致室内环境和人们生活方式发生改变。建筑特征和生活方式等因素在住宅潮湿表征的发展中起着重要作用，但是不同时期住宅潮湿特征与建筑材料、居民行为等相关因素的关联也会有所不同。近年来中国儿童哮喘和过敏性疾病的患病率急剧上升，上述章节已经论证了住宅潮湿暴露与儿童过敏和呼吸系统健康之间存在显著关联，但是少有研究开展纵向调查，追踪住宅中与潮湿有关的长期暴露效应，并在大样本中估计其对儿童过敏和呼吸系统疾病的因果影响。因此，对同一地区不同时期学龄前儿童住宅潮湿暴露与儿童呼吸道疾病的关联进行重复调查，探究住宅潮湿暴露对儿童过敏和呼吸健康的时间效应和变化特点，具有重要的研究和指导意义。

CCHH 课题组第一阶段（2010 年左右）开展了儿童哮喘、过敏性疾病患病率以及住宅潮湿和住宅环境因素现状的问卷调查和统计分析，在调查完成近十年后，于 2019 年启动了中国几个典型城市第二阶段横断面重复调研，并率先在重庆完成了调研。第二阶段（2019 年）调研相比第一阶段，旨在：①通过十年对比，了解儿童过敏性疾病患病率趋势以及儿童早期生活环境对当下患病情况的影响；②研究儿童哮喘及过敏症状与室内环境因素尤其是与住宅潮湿相关问题的关联性；③探索对儿童健康有影响的危险性因素和保护性因素，从而为改善室内居住环境、预防儿童哮喘及过敏症状提供科学指导[1]。

5.1 建筑环境变化

5.1.1 环境变化

近年来，全球气候变化主要体现在室外温度的升高。2018 年 10 月 8 日，联合国政府间气候变化专门委员会（Intergovernmental Panel on Climate Change，IPCC）发布了《IPCC 全球升温 1.5℃特别报告》，报告指出，目前全球的气温水平与工业化前相比已经增加了 1℃，全球升温 1.5℃最快有可能在 2030 年达到。根据中华人民共和国生态环境部统计显示，2010 年，中国年平均气温 9.5℃，较常年偏高 0.7℃，夏季气温为 1961 年以来历史同期最高[2]，2019 年，全国年平均气温 10.34℃，较常年偏高 0.79℃，为 1951 年以来第 5 暖年[3]。对于重庆地区，根据重庆市生态环境局统计公报，重庆市 2010 年平均气温 17.7℃，2019 年平均气温为 17.6℃，35℃以上高温日数为 26.6 天[4,5]。2019 年北京、重庆地区的各月平均气温对比如图 5-1 所示。

全球气候变暖还间接引发了其他环境问题。根据生态环境部统计显示，2010 年，中国气候形势复杂异常，极端天气气候事件频繁发生，气象灾害造成的损失为 21 世纪以来之最。降水量异常偏多，暴雨灾害频发，气温总体偏高，高温天气为 1961 年以来历史同期最多[6]。2019 年，全国共出现 43 次暴雨过程，较常年偏多 4 次，强对流天气达 37 次，高温天数比常年同期偏多 3.1 天[3]。随着我国城市化建设的推进，城市热岛效应越来越显著，同时温室效应也使大气环境温度逐步上升，这都使城市的室外热环境变得越来越恶劣。以新开发的居住区为例，通过实测湿球黑球温度（*WBGT*）指标显示，超过国际标准 ISO 7243 规定的热安全域值（*WBGT*32℃）的居住区数量占到了城市居住区开发总项目的 65%，超过热舒适阈值（*WBGT*28℃）的数量占到 78%，其中，问题最为严重的是位于我国长江流域及其以南的“湿热地区”。根据中华人民共和国生态环境部统计显示，过去十年温室气体排放的年平均绝对增量分别为 2.32ppm、7.7ppb 和 0.94ppb[3]。

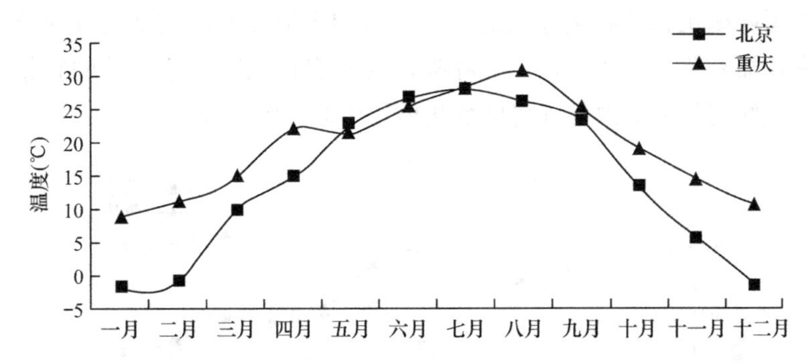

图 5-1　2019 年北京、重庆各月平均气温折线图

根据生态环境部统计显示，2010 年，全国平均年降水量 681mm，2019 年，全国平均降水量 645.5mm，2010～2019 年的年平均降水量基本维持在 650mm，个别年份降水量较少。不同地区的气温和降水会造成各地环境变化不同，因此研究地区性年降水和气温变化特征分析显得尤为重要。重庆作为典型的夏热冬冷城市位于中国内陆西南部，气候温和，属于亚热带季风性湿润气候，无霜期长，雨量充沛，全年多雾[7]。根据重庆市生态环境局统计公报，重庆市 2010 年降水量 1035.2mm，重庆市 2019 年降水量为 1124.7mm。2010 年、2019 年北京、重庆地区的各月降水量对比如图 5-2 所示，可见重庆地区的降水量普遍偏多，所以重庆地区的相对湿度也更高，2010 年、2019 年北京、重庆地区的各月相对湿度对比如图 5-3 所示。

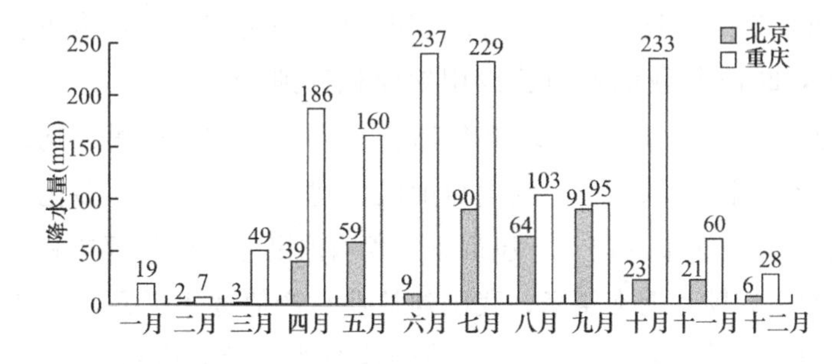

图 5-2　2019 年北京、重庆各月降水量柱状图

除了气候变化，随着我国城镇化建设，城市地区的植被面积占比由 2005 年的 93.61%降低到 2015 年的 69.16%，绿地面积减少使得空气中的悬浮颗粒物数量增多。在 1990—2016 年期间，中国空气 PM2.5 污染呈现了高增长趋势。随着我国工业化社会的发展，工业污染向大气的排放量日益增多，空气品质越来越差。这些室外环境的变化也间接影响了室内环境，从而对居民的生活环境构成了威胁。

由于室外空气污染严重，人们往往采取关窗等行为，空气流通变差导致了室内产生的污染物的积聚。据估算，2016 年全球有 24.5 亿人（占全球人口的 33.7%）暴露在室内空气污染中[6]。另一方面，湿度增加在很大程度上导致室内蚊虫以及霉菌滋生，从而使室内空气中存在的过敏原不断增加，使人体更容易罹患呼吸系统疾病以及过敏疾病。尤其对于儿童来说，自身的调节能力较弱，生理机能发育不成熟，支气管平滑肌较少，抗疲劳膈肌纤维比例低，免疫系统较不发达，因此儿童更容易受到环境危害的影响。有研究指出，中国城镇化和工业化导致的室内环境和生活方式的改变与儿童患哮喘、鼻炎和喘息的概率增加有关[8]。此外，儿童呼吸道疾病症状也因气象条件的频繁变化而日益加重，因此，气候变化和室内外环境的变化值得引起广泛关注。

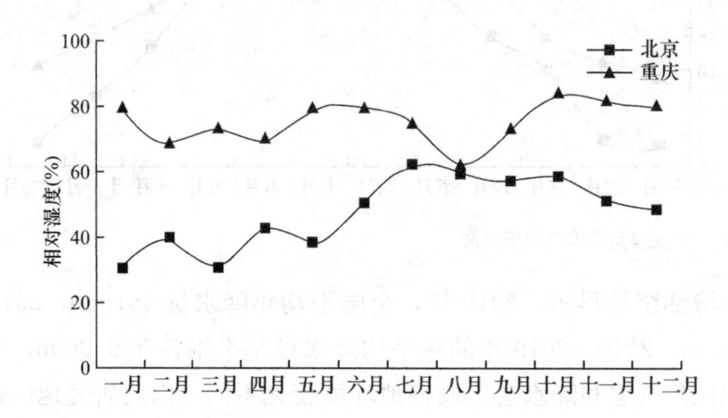

图 5-3　2019 年北京、重庆各月相对湿度折线图

注：上述原始数据均来自中国气象局。

5.1.2　建筑发展

随着近年来城市的迅速发展以及城镇化速度的加快，2001—2018 年间我国城镇化率以年均 2.79%的速度增长，2019 年我国的城镇化率已经突破 60%。2020 年我国常住人口城镇化率达到 63.89 %，比 2010 年提高了 14.21 个百分点。2010 年我国城市建设用地面积 39758.4km^2，2019 年我国城市建设用地面积达到 58307.71km^2[8]。2019 年城镇居民人均住房建筑面积为 39.8m^2，比 2002 年增长 62.1%，农村居民人均住房建筑面积为 48.9m^2，比 2000 年增长 97.2%[9]。我国目前既有建筑面积达 500 多亿平方米，同时每年新建建筑面积 16 亿～20 亿 m^2[10]。建筑业是我国国民经济的重要支柱产业，也是推动经济高质量发展的主战场。近十年来，我国建筑业总产值逐年提升，尤其在 2007—2013 年，年均增长近 20%（图 5-4）[6]。2018 年我国建筑业总产值达到 23.5 万亿元，增加值达到 6.18 万亿元，占 GDP 的 6.87%[10]。

与此同时，建筑能源消耗总量持续增加，其增速相比建筑业总产值有所放缓，见图 5-5。我国建筑 95%以上是高耗能建筑，如果达到同样的室内舒适度，单位建筑面积能耗是同等气候条件发达国家的 2～3 倍。因此，要实现“理想的健康舒适生活”，节约能源、降低能耗是必不可少的手段[6]。

随着人们对提高建筑物能效和减少能耗的需求的认识不断提高，建筑节能标准不断更新。我国的建筑节能相关政策标准是从 20 世纪 80 年代开始，以 1980 年典型的 6 层住

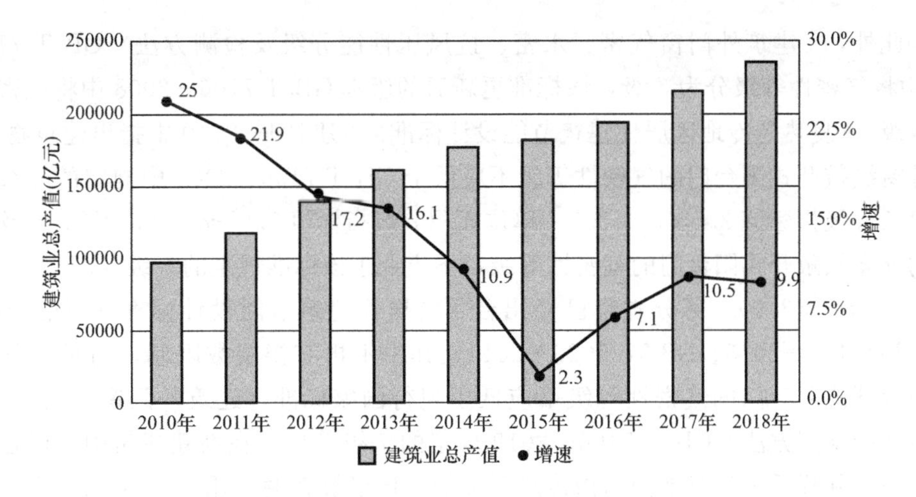

图 5-4　2007—2016 年全国建筑业总产值及增速

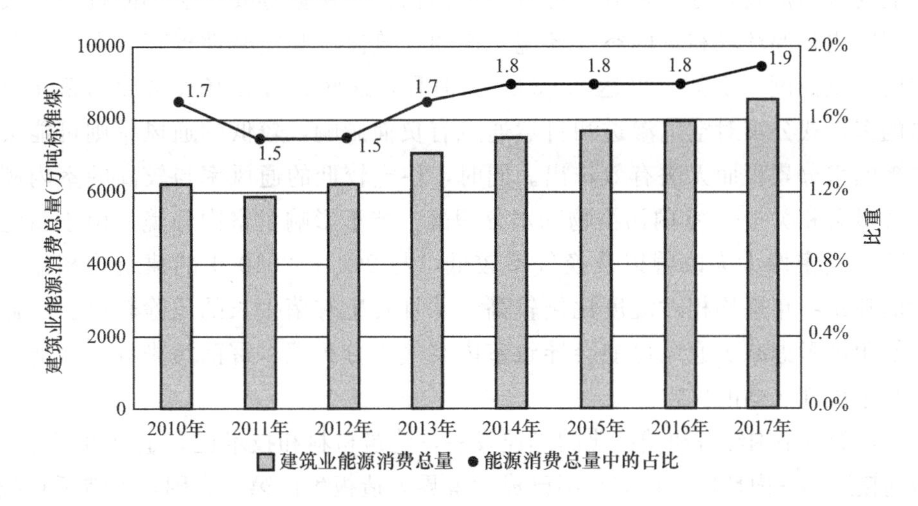

图 5-5　2007—2015 年建筑业能源消耗总量及占比

宅建筑为基准模型，定义了其各项建筑参数和能耗强度，并根据此基准模型的能耗，设定了按节能效果百分比提高的各类建筑节能标准。1986 年，国家颁布了《民用建筑节能设计标准（采暖居住建筑部分）》JGJ 26—1987 国家标准，提出了一个对于 1980 年基准建筑节能 30%的标准，但是仅限于北方地区，即严寒和寒冷地区居住建筑的供暖能耗。2000 年开始，居住建筑节能标准逐渐发展成熟，建筑节能的思想从严寒和寒冷地区逐渐扩展到夏热冬冷地区和夏热冬暖地区，即以不同气候区的气候条件为基准，因地制宜，设立了南方不同气候区居住建筑节能标准。以夏热冬冷地区为例，该地区 2001 年发布了夏热冬冷地区居住建筑节能国家标准《夏热冬冷地区居住建筑节能设计标准》JGJ 134—2001，类比于北方地区的《民用建筑节能设计标准》JGJ 26—1995，标准要求节能率为 50%，主要考虑夏天制冷能耗，于 2001 年 10 月实施。2010 年 8 月，又进一步修订了该标准，形成《夏热冬冷地区居住建筑节能设计标准》JGJ 134—2010，节能率要求提高到 65%。不断更新的节能设计标准进一步细化、优化和提高了各项围护结构设计参数的要求和指标，适用于所有新建、改建和扩建居住建筑的节能设计。此外，《建筑外门窗气密、水密、抗风压性能分级及检测方法》GB/T 7107—2002 中将气密性等级分为 5 级，该标准更新后的版本 GB/T 7106—2008 中将气密性分为了 8 级。《夏热冬冷地区居住建筑节能设计标准》JGJ 134—2010 中指出建筑物 1～6 层的外窗级敞开式阳台门的气密性等级不应低于 GB/T 7106—2008 中规定的 4 级（即单位缝长分级指标值 $2.5 \geqslant q_1 > 2.0$，单位面积分级指标值 $7.5 \geqslant q_2 > 6.0$），7 层及 7 层以上的外窗及敞开式阳台门的气密性等级，不应低于该标准规定的 6 级（即 $1.5 \geqslant q_1 > 1.0$，$4.5 \geqslant q_2 > 3.0$）。部分省市已经出台了《居住建筑节能设计标准（节能 75%）》DB 13（J）185—2015、DB 37/5026—2014，其中不再有楼层数限制，而是全部规定外窗及敞开式阳台门的气密性等级不应低于现行国家标准《建筑外门窗气密、水密、抗风压性能检测方法》GB/T 7106—2019 规定的 7 级[11,12]。在新建建筑中，增强了气密性的门窗并降低了建筑围护结构传热系数的外墙已被普遍采用[13]。可以看出，随着建筑节能要求的提高，近年来对其建筑围护结构传热系数等要求也不断提高，其必然会影响到室内热湿环境和室内空气环境，比如建筑保温和气密性提高会在一定程度上提高室内环境温度（例如，可达 2.63℃）。但是，这些具有良好气密性的新建筑和开口受限的多户式公寓对空气渗透和自然通风有负面影响，较低的通风率则可能会造成室内过多的水分累积而无法有效排出。同时，住宅较低的通风率与较高的室内潮湿问题发生率显著相关[14]，室内污染物和水分积聚，严重影响了室内环境。由于新建建筑的隔热性和气密性大大改善以及换气率较低，与 2001—2010 年的建筑物相比，2010 年以后的建筑物年平均相对湿度比例较高，并且发生霉菌生长的风险较高。因此，从建筑节能角度考虑减少通风可能会导致室内空气水分积聚、霉菌污染等，增加人员呼吸系统和过敏性疾病的风险[13]。

此外，随着中国经济和城镇化的迅速发展，建筑材料和技术也有了显著变化，从而直接或间接影响室内环境。目前我国已成为世界人造板生产第一大国，人造板在我国大规模使用。但是，一项与室内环境相关的调查和分析则显示：室内建材和家具（人造板是主要原料）散发的挥发性有机化合物（Volatile Organic Compounds，VOCs）是造成室内空气污染的“罪魁祸首”[15]。除此之外，油漆、胶合板、刨花板、泡沫填料、内墙涂料、塑料贴面等材料中含有的挥发性有机化合物高达 300 多种。

近年来 PVC 产量逐年增加，到 2018 年，国内聚氯乙烯（PVC）累计产量为 1889.7 万 t，同比增加了 3.08%（图 5-6）。PVC 材料在日常生活中随处可见，如沙发、橱柜、书架等，有 40%的家具使用 PVC 作为表面材料。PVC 的市场占有率非常高，其在建材行业中的占比最大，达到 60%，其次是包装产业。由此可见，越来越多的儿童将暴露于有 PVC 材质的环境中，这对他们的健康构成了潜在威胁。2010—2019 年，中国实木地板的销量呈稳中有升的趋势（图 5-7），其中强化木地板占到了木地板总销量的 55%，而强化木地板在生产过程中会加入大量胶粘剂，与实木地板相比，其甲醛释放量更多。并且强化木地板的耐水性很差，强化复合地板的含水率一般为 6%～10%，而实木地板的含水率为 8%～13%，强化复合地板的吸水率没有实木地板好，因此，强化复合地板的大量使用影响了室内潮湿环境。PVC 地板中添加了邻苯二甲酸酯（也叫酞酸酯，Phthalic acid ester，PAEs）用作增塑剂，酞酸酯类会提高易感人群中过敏反应介体的释放，产生过敏症状。患有鼻炎或湿疹的儿童，其房间内灰尘中的邻苯二甲酸丁苄酯（Benzyl Butyl phthalate，BBzP）含量明显高于健康儿童；患有哮喘的儿童，其房间内邻苯二酸二酯含量显著性较高。中国室内环境与儿童健康项目调查结果显示，2010 年各城市中哈尔滨住宅中使用 PVC 地板的比率最高，为 2.2%；长沙和重庆住宅 PVC 地板使用率最低，为 0.6%。作为高档地板材料之一，实木/竹地板在社会经济水平较高的地区使用率较高。上海住宅采用实木/竹地板的比率最高，为 67.8%；西安实木/竹地板的使用率最低，为 13.1%。表 5-1 列举了全国部分城市儿童房间装修使用不同材料的比率。

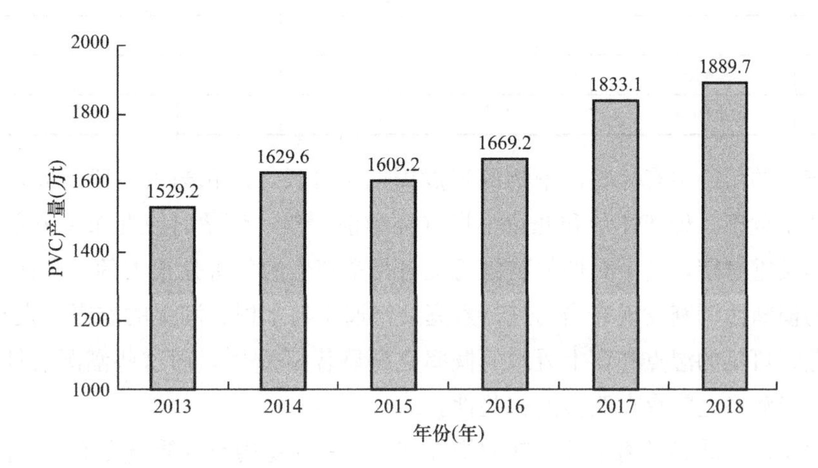

图 5-6　2013—2018 年中国 PVC 产量统计

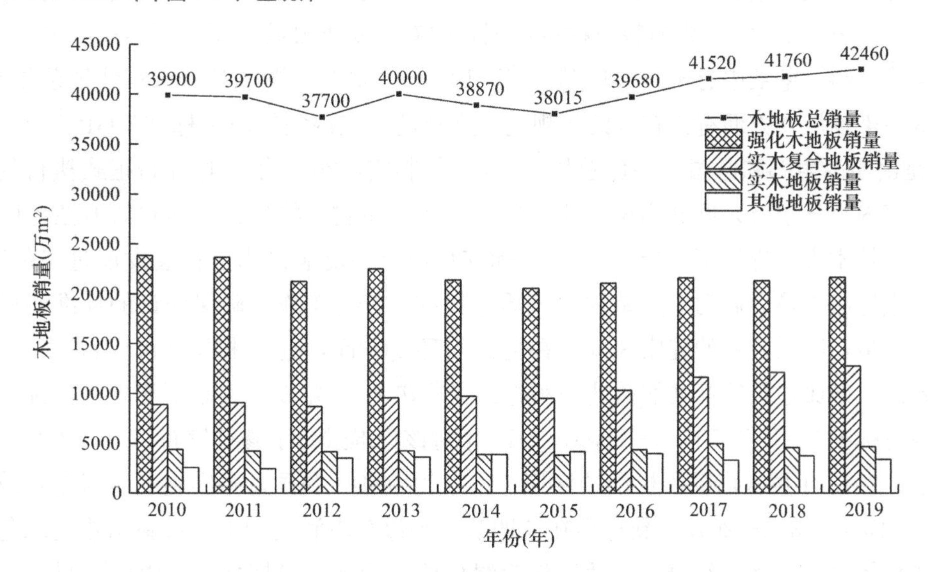

图 5-7　2010—2019 年中国木地板产量统计

全国部分城市儿童房间的采用装修材料的比率（单位：%）　　表 5-1

城市	地板材料					墙壁材料
	PVC（塑料）	实木/竹	瓷砖、石头	水泥	壁纸	油漆/乳胶漆
哈尔滨	16.8	2.2	4.2	4.0	3.5	75.1
乌鲁木齐	19.7	2.1	44.2	4.4	12.4	68.0

续表

城市	地板材料					墙壁材料
	PVC（塑料）	实木/竹	瓷砖、石头	水泥	壁纸	油漆/乳胶漆
北京	33.6	2.0	30.2	5.7	13.3	67.0
上海	67.8	1.7	5.8	8.0	11.5	66.5
南京	52.7	1.9	9.7	9.6	5.7	74.5
西安	13.1	1.9	54.0	14.4	5.3	58.5
太原	22.2	1.7	41.4	8.2	9.4	62.6
武汉	40.7	1.0	21.3	13.1	6.6	71.4
长沙	41.4	0.6	27.0	6.4	5.5	58.2
重庆	19.8	0.6	34.9	17.4	11.9	54.0

装修产生的污染中有一些污染物的释放周期十分长，对相当长一段时间内的室内人员的健康产生危害。母亲怀孕和儿童早期（怀孕前一年、怀孕时或儿童一岁前）是儿童生长发育的关键时期，这个时期的装修污染对儿童产生的危害是很大的[7]。在2019年对重庆地区的横断面调查发现在当前进行家庭装修通常与水损、潮湿的衣服、发霉的气味、可见的霉点、可见的湿点和窗上凝水的概率更高显著相关[14]，而这些潮湿表征与儿童呼吸道疾病的患病率之间存在明显的相关性。

行业的良性发展势必离不开标准的指导和规范。在室内空气质量方面，《建筑用墙面涂料中有害物质限量》GB 18582—2020、《室内装饰装修材料　胶粘剂中有害物质限量》GB 18583—2008、《室内装饰装修材料木家具中有害物质限量》GB 18584—2001、《室内装饰装修材料　壁纸中有害物质限量》GB 18585—2001等规范对于建筑装饰装修材料、家具等污染物散发方面有比较详细的规定。现行的《室内空气质量标准》GB/T 18883—2002是由原卫生部和原国家环保总局于2002年制定，2003年3月开始正式执行的，该标准对室内空气中与人群健康密切相关因素，包括生物、物理、化学和放射性等因素的限值以及技术方法进行了规定；2002版标准目前已不能满足当下社会发展进步的需求。国家卫生健康委员会启动了《室内空气质量标准》修订工作，确保修订的标准能保障室内空气质量，降低公众的健康风险。在能源与环境方面，近年来国家和行业一直在推动绿色建筑、健康建筑等标准的落地和实施：我国在2006年发布实施了我国第一部《绿色建筑评价标准》GB/T 50378—2006，2014年对该标准进行了修订发布，提升了绿色建筑的性能；2018年再次启动了标准的修订工作。2019年，我国发布实施了《绿色建筑评价标准》GB/T 50378—2019，新标准在“四节一环保”内涵基础上，重新构建了绿色建筑评价指标体系，并将“健康、舒适”作为绿色建筑的评价指标之一。由此可见，绿色建筑已经涵盖了建筑在能源效率、资源效益、环境保护等方面的要求，并开始关注建筑中人的健康和舒适。为响应“健康中国2030”国家战略号召，推进实现建筑健康性能提升，由中国建筑科学研究院有限公司、中国城市科学研究会会同有关单位编制的中国建筑学会标准《健康建筑评价标准》T/ASC 02—2016于2017年1月6日起颁布实施，是我国首部以“健康建筑”理念为基础研发的评价标准，建立了以“空气、水、舒适、健身、人文、服务”六大健康要素为核心的指标体系，涵盖了人所需的生理、心理、社会三方面的健康要素[6]。

5.1.3　生活方式的变化

中国经济社会的快速转型正在不断塑造新的家庭生活方式。居民倾向于寻求更大的住所、更舒适的家庭环境、更多的娱乐活动。疫情期间，远程办公，共同工作和家庭共享等新型办公模式的兴起导致居家时间延长，人们有更多的时间待在室内，所以室内环境对人们的身体健康有更大的影响。近十年来，全国居民使用空调、供暖用热水器等暖通设备的频率在逐年增加，并且部分城镇家庭的空调拥有量已经远超一户一台（图5-8）。另外，全国集中供暖面积也在不断扩张，2010年为43.6亿m^2，2015年为67.2亿m^2，2019年为92.5亿m^2，冬季使用供暖的居民人数在不断增加。暖通空调设备使用量的增加减少了人们在过渡季利用自然通风来降温的时间，减少了开窗通风的次数，使得室内污染物和潮湿更容易积聚，无法散发到室外。

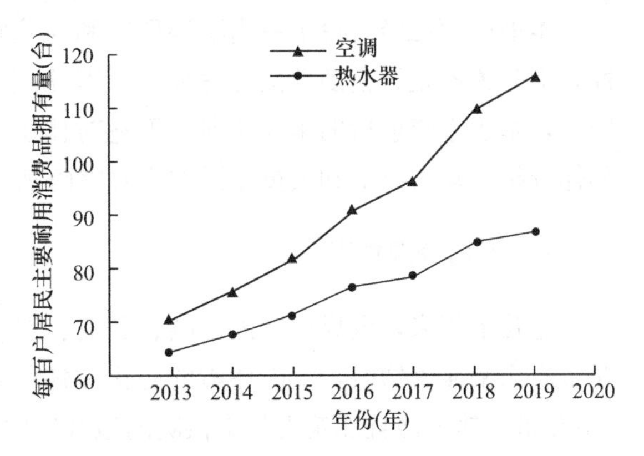

图5-8　全国居民平均每百户年末主要耐用消费品拥有量（台）

随着室外PM2.5浓度加剧、国民肺炎患病率的增加，人们越来越关注室内空气质量问题，并愿意购买空气净化器来改善空气质量。因此，前几年空气净化器的销售量逐年增加。根据产业在线数据，在2013—2016年期间，我国空气净化器的销量由2013年的291万台，增长至2016年的435万台。但是由于我国大力治理空气污染，室外空气质量有明显提高，2017年以后居民购买空气净化器的意愿又减弱了。2019年上半年中国空气净化器销量215.6万台，同比下降12.2%。目前我国空气净化器家庭保有量不足1%。我国的空气净化器整体渗透率偏低，远低于欧美日韩等发达国家，其渗透率普遍在30%以上。使用空气净化器的家庭可以有效去除室内颗粒物、减少VOCs污染，使得室内环境得以改善。

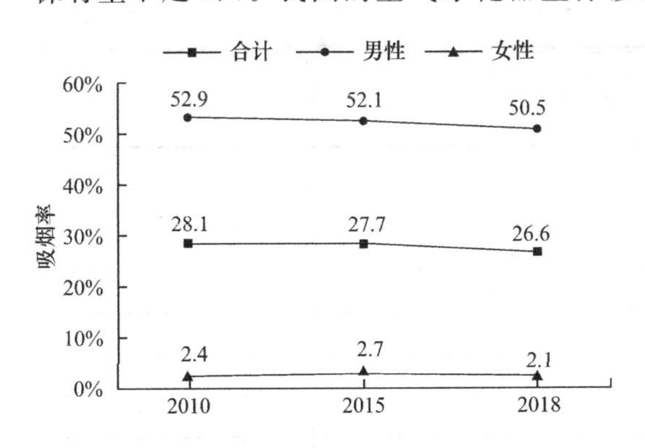

图5-9　我国15岁及以上人群吸烟率趋势图

中国疾病预防控制中心发布的2018年中国成人烟草调查结果显示，我国15岁及以上人群吸烟率与既往调查结果相比呈下降趋势，如图5-9所示，戒烟率达20.2%。由于现在的家长受教育程度较高，家长也越来越注重儿童成长的环境，家庭吸烟人数的减少避免了儿童暴露于吸烟危害之中，减少儿童患呼吸道疾病的风险。

5.2 十年前后住宅室内环境变化

本书前面已经讨论了室内潮湿环境和与儿童过敏及呼吸道疾病的患病率的显著相关性，但其关系是否会随着近年来室内环境和儿童健康变化而变化，则需要进一步证实。因此，基于十年前后的重复调研，下述对比了前后十年儿童住宅环境潮湿变化情况，并具体分析了建筑特征和人员生活方式对室内潮湿环境的影响。

5.2.1 室内潮湿情况

近几十年来，世界范围内哮喘、鼻炎、湿疹（过敏性和非过敏性）的患病率尤其是儿童患病率显著增长，室内环境的变化被怀疑是其背后的重要原因。患病率在湿润环境（主要指夏热冬冷且建筑无集中供暖的地区）中要高得多。室内潮湿环境被认为在儿童哮喘和过敏发生和加重过程中作用显著[1]。住宅潮湿的来源包括雨水、地下水、管道积水、建筑材料湿度、生活用水以及室内和室外湿度水平。住宅潮湿的来源和典型的气候条件对住宅潮湿现象的产生有很大影响。

根据2010年和2019年的重复研究发现，在当前住宅和儿童房间中，2019年具有潮湿表征的房屋比例均显著低于2010年，同时潮湿表征的累计数量≥2的比例大幅降低，反映出潮湿暴露情况对比十年前有所好转。在2010年的研究中，在所调查的住所（表5-2）中，有35.2%家庭住所内发现衣物受潮发霉现象，9.3%的家庭室内存在水损坏现象，11.6%的家庭报告了被室内发霉的气味困扰，5.4%的儿童卧室出现可见霉点，8.3%的儿童卧室出现可见湿点，32.1%的儿童卧室出现窗户凝水现象[14]。而在2019年的研究中，住宅潮湿表征数量明显下降，其中当前住宅内出现潮湿衣物的房屋比例下降最多，儿童房间内出现可见的霉点和窗上凝水的房屋比例下降最多[16]。

当前住宅和儿童房间住宅潮湿表征对比情况　　表5-2

指标	比例，n(%)		p值
	2010（n=4976）	2019（n=3971）	
在当前住宅中			
水损	396（9.3）	212（6.6）	<0.001
潮湿的衣物	1652（35.2）	435（13.4）	<0.001
发霉的气味	485（11.6）	259（8.0）	<0.001
在儿童房间中			
可见的霉点	237（5.4）	110（3.4）	<0.001
可见的湿点	371（8.3）	75（2.3）	<0.001
窗上凝水	1338（32.1）	131（4.1）	<0.001

对问卷中报告的潮湿指标累积数量进行计算（表5-3），可侧面反映不同家庭潮湿暴露的严重程度。在2010的研究中，住宅室内有潮湿表征的报告率为56.8%，超过1个潮湿指标的报告率为23.9%，2019年的研究中住宅室内有潮湿表征的报告率为21.9%，超

过 1 个潮湿指标的报告率仅为 8.4%[16]。

住宅出现潮湿表征的数量及比例　表 5-3

潮湿表征的数量	2010 年		2019 年	
	N=4173		N=3827	
n=0	1802	43.2%	2988	78.1%
n=1	1372	32.9%	516	13.5%
n=2	615	14.7%	185	4.8%
n=3	249	6.0%	84	2.2%
n≥4	135	3.2%	54	1.4%

调查显示 2010 年当前住宅和早期住宅中存在住宅潮湿表征指标的儿童家庭比例显著高于 2019 年。以窗上凝水为例，在 2010 年的研究中，有 32.1%的调查者报告当前住宅有窗上凝水，有 38.3%的调查者报告早期住宅出现了该潮湿表征，而在 2019 年的研究中只有 4.0%的调查者报告当前住宅和 4.1%的调查者报告早期住宅有这一指标[17]，如表 5-4 所示。由此可见，重庆地区 2019 年室内潮湿表征指标数量下降，室内潮湿环境得到改善。

当前住宅和早期住宅潮湿表征对比情况　表 5-4

指标	比例，n（%）		p 值
	2010	2019	
在当前住宅中			
可见的霉点	151（5.6）	71（3.2）	<0.001
可见的湿点	220（8.1）	44（2.0）	<0.001
潮湿的衣物/床上用品	991（34.5）	263（11.8）	<0.001
水损	252（9.6）	134（6.1）	<0.001
窗上凝水	816（32.1）	88（4.0）	<0.001
发霉的气味	294（11.6）	167（7.6）	<0.001
在儿童出生时的早期住宅中			
可见的霉点/湿点	421（14.8）	151（6.9）	<0.001
窗上凝水	1082（38.3）	89（4.1）	<0.001
发霉的气味	309（12.0）	150（6.8）	<0.001
当前住宅中的潮湿表征累计数量			
n=0	849（44.0）	1709（78.9）	
n=1	630（32.6）	292（13.5）	
n≥2	451（23.4）	164（7.6）	<0.001
早期住宅中的潮湿表征累计数量			
n=0	1337（53.5）	1893（87.3）	
n=1	842（33.6）	195（9.0）	
n≥2	322（12.9）	81（3.7）	<0.001
早期和当前住宅中都有的潮湿表征累计数量			
从未	648（35.0）	1617（75.0）	
仅当前	379（20.4）	264（12.2）	
仅早期	172（9.3）	89（4.1）	
两者都有	655（35.3）	187（8.7）	<0.001

随着十年期间重庆地区的建筑变化和更替，于2010年后建造的新建建筑数量更多，剩余的老建筑中潮湿问题通常更严重。在2010年，受访者报告潮湿的衣物/床上用品的比例最高。特别是在2001年以前的建筑物中，报告有潮湿的衣物/床上用品的受访者人数占住在同期建筑物中所有受访者的37.39%，在2001—2010年期间建造的建筑物中，这一比例占32.76%。有较高比例的居民感觉到潮湿的气味，在2001年前的建筑物中占30.51%，在2001—2010年期间的建筑物中占28.51%。根据表5-5的统计结果，除发霉的气味外，在不同建筑年代与湿度相关的指标均存在显著差异。例如，尽管调查批次的统计测试显示对住宅出现水损情况没有影响，但2001年之前和2001—2010年的建筑物中出现水损的概率分别有5.25%和3.19%的显著差异。在2019年的调研中也发现了显著的下降趋势，并且具有统计意义[13]。

在第一阶段和第二阶段的调研中室内潮湿表征比例 表5-5

项目	2010 年调研		p^b 值	2019 年调研			p 值
	2001 年之前（N=1773）	2001—2010 年（N=3132）		2001 年之前（N=420）	2001—2010 年（N=2147）	2010 年之后（N=1289）	
建筑中与潮湿相关的指标	%（n）			%（n）			
①可见的霉点							
是	5.64(100)	4.37(137)	0.047	5.24(22)	2.75(59)	2.32(30)	0.01
否	83.47(1480)	89.5(2803)		81.9(344)	82.53(1772)	81.07(1045)	
②窗上凝水							
是	8.46(150)	14.81(464)	0.00	4.76(20)	3.68(79)	3.57(46)	0.555
否	77.67(1377)	72.86(2282)		80.95(340)	81.14(1742)	78.98(1018)	
③水损							
是	5.25(93)	3.19(100)	0.00	5(21)	2.84(61)	1.71(22)	0.002
否	78.96(1400)	88(2755)		81.9(344)	82.58(1773)	81.23(1047)	
④可见的湿点							
是	10.6(188)	5.68(178)	0.00	2.62(11)	1.96(42)	1.32(17)	0.21
否	79.58(1411)	88.57(2774)		84.52(355)	83.28(1788)	81.69(1053)	
⑤潮湿的衣服/床上用品							
是	37.39(663)	32.76(1026)	0.001	12.14(51)	10.85(233)	11.64(150)	0.462
否	59.9(1062)	65.49(2051)		75(315)	74.94(1609)	71.75(925)	
气味感知							
①发霉的气味							
是	12.41(220)	9.87(309)	0.139	10.95(46)	7.27(156)	4.58(59)	0.00
否	73.38(1301)	79.69(2496)		62.62(263)	66.88(1436)	72.38(933)	
②潮湿的气味							
是	30.51(541)	28.51(893)	0.001	35.71(150)	25.94(557)	24.83(320)	0.00
否	54.88(973)	60.57(1987)		40.48(170)	48.21(1035)	51.67(666)	

注：a：pc0.05 为显著

在不同的建筑年代，2019年报告室内潮湿表征的调查者显著减少。例如，对于可见的湿点和潮湿的衣服/床上用品，2001—2010年的建筑物中发生这些潮湿表征的比例分别从5.68%和32.76%降低到1.96%和10.85%。尤其是2010年以后建造的新建筑，其潮湿表征发生率最低。尽管某些指标在不同的建筑年代未发现显著差异，例如窗上凝水，可见的湿点和潮湿的衣服/床上用品，但每个指标的比例都比前两个建筑年代的比例小得多。总体而言，表5-5表明不同的建筑年代室内潮湿表征不同，建筑年代越晚发生建筑室内潮湿表征的比例往往会越少[13]。这可能是由于建筑物标准要求的更新，新建建筑的热工性能得到了显著改善，减轻了水分渗透和室内潮湿。

图5-10显示了调查问卷中在不同建筑年代的房屋中，儿童卧室与潮湿相关指标的累计数量。从图5-10中可以看出，在第一阶段调查中没有潮湿指标的住宅数量占所调查的住宅总数约为40%，而第二阶段没有潮湿指标的住宅所占比例则高于50%，并且越新的建筑没有潮湿指标的住宅比例越高。对于2010年后的建筑物，该比例高达67.5%，这与表5-5中的结果相对应，表明近年来室内潮湿情况有所改善。图5-10还显示出在第一阶段和第二阶段的调研中，调查者报告的具有两个以上潮湿表征（$n \geqslant 2$）的住宅比例都较高，特别的是，这一比例在第一阶段和第二阶段调查结果中均是在2001年前建筑物中最高，分别为42.6%和28.5%[13]，而越新的建筑有两个以上潮湿表征的住宅比例越少。

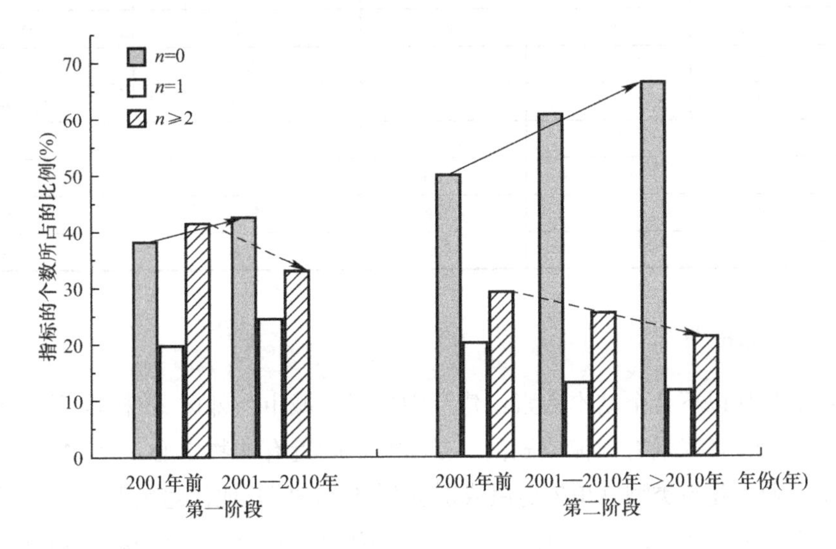

图5-10 住宅潮湿表征累计数量的比例

当整体比较第一阶段到第二阶段的调查结果时，发现潮湿表征指标的发生率在第二阶段的调查中普遍下降，尤其是对于“窗上凝水”“可见的湿点”和“潮湿的衣服/床上用品”。在2001年以前的建筑物中，潮湿的发生率要高得多。由于2001年以后新建建筑物的比例很高，因此在第二阶段的调查中，这种情况得到了缓解[13]。

中国室内环境与儿童健康项目第一阶段调查的城市除重庆外，还包括北京、长沙、哈尔滨、南京、上海、太原、武汉、乌鲁木齐、西安，表5-6反映了2010年不同城市住宅室内潮湿环境的现状。调查显示，哈尔滨住宅内出现霉点的比率最高，为12.0%，北京和西安霉点的出现率最低，为4.0%。对于湿点，上海住宅中出现的比率最高，为15.2%，其次为乌鲁木齐和哈尔滨，分别为14.1%和14.2%，北京湿点出现的比率依然是最低的，为5.9%，对于窗户凝水，南京住宅出现的比率最高，为32.2%，重庆出现的比率最低，为14.3%[7]。

当住宅通风不良，室内各种污染物浓度较高时，会产生不新鲜的气味。调查显示（见表5-6），各城市住宅中经常感知到通风不良引起的不新鲜气味的比率普遍较低，其中乌鲁木齐经常感知到不新鲜气味的比率最高，为5.0%，长沙最低，为1.7%[7]。当住宅内微生物如细菌、霉菌等污染水平较高时，室内发霉的气味会更明显。调查显示（表5-6），各城市经常感知到发霉气味的现象比较罕见，哈尔滨经常感知到发霉气味的比率最高，为1.9%；其他城市住宅中经常感知发霉气味的比率均低于1.0%，南京发霉气味感知率最低，为0.4%[7]。

2010年不同城市住宅室内潮湿环境的现状　　表5-6

城市	儿童卧室出现霉点（%）	儿童卧室出现湿点（%）	儿童卧室出现窗上凝水（%）	近三个月，住宅中出现不新鲜气味（%）	近三个月，住宅中出现发霉的气味（%）
哈尔滨	12.0	14.2	15.8	2.0	1.9
乌鲁木齐	8.6	14.1	15.4	5.0	0.9
北京	4.0	5.9	20.5	4.2	0.8
上海	7.9	15.2	26.0	2.3	0.8
南京	4.5	7.7	32.2	2.6	0.4
西安	4.0	7.7	19.1	2.9	0.8
太原	4.4	9.8	25.5	3.9	0.6
武汉	6.8	11.3	20.6	2.1	0.7
长沙	6.9	10.2	22.2	1.7	0.6
重庆	5.3	8.1	14.3	1.9	0.8

5.2.2 住宅建筑特性

建筑特征包括以下几个基本因素：建筑物位置（城市与郊区/农村），附近有主要道路或公路（是/否），附近有河流或湖泊（是/否），附近有购物中心（是/否），附近有工业中心（是/否），建筑类型（单栋房屋或别墅/多户公寓/其他住宅类型），建筑面积（$>100m^2$/$61\sim100m^2$/$<61m^2$），建筑年代（2000年以后/1991—2000年/<1991年之前），卧室的装饰材料包括地板材料（瓷砖或石材或水泥/层压木/其他地板材料）和墙面材料（石灰或水泥/乳胶/其他墙壁材料）。

十年前后住宅建筑特征的对比见表5-7。在两项研究中，被调研的家庭的住宅大部分都是多户公寓住宅（2010年为49.1%，2019年为61.5%）。与2010年相比，在2019年单户住宅/独栋别墅/联排别墅的占比减少（2010年为32%，2019年为9.0%），同样住宅建筑面积中$>150m^2$的住宅占比也相应减少（2010年为5%，2019年为1.9%），另一方面住宅建筑面积中$61\sim100m^2$的住宅占比增多，2019年研究中其占比达到60.3%，对比其他的建筑面积分类，也可看出小面积户型和大面积户型占比均有减少，大部分都是面积为$61\sim100m^2$的中等户型，可能是因为近几年经济的发展，越来越多的人有能力住上更大的房子，同时由于房价提高，人们都更青睐于中小户型，从住户是否拥有住宅所有权也可以看出，2010年研究中仅有58.2%有用住所所有权，2019年研究中有84.4%

拥有住宅所有权。对比住宅的建筑年代，2010年研究中2000年以前建造的住宅占比为36.2%，2019年研究中降低为17.4%，关于住宅200m以内的建筑环境，除住宅在临江/湖/公园/绿地附近的占比增多，在交通干线/高速公路，商业区和工业区的附近的儿童住宅比例均有所减少，也侧面反映了人们越来越注重住宅的周边环境，追求更健康舒适的生活[16]。在住宅装修材料方面，近几年人们更喜欢实木家具，所以在木地板中实木地板的使用比例增多，竹地板（2010：1.8%、2019：1.0%）、PVC塑料地板的使用比例非常低（2010：0.4%、2019：0.2%）。2010年的研究中参与调查的儿童卧室使用乳胶漆/水性漆的使用比例高达45.6%，2019年比例降低，为34.8%，同时石灰/水泥的使用比例大幅降低，2010年占比为26.2%，2019年仅为5.1%，壁纸的使用情况正好相反（2010：11.9%、2019：23.1%），2019年研究中新增选项：粉刷墙的占比为27.9%，而近几年新起的海藻泥在儿童卧室的使用比例不到1%。

住宅建筑特性2010和2019　　表5-7

项目	2010年（N=5299）		2019年（N=4943）	
	频数	比例	频数	比例
1. 住宅建筑类型				
（1）多户公寓住宅	2436	49.1%	2840	61.5%
（2）单户住宅/独栋别墅	1586	32.0%	418	9.0%
（3）其他类型	938	18.9%	1363	29.5%
2. 住宅建筑面积				
（1）≤40m²	736	13.9%	243	5.5%
（2）41～60m²	685	13.8%	663	15.1%
（3）61～75m²	914	18.4%	922	21.0%
（4）76～100m²	1295	26.0%	1727	39.3%
（5）101～150m²	1100	22.1%	762	17.3%
（6）>150m²	247	5.0%	82	1.9%
3. 住宅建筑年代				
1980年以前	199	4.1%	32	0.8%
1980—1990年	461	9.4%	102	2.7%
1991—2000年	1113	22.7%	532	13.9%
3. 住宅建筑年代				
2001—2005年	1691	34.5%	577	15.1%
2006—2010年	1441	29.4%	1297	33.9%
2011年至今	—	—	1287	33.6%
4. 住宅建筑周边环境（200m以内）				
交通干线/高速公路	2092	43.5%	562	12.0%
所在地为商业区	861	17.9%	571	12.2%
所在地为工业区	588	12.2%	267	5.7%
临江/湖/公园/绿地	336	7.0%	851	18.2%
其他类型	1596	33.1%	317	6.8%
5. 是否拥有住所				
有所有权	2861	58.2%	3848	84.4%
无所有权	2056	41.8%	711	15.6%

通过对可见的霉点、可见的湿点和窗上凝水、水损、潮湿的衣服、发霉的气味这些潮湿指标进行研究，学者们发现这些建筑特征与潮湿指标有关，并且2019年建筑特征与潮湿表征指标之间的关联比2010年更为显著[14]。

1. 住宅建筑特征与潮湿指标的关联

图5-11通过logistic回归分析显示了当前住宅的潮湿表征与居住区建筑特征的关联。居住在郊区/农村，附近有高速公路、购物中心或工业中心，通常有更高概率的水损、潮湿的衣服、发霉的气味、可见的霉点、可见的湿点和窗上凝水。建筑面积较大、建造年代早于2000年，通常发生水损，潮湿的衣服，发霉的气味，可见的霉点，可见的湿点的可能性较小，但通常出现窗上凝水的概率更高。以上这些关联在2019年通常比2010年更强[14]。

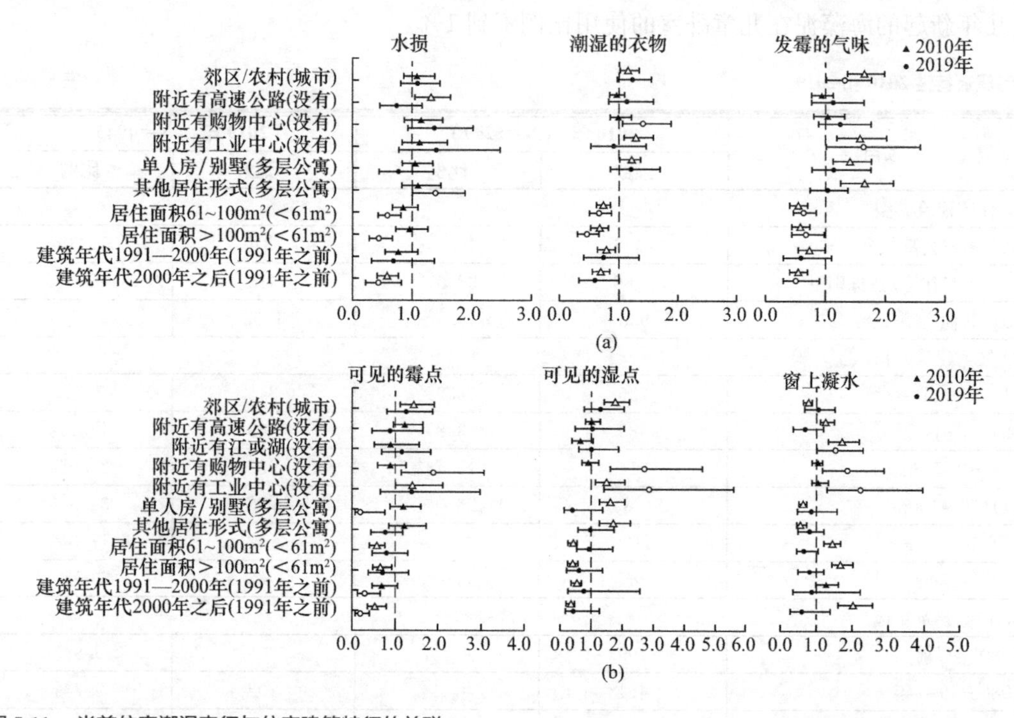

图5-11 当前住宅潮湿表征与住宅建筑特征的关联

(a) 水损、潮湿的衣物、发霉的气味与住宅建筑特征的关联；(b) 可见的霉点、可见的湿点、窗上凝水与住宅建筑特征的关联

注：其中空心表示 $p<0.005$。

分析发现是否靠近河流或湖泊，在logistic回归分析中将该因素排除在外，以分析住宅中的其他建筑特征和潮湿表征的关联。在使用前向选择法（有条件的）对住宅中的潮湿表征进行多变量logistic回归分析时，如图5-12所示，发现建筑年代早于1991年与较低概率的水损显著相关。建筑面积>100m^{2}与较低概率的水损和潮湿衣物有关。居住在郊区/农村地区和附近有购物中心与出现潮湿衣物的可能性较小显著相关[14]。可见的霉点与建筑年代呈负相关，而与附近有购物中心以及居住在郊区/农村地区呈正相关。可见的湿点与建筑年代呈负相关而与附近有工业中心、附近有购物中心呈正相关。窗上凝水与建筑年代、附近有河流或湖泊、工业中心、购物中心之间存在正相关。

在2010年多户公寓住宅室内出现衣物受潮和霉味的比例明显低于单户住宅及其他类

型，在 2019 年单户住宅中出现水损现象的比例明显低于多户公寓和其他类型。在两项研究中，建筑面积≤60m² 的住宅中更容易出现三种潮湿表征，且不同建筑面积的住宅出现水损坏和霉味的比例存在显著差异性，随着建筑年代的增加，住宅中存在潮湿暴露的比例更高，且各个建筑年代分类下住宅中出现衣物受潮、水损坏和霉味的住宅比例存在显著差异。根据住宅处于不同的周边环境的室内潮湿表征暴露结果可发现，在 2010 年的研究中，住宅周边有临近交通干线/高速公路的家庭报告室内水损坏的比例更高，且存在显著差异性；周边有工业区的家庭报告室内衣物潮湿和霉味的比例明显更高。在 2019 年的研究中，仅周边有工业区的住宅出现霉味的比例明显更高[16]。

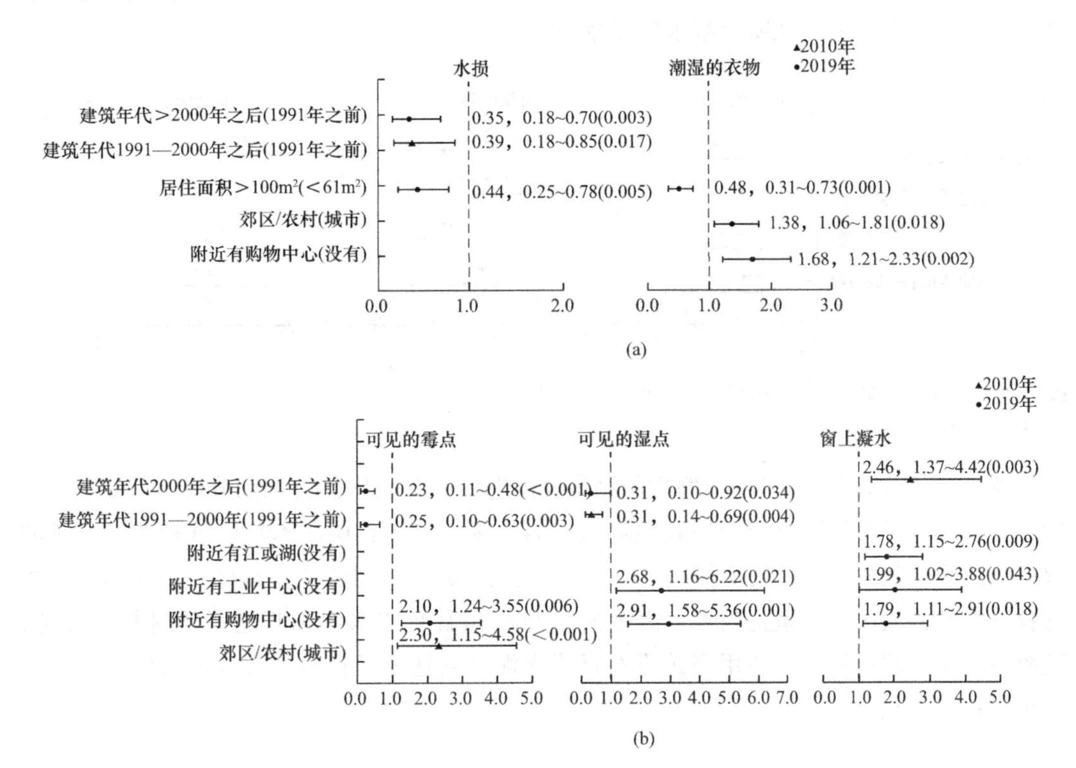

图 5-12　调整混杂因素后当前住宅潮湿表征与住宅建筑特征的关联

(a) 调整混杂因素后水损、潮湿的衣物与住宅建筑特征的关联；

(b) 调整混杂因素后可见的霉点、可见的湿点、窗上凝水与住宅建筑特征的关联

住宅潮湿表征与建筑特征显著相关，建筑年代是间接影响室内潮湿环境的因素。建筑年代和建筑类型通过影响室内空气的相对湿度，对窗上凝水等住宅潮湿表征有很大的影响[14]。在 2001 年前建造的房屋中，由于房屋中潮湿的情况更加严重，即出现多种潮湿表征，居住在较老的建筑物中可能成为哮喘或过敏性鼻炎的危险因素。Dallongeville 等人进行了住宅中霉菌的现场测量，其研究结果表明，建筑年代是影响室内环境温度和湿度以及霉菌浓度的主要因素[13]。同时，建筑年代久远的住宅经过长年累月的风雨侵蚀，其墙体、窗户等建筑结构容易出现一些问题，尤其是高湿多雨地区，建筑围护结构容易出现发霉潮湿的情况，增加室内存在霉菌的可能性，对室内环境产生一定的不良影响[7]。CCHH 课题组在上海地区的研究也发现：与 1991 年之前建造的房屋相比，2000

年以后建造的房屋报告有窗上凝水的居住者更多。因此室内潮湿环境与建筑特征有关。

2. 儿童卧室建筑特征与潮湿指标的关联

儿童卧室作为儿童主要的活动场所，其特殊的墙面及地板装修材料对儿童生活环境有更大的影响。研究儿童卧室中的建筑特征与三个潮湿表征之间的关联，分别是可见的霉点，可见的湿点与窗上凝水，同样发现这些指标与儿童房间中建筑物的特征有关，并且这些与建筑特征有关的重要关联的数量在 2019 年高于 2010 年。

图 5-13 通过 logistic 回归分析显示了儿童房间内的建筑特征与儿童卧室中的潮湿表征的关联。使用层压木作为地板材料和使用乳胶漆作为墙壁材料通常有较低概率的可见霉点和可见湿点，但出现窗上凝水的概率较高[14]。

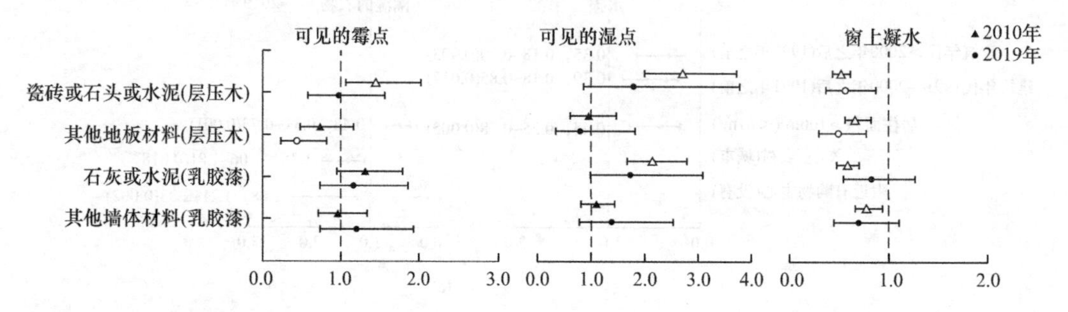

图 5-13 儿童卧室建筑特征与儿童卧室中的潮湿表征的关联

注：其中空心表示 $p<0.005$。

调整混杂因素后，对儿童卧室中的潮湿表征进行多变量 logistic 回归分析时，如图 5-14 所示，发现：可见的霉点与使用其他地板材料（参考材料：层压木）呈负相关。可见的湿点与使用石灰或水泥作为墙体材料（参考：乳胶漆），使用瓷砖或石材或水泥作为地板材料（参考：层压木）呈正相关。窗上凝水与使用石灰或水泥和其他墙壁材料（参考：乳胶漆）作为墙壁材料，使用瓷砖或石材或水泥和其他地板材料（参考：层压木）作为地板材料呈负相关[14]。

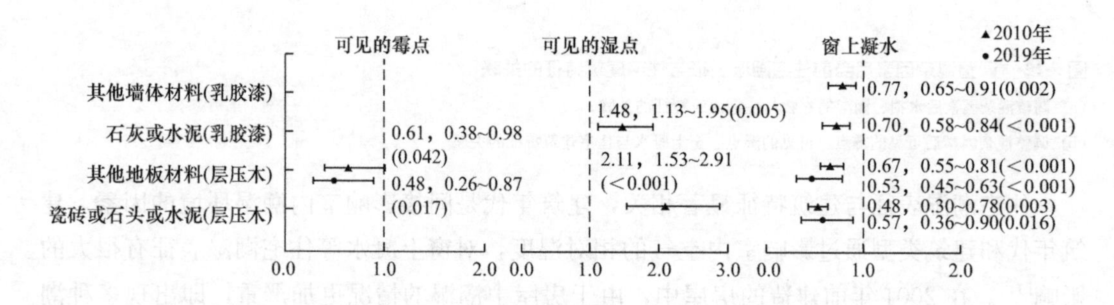

图 5-14 调整后儿童卧室里潮湿表征与儿童房建筑特征的关联

5.2.3 居民生活方式

生活方式包括以下几个基本因素：家用供暖使用地暖或电加热器（是/否），使用浴室排气扇（是/否）和使用空调（是/否）。调查前一年内家庭装修（是/否），养鱼（是/否），使用空气过滤器（是/否），晾晒被褥（通常/有时/从未），在不同季节打开窗户（春季/夏季/秋季/冬季）（通常/有时/从来没有），以及清洁的频率（≥每周/<每周/每天）。

在冬季约有45%的家庭没有任何取暖措施（2010年为44.8%，2019年为46.9%），与十年前相比，冬季使用空调的家庭比例显著提高（2010年为29.6%，2019年为41.5%），使用电暖气的家庭比例下降（2010年为26.4%，2019年为14.5%）。2010年中使用天然气作为燃料的比例超过80%，在2019年达到了95%，其次是使用电力作为烹饪燃料，在2010年有将近1/3的住宅中使用电作为烹饪燃料，但在2019年使用比例接近50%。使用两种以上燃料的住宅比例也较高，2010年为23.1%，2019年为44%。在2010年，有56.2%的住宅使用抽油烟机，但在2019年这一比例达到了82.2%。使用排风扇的住宅比例在2019年稍有下降。住宅中使用空气净化器的比例显著提高（2010年为3.4%，2019年为24.4%），这也反映了人们真的越来越重视室内空气品质。两项研究中住宅采用各类供暖通风设备的情况见表5-8。

住宅供暖通风设备使用情况2010年和2019年　　**表5-8**

项目	总体，n(%)	
	2010年	2019年
1. 住宅冬季供暖方式		
无供暖	2217（44.8）	2164（46.9）
空调	1465（29.6）	1896（41.5）
电暖气	1306（26.4）	660（14.5）
地板供暖	51（1.0）	101（2.2）
2. 住宅烹饪燃料		
天然气	4060（80.7）	4555（95.2）
电	1833（36.4）	2446（48.9）
木材	181（3.6）	28（0.6）
煤	81（1.6）	12（0.3）
其他燃料	96（1.9）	33（0.7）
3. 卫生间机械通风设备		
是	3593（72.4）	3241（68.9）
否	1372（27.6）	1466（31.1）
4. 厨房机械通风设备		
抽油烟机	2795（56.2）	3933（82.2）
排风扇	1863（37.5）	1392（29.1）
无机械通风设备	758（15.3）	230（4.8）
5. 住宅常用设备		
独立式空调	4137（95.4）	4486（97.2）
空气净化器	147（3.4）	716（24.4）

对于室内开窗通风的情况，与2010年的分析结果相比较，2019的研究中在四季经常开窗的住宅比例均有所提高，除了夏季，从不开窗的住宅比例均有不同程度的下降。对比市郊区的开窗分布情况可以发现，在2010年，除了夏季，其他三个季节市郊区的开窗比例存在明显差异，可能是由于夏季温度太热，市郊区的开窗习惯并无太大差异。随着新型城镇的快速化发展，市郊区的差异也在逐渐缩小，开窗通风习惯趋于一致，因此

在2019年的研究中市郊区的住宅开窗比例并无明显差异。表5-9总结了两项研究中在不同季节儿童睡觉时卧室不同开窗通风习惯所占比例。

不同季节的儿童夜间睡觉期间所在卧室开窗通风习惯 表5-9

项目	总体，n（%）	
	2010年	2019年
（1）春季		
从不	263（5.3）	169（3.6）
有时	1613（32.5）	737（15.6）
经常	3081（62.2）	3813（80.8）
（2）夏季		
从不	198（4.0）	191（4.1）
有时	1103（22.2）	811（17.3）
经常	3657（73.8）	3680（78.6）
（3）秋季		
从不	236（4.8）	166（3.6）
有时	1534（31.3）	816（17.5）
经常	3129（63.9）	3690（79.0）
（4）冬季		
从不	835（17.0）	439（9.4）
有时	2315（47.2）	1122（24.1）
经常	1753（33.1）	3088（66.4）

在当前住宅、孩子出生、和母亲怀孕期间这三个阶段，父母亲的吸烟比例均有所下降，在2010年当前住宅的吸烟比例为65.6%，在2019年为45.4%。孩子出生时，父母亲吸烟的比例降低将近50%。总体来讲，十年前后住宅内吸烟暴露比例明显下降。经常使用蚊香或驱蚊器的比例有所增加，有时使用的比例稍有下降，其中2010年家中经常使用蚊香/驱蚊器的比例为24.2%，2019年的比例为30.6%。十年前后饲养动物或宠物的比例均有所提高，可能是由于经济水平的提高，人们更有条件去饲养宠物。因家里有人患过敏性疾病而放弃继续饲养已有某些动物/宠物的比例也明显下降。在2010年的研究中，有42.5%的家庭每天对儿童卧室进行清洁，但是2019年仅有28.8%的家庭会每天对儿童卧室进行清洁，可能是由于生活节奏变快，家长平时上班太忙碌，并不能每天对儿童卧室进行清洁，所以在2019年市区每天对儿童卧室进行清洁的家庭比例显著低于郊区，更多的家庭选择一周清洁两次儿童卧室[16]。两阶段研究中，重庆地区居民生活方式十年变化情况见表5-10。

居民生活方式的对比情况（2010和2019） 表5-10

项目	总体，n(%)	
	2010年	2019年
1. 当前住宅内是否有家庭成员吸烟		
是	3275（65.6）	2154（45.4）
否	1719（34.4）	2588（54.6）

续表

项目	总体，n(%)	
	2010 年	2019 年
2. 孩子出生时，父亲是否吸烟		
是	2481 (49.5)	1198 (26.0)
否	2532 (50.5)	3417 (74.0)
3. 孩子出生时，母亲是否吸烟		
是	57 (1.1)	19 (0.4)
否	4955 (98.9)	4596 (99.6)
4. 母亲怀孕期间，父亲是否吸烟		
是	2356 (47.1)	1224 (26.2)
否	2642 (49.9)	3452 (73.8)
5. 当前住所处是否使用熏香		
是，经常	110 (2.3)	81 (2.9)
是，有时	750 (15.5)	389 (14.0)
否	3982 (82.2)	2311 (83.1)
6. 当前住所处是否使用蚊香/驱蚊器		
是，经常	1210 (24.4)	1310 (30.6)
是，有时	3063 (61.8)	2447 (57.2)
否	683 (13.8)	523 (12.2)
7. 当前住宅内是否饲养动物或宠物		
是	1038 (20.9)	1839 (38.4)
否	3933 (79.1)	2956 (61.6)
8. 孩子出生时，家里是否饲养动物或宠物		
是	919 (16.4)	1212 (25.5)
否	4171 (83.6)	3533 (74.5)
9. 是否曾因家里有人患过敏性疾病而不养某些动物/宠物		
是	799 (17.0)	376 (8.0)
否	3899 (83.0)	4311 (92.0)
10. 是否曾因家里有人患过敏性疾病而放弃继续饲养已有某些动物/宠物		
是	585 (12.4)	305 (6.5)
否	4136 (87.6)	4407 (93.5)
11. 儿童卧室清洁频率		
每天	2102 (42.5)	1359 (28.8)
一周 2 次	1657 (33.5)	2106 (44.7)
一周 1 次	947 (19.2)	1107 (23.5)
<一周 1 次	235 (4.8)	143 (3.0)

通过两项研究均发现，居民生活方式与其室内的潮湿表征有关。

1. 住宅内生活方式与潮湿指标的关联

图 5-15 通过 logistic 回归分析显示了当前儿童居住建筑中的潮湿表征与儿童居住区内的家庭生活方式之间的关联。使用电加热器以及调查前最后一年的家庭重新装修通常会出现更高概率的水损、潮湿的衣物、发霉的气味、可见的霉点、可见的湿点和窗上凝水。使用排风扇和经常/有时晾晒被褥的住宅通常发生水损、潮湿的衣物、发霉的气味、

可见的霉点、可见的湿点的可能性较小，但有更高概率的窗上凝水。养鱼与可见的霉点、窗上凝水的概率增加显著相关，但往往有较低概率的潮湿衣物和可见的湿点。这些关联在2019年通常比2010年更强，除了2010年经常/有时晾晒被褥与出现衣物受潮的概率增加有更显著的关联。

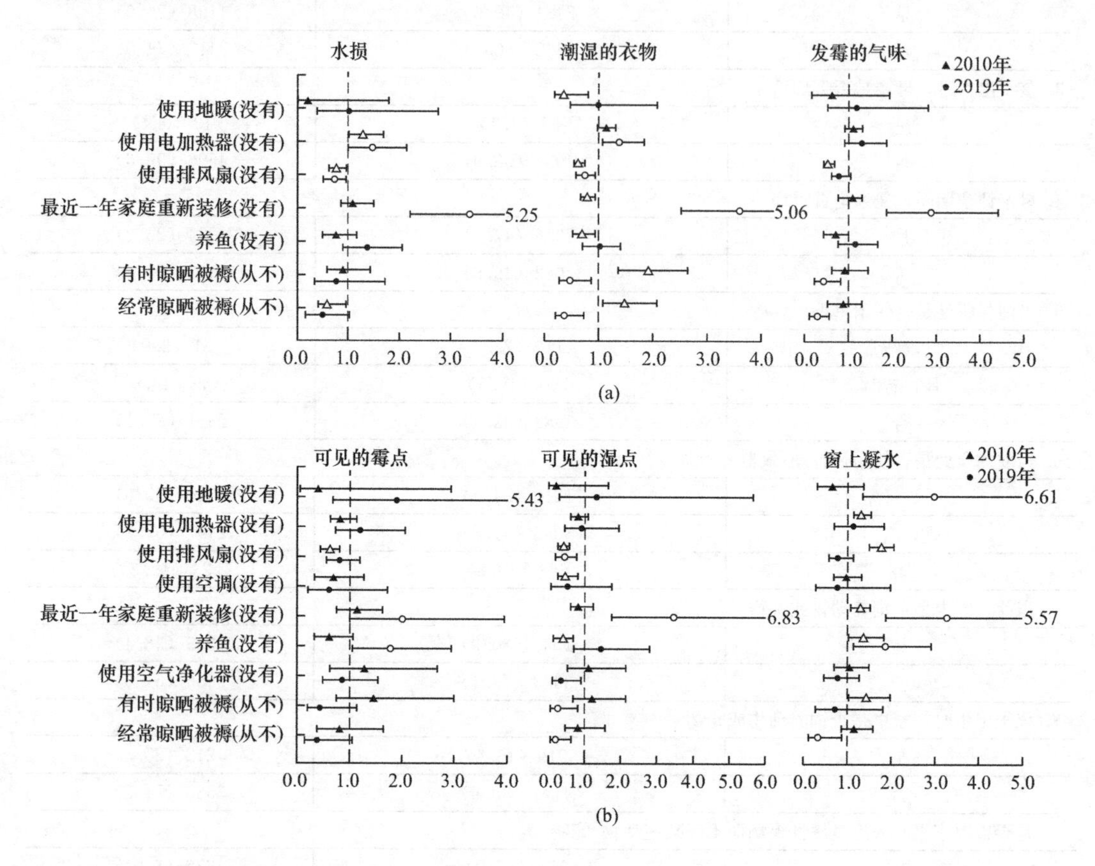

图5-15 当前住宅潮湿表征与居住区生活方式的关联

(a) 当前住宅内水损、潮湿的衣物、发霉的气味与居住区生活方式的关联；

(b) 当前住宅内可见的霉点、可见的湿点、窗上凝水与居住区生活方式的关联

注：其中空心表示 $p<0.005$。

在使用前向选择法（有条件的）对住宅中的湿气指标进行多变量 logistic 回归分析时，如图5-16所示发现：经常/有时将被褥置于阳光下与发霉气味的概率显著降低相关。使用排风扇与水损和湿衣服的概率较低有关。养鱼这种生活习惯与住宅内出现潮湿衣物和发霉气味的概率低有关。电加热器的使用与更高的水损概率显著相关。在调查前的最后一年家庭装修与水损，潮湿的衣服和发霉气味的可能性更高有关。可见的霉点与养鱼呈正相关。可见的湿点与经常/有时在阳光下晾晒被褥和养鱼呈负相关，而可见的湿点与在调查前的最后一年家庭装修呈正相关。窗上凝水与在调查前的最后一年家庭装修之间存在正相关。研究发现住宅潮湿表征与生活方式显著相关，并且这些关联与许多先前的研究一致。以前的研究发现，经常打开窗户并使用排气扇将有效减少窗玻璃上可见的湿气和水汽的发生。

2010年冬季使用电暖器的家庭中有霉味的比例显著高于没有使用电暖器的住宅，在

冬季卫生间没有使用排风扇的住宅中出现衣物受潮、水损和霉味潮湿暴露的比例更高。但在 2019 年的研究显示：使用空气净化器的住宅，儿童卧室出现水损的比例明显低于没有使用空气净化器的住宅，对于卫生间是否有排风扇，在各类潮湿表征中仅住宅出现水损的比例存在显著差异。2019 年的住宅近 12 个月有重新装修行为的住宅中出现衣物受潮、水损和窗户结露室内潮湿现象的比例明显更高。2010 年，未在住宅内饲养鱼类宠物的家庭出现衣物潮湿和水损的比例明显高于未在住宅内饲养鱼类的家庭，在 2019 年的研究中却刚好相反。但对于室内出现霉味的比例，结果显示两项研究中均是饲养鱼类的家庭住宅内更容易出现霉味现象[16]。

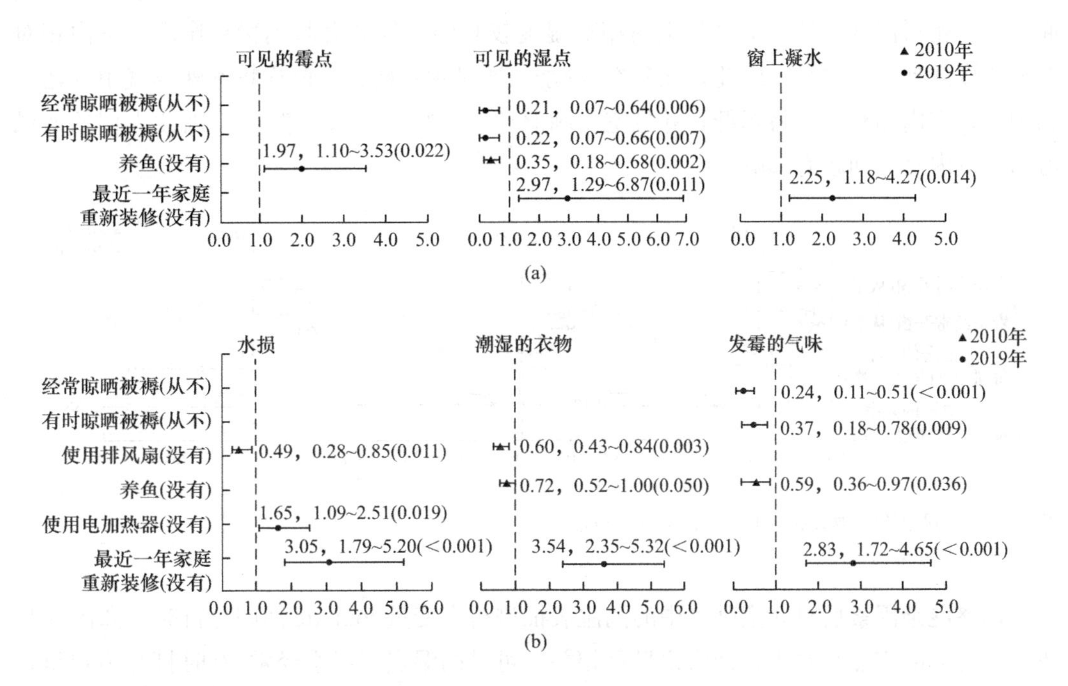

图 5-16 调整混杂因素后当前住宅潮湿表征与居住区生活方式行为的关联

(a) 调整混杂因素后当前住宅内水损、潮湿的衣物、发霉的气味与居住区生活方式的关联；

(b) 调整混杂因素后当前住宅内可见的霉点、可见的湿点、窗上凝水与居住区生活方式的关联

部分生活方式还与住宅潮湿暴露之间存在“反向关联”以及自觉避免住宅潮湿暴露的行为。具体来说，在当前家庭装修与所研究的潮湿表征的概率较高显著相关。这一发现不能解释为家庭装修增加了住宅潮湿表征，而是表明由于住宅中存在的潮湿问题，许多家庭在当前已经进行了重新装修。这些发现表明了生活方式与住宅潮湿暴露相关的“反向关联”。此外，养鱼与发生某些潮湿表征的概率较低显著相关。这一发现不能解释为养鱼可以减少室内潮湿问题，而是表明没有潮湿问题的家庭可以养鱼，或者说，有潮湿问题的家庭可以避免养鱼，从而避免与住宅潮湿相关的暴露。

2. 儿童卧室内生活方式与潮湿指标的关联

儿童卧室内特定的生活方式，例如通风、晾晒、清洗，往往对儿童生活环境有更大的影响。图 5-17 通过 logistic 回归分析显示了与儿童卧室相关的生活方式与儿童卧室中的潮湿表征的关联。在 2010 年，不同清洁频率下出现可见霉点和窗户结露的儿童卧室比例存在显著差异性，在 2019 年每天清洁的儿童卧室出现窗户结露现象的比例明显更低。

从两项研究中均可发现，在春季、秋季和冬季，从不开窗睡觉的儿童卧室中出现可见霉点、湿点和窗户结露的比例均显著高于有时开窗和经常开窗的卧室中出现潮湿现象的比例，经常/有时在春季打开窗户与所研究的三个潮湿表征的概率较低显著相关。因此，改善家庭通风状况可以显著减少与室内潮湿有关的问题。

通风是一种从室内环境中排出湿气的有效方法，自然通风可以很好地保护房屋免受潮湿的影响。开窗是自然通风的最常见方式之一。在研究的气候区域中，冬季/春季室外温度通常低于室内温度，并且全年室外空气相对湿度都很高，例如重庆，一年中大部分时间室外相对湿度都超过 70%，尤其是在冬季/春季。在这种情况下，开窗增加空气流通，室外相对湿度较低的空气与室内相对湿度较高的空气混合起到稀释作用，室内相对湿度会降低到较低水平。因此，在冬季/春季当通过频繁地打开窗户将室外空气引入建筑物中时，室内相对湿度将降低，并且室内潮湿环境将得到有效改善[14]。因此人们的通风习惯对室内潮湿问题有影响。

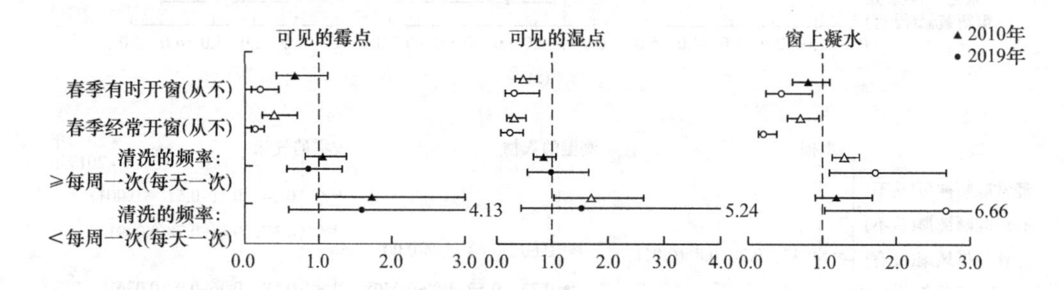

图 5-17　儿童卧室里潮湿表征与儿童房生活方式行为的关联

注：其中空心表示 $p<0.005$

调整混杂因素后对儿童卧室中的潮湿表征进行多变量 logistic 回归分析时，如图 5-18 所示：可见的霉点与春季打开窗户呈负相关。可见的湿点与春季经常/有时打开窗户呈负相关。窗上凝水与经常/有时在春季打开窗户呈负相关。

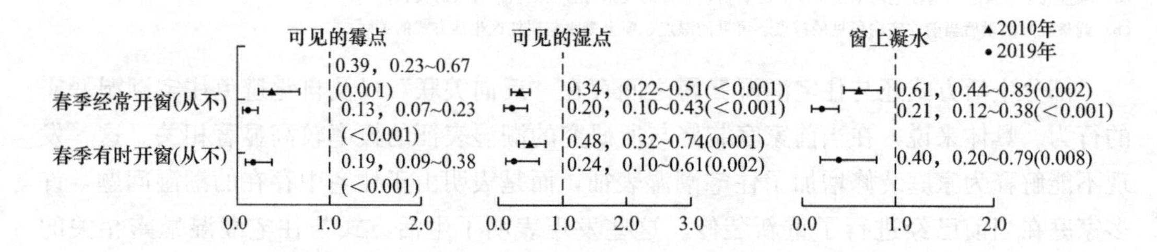

图 5-18　调整后儿童卧室里潮湿表征与儿童房生活方式行为的关联

总的来说，与 2010 年相比，重庆的住宅潮湿暴露问题近年来得到改善。然而，由于 2010 年以后的建筑保温性能和气密性大大改善且换气率较低，使得空气水分累积较高，带来了室内湿度增加和霉菌生长风险的负面影响。这些研究发现建筑特征和生活方式与潮湿表征有关，并且建筑特征与潮湿表征之间的关联在 2019 年通常比 2010 年更显著。考虑到住宅潮湿的源头和典型的气候特征，建筑特征和通风速率对住宅潮湿有影响，同时应考虑到住宅潮湿问题与家庭装修的“反向关联”以及避免养鱼等造成住宅潮湿暴露的行为[14]。

5.3　十年前后儿童过敏性疾病患病率变化

5.3.1　全球儿童过敏性哮喘变化趋势

哮喘是当今世界最常见的呼吸道慢性炎症疾病，在儿童呼吸道疾病中也占有极大的比例，是全球范围内严重威胁儿童健康的一种主要慢性疾病[18]。全球哮喘网站（Network Global Asthma Network，GAN）于 2018 年发布的全球哮喘报告中指出，目前全球范围内 6～7 岁及 13～14 岁儿童的哮喘总患病率分别为 11.5%、14.1%。由世界卫生组织与美国华盛顿大学健康指标和评估研究所联合进行的《2019 年全球疾病负担》研究报告中指出[19]：全球<5 岁患哮喘的儿童的死亡率在 2010 年是 0.13%，2019 年是 0.12%，且正在以 4.33%的速率下降。2010 年全球每 100000 名<5 岁的患哮喘的儿童中有 1.41 人死亡，2019 年有 0.92 人死亡，如图 5-19 所示。

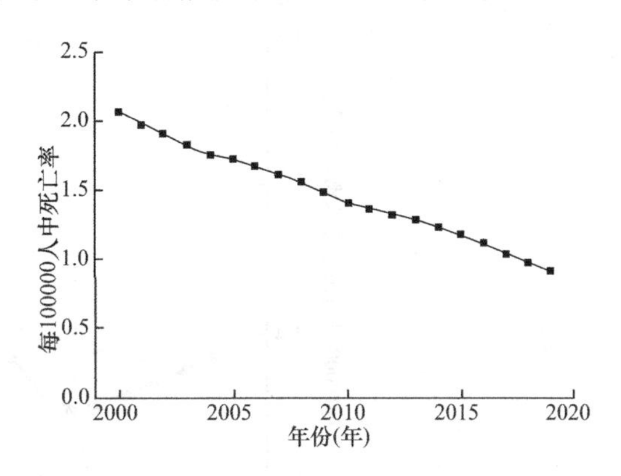

图 5-19　全球儿童哮喘死亡率

与 2010 年相比，2019 年全球<5 岁的儿童中因哮喘导致机能受损的人数略有增加（从 3.13%增加到 3.24%），但是 2019 年以 0.3%的水平下降，如图 5-20 所示。值得注意的是，2010—2014 年间全球<5 岁的儿童中因哮喘导致机能受损的人数缓慢下降，但是 2015 年后急剧上升并于 2017 年达到 3.4%，属于最高值，近两年有所下降。与 2010 年相比，2019 年全球<5 岁的儿童中因

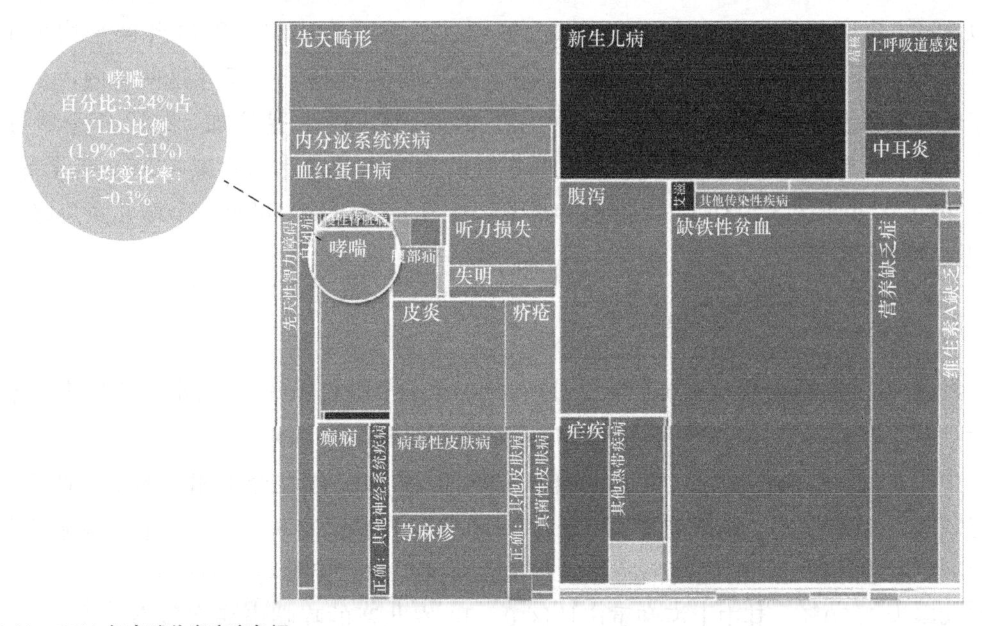

图 5-20　2019 年全球儿童疾病负担

注：图片来源于 Global Burden of Disease 网站。

哮喘减少寿命的人数略有增加（从 0.25%增加到 0.3%）。虽然这十年里全球<5 岁的儿童中因哮喘减少寿命的人数在逐年上升，但是近几年都维持在 0.3%，并且 2019 年在以 2.38%的速率在下降。

值得注意的是，在<5 岁的儿童中，新增患病人数呈波动上升。在 2005 年之后出现增长趋势，在 2010 年每 100000 名儿童中有 1503.13 名哮喘新增病例，在 2010—2015 年间有小幅回落，随后在 2015～2017 年呈快速增长趋势并于 2017 达到峰值（1618.63 人），但是近两年，儿童哮喘新确诊人数（新确诊人数表示在最近一年里被医生诊断出患有哮喘的儿童人数）又在下降，2019 年达到 1509.37 人，如图 5-21 所示。

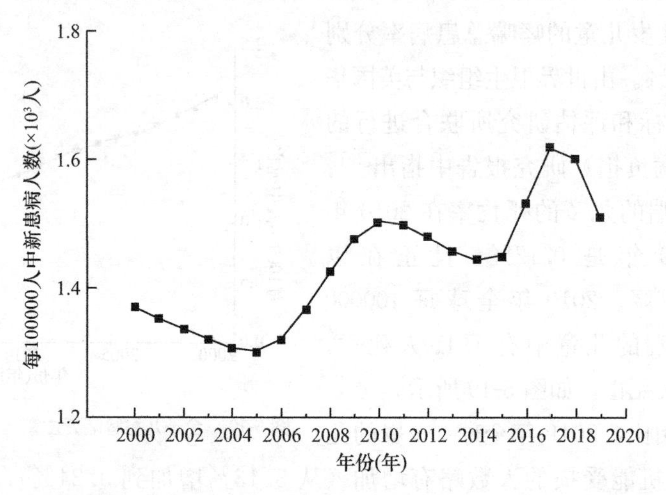

图 5-21 全球儿童中新确诊哮喘的人数

另一方面，总的患病人数与新确诊的患病人数有明显的关联，两者趋势相似，都呈振荡式上升。在 2005 年达到最低值（3028.68 人）后，在 2005—2010 年患病人数平均每年以 2%的速度上升，在 2010 年达到 3289.33 人。之后在 2010—2014 年间平均每年以 0.8%的速度下降，在 2014 年回落到 3177.88 人。但在 2015—2017 年这两年内，全球儿童患哮喘人数总量呈快速上升趋势，这可能是因为新增病例快速增加，2017 年全球每 10 万名儿童患哮喘人数为 3487.85 人。近两年总的患病人数又迅速衰减，2019 年全球<5 岁的 10 万名儿童中大约有 3290 例患有哮喘，如图 5-22 所示。可见，全球儿童患哮喘的情况还比较严重。

5.3.2 中国儿童过敏性哮喘变化趋势

根据 2019 全球疾病负担统计数据分析，2010 年中国每 100000 名小于 5 岁患哮喘的儿童中有 0.06 人死亡，2019 年有 0.027 人死亡（如图 5-23 所示）。

中国儿科哮喘协作会分别在 1990 年、2000 年和 2010 年在全国相同的城市调查 0～14 岁儿童哮喘患病率，调研结果表明：在 1990 年参与调研的 0～14 岁儿童哮喘患病率为 0.91%，其中重庆地区的患病率最高（2.60%）；在 2000 年参与调研的 0～14 岁儿童哮喘患病率为 1.50%，其中上海和重庆地区 0～14 岁儿童的哮喘患病率最高，为 3.34%；2010 年参与调研的 0～14 岁儿童哮喘患病率上升至 3.02%，其中重庆地区0～14 岁儿童

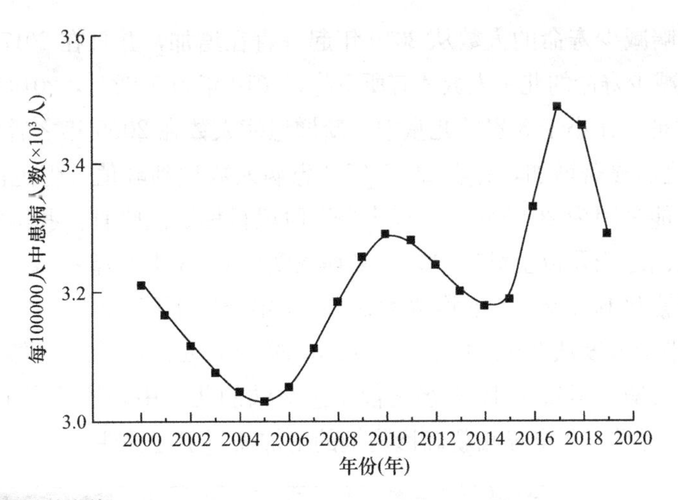

图5-22　全球儿童患哮喘总人数

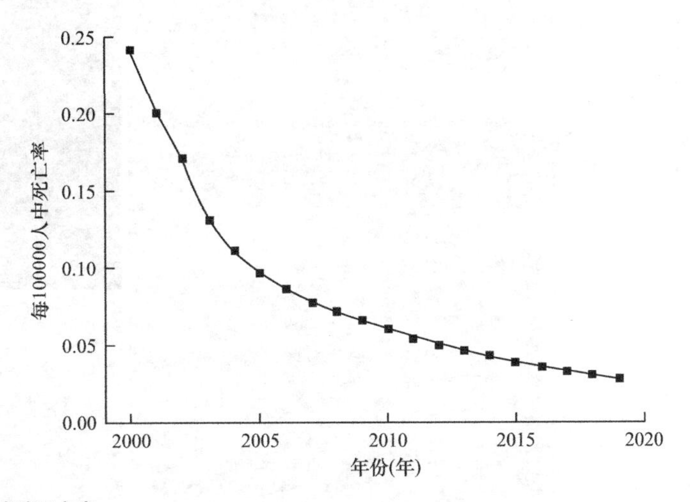

图5-23　中国儿童哮喘死亡率

的哮喘患病率为3.56%。但是2010年CCHH研究表明重庆地区3～6岁儿童哮喘患病率高达8.2%，如图5-24所示，2019年3～6岁儿童哮喘患病率降低至6.1%[16]。亚组分析结果显示，中国男童哮喘患病率高于女童。4～6岁组儿童哮喘患病率高于0～3岁及7～14岁组儿童，南、北方儿童哮喘患病率差异无统计学意义。中国儿童哮喘患病率呈上升趋势，哮喘防治力度需要加大[20]。

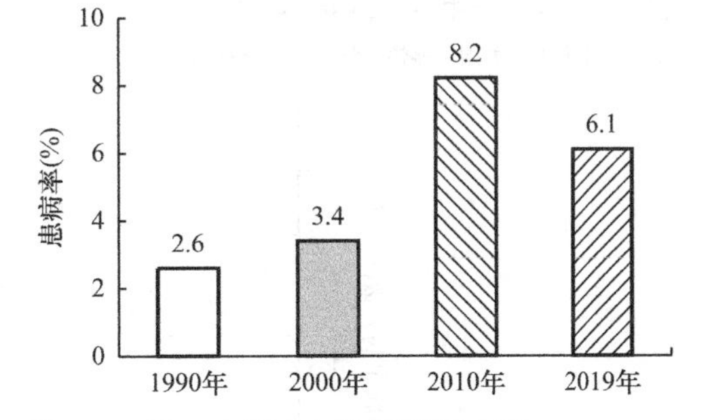

图5-24　近30年重庆市儿童哮喘患病率

与2010年相比，2019年中国小于5岁的儿童中因哮喘导致机能受损的人数略有增加（从3.66%增加到4.33%），且正在以0.15%的比例增加，如图5-25所示。值得注意的是，在2018年以前，中国小于5岁的儿童中因哮喘导致机能受损的人数一直在增加，并且在2018年达到最高值（0.9%），2019年才有所减少。与2010年相比，2019年中国小于5岁的儿童中因哮喘减少寿命的人数略有增加（从0.29%增加到0.63%），但是在以1.45%的比例下降。值得注意的是，中国小于5

岁的儿童中因哮喘减少寿命的人数从 2010 年起一直在增加，并且在 2017 年达到 7.26%，在近两年因哮喘减少寿命的儿童人数才有所下降，2018 年为 6.62%，2019 年为 4.33%。

值得注意的是，在小于 5 岁的儿童中，新增患病人数在 2005 年之后出现缓慢增长趋势，在 2015 年之后显著增加，并在 2017 年新患病人数达到峰值，但近两年患病人数又迅速衰减。这可能是因为 2017 年“大气十条”阶段目标圆满收官，我国空气质量改善目标全面实现。全国地级及以上城市 PM10 平均浓度比 2013 年下降 22.7%，京津冀、长三角、珠三角等重点区域 PM2.5 平均浓度比 2013 年分别下降 39.6%、34.3%、27.7%，北京市 PM2.5 平均浓度从 2013 年的 89.5μg/m³ 降至 58μg/m³[21]。虽然近两年儿童新增哮喘患病率有所衰减，但每年 10 万名之前未患哮喘的儿童中，依然有 1381 名儿童患上哮喘，如图 5-26 所示。儿童哮喘新确诊病例的增加需要引起关注。

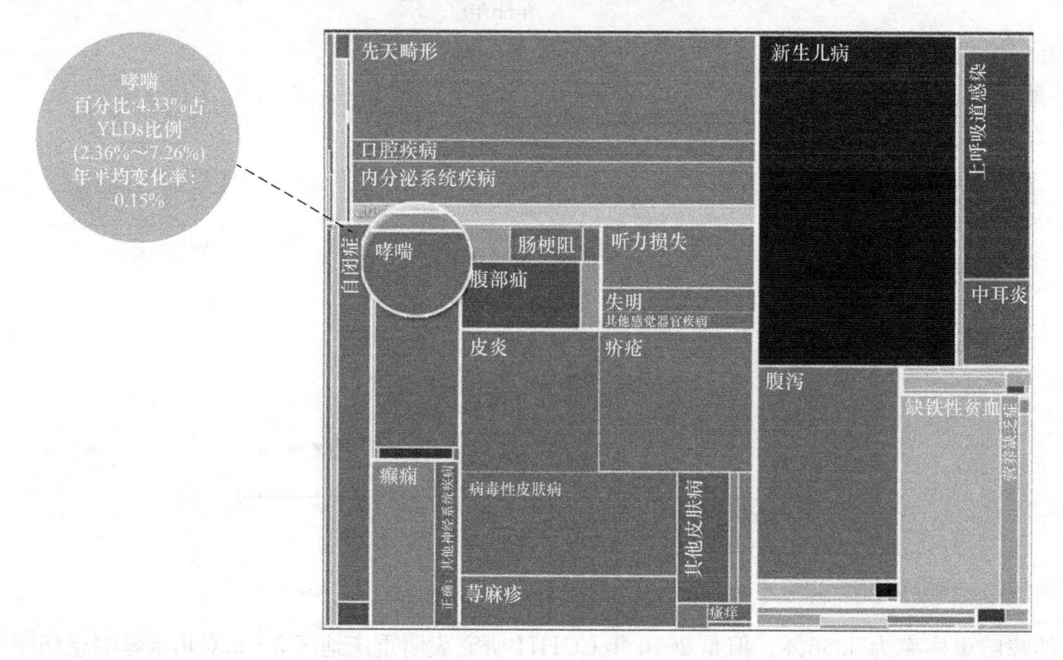

图 5-25　2019 年中国儿童中疾病负担

注：图片来源于美国华盛顿大学公布的全球疾病负担报告。

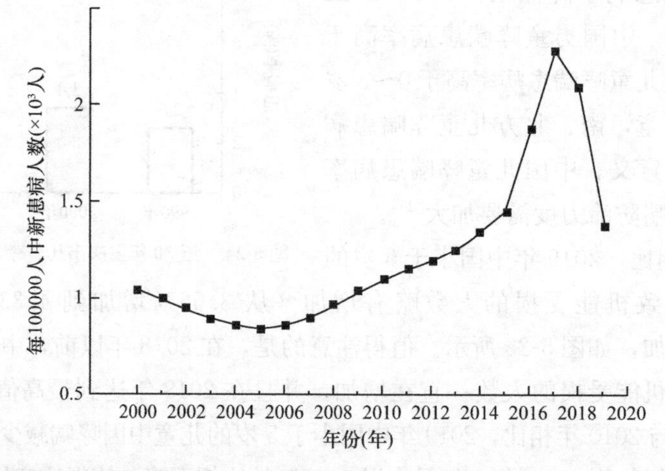

图 5-26　中国儿童中新确诊哮喘的人数

总的患病人数与新确诊的患病人数有明显的关联：在 2005 年之后儿童哮喘患病率呈现出缓慢增长趋势，在 2015 年之后呈爆发性增长，并在 2017 年患病人数达到峰值，但近两年患病人数又迅速衰减。2019 年中国小于 5 岁的 10 万名儿童中有 2515 例患有哮喘，如图 5-27 所示。可见，中国儿童患哮喘的情况还比较严重[19]。

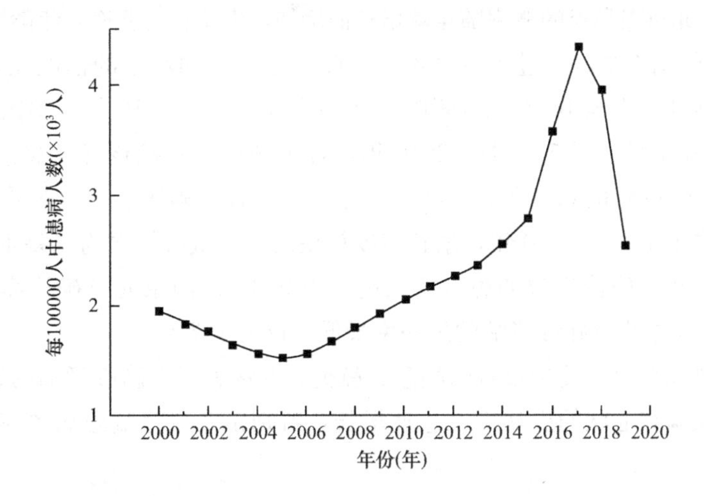

图 5-27　中国儿童患哮喘总人数

5.3.3　调研近十年儿童过敏性疾病患病率变化

2010 年的调研中调查了中国各个典型城市儿童湿疹、喘息、肺炎、鼻炎的患病率情况，如图 5-28 所示。其中，儿童湿疹（过去 12 个月）的患病率为 4.8%～15.8%。各大城市儿童湿疹患病率相较于其他疾病较低，其中北京儿童湿疹患病率最高，太原儿童湿疹患病率最低。2010 年，儿童喘息症状的患病率在 13.9%～23.7%，比 2000 年的患病

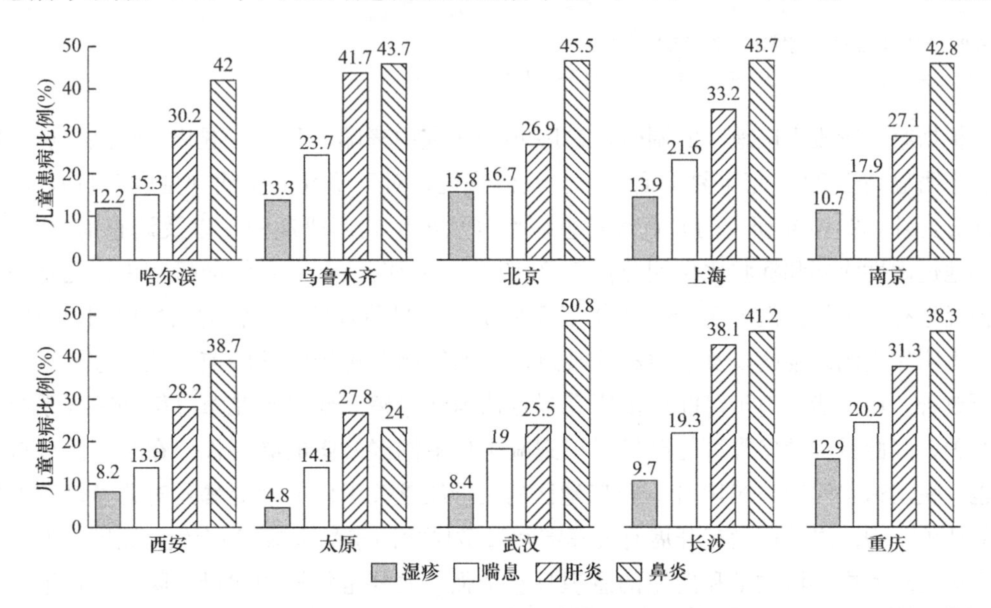

图 5-28　2010 年中国典型城市儿童湿疹、喘息、肺炎、鼻炎症状统计情况

率高，呈上升趋势。25.5%～41.7%的儿童至少感染过一次肺炎[1]。根据不同城市的调查结果显示，乌鲁木齐儿童肺炎患病率最高，武汉儿童肺炎患病率最低[7]。儿童过敏性鼻炎的患病率也呈上升趋势，各个城市中儿童鼻炎患病率在24.0%～50.8%[1]。武汉3～5岁儿童确诊鼻炎的患病率远高于其他城市，哈尔滨、西安和太原确诊鼻炎患病率明显较低[7]。另外，儿童患鼻炎的概率随年龄增长而增加，患喘息的概率随年龄增长而减少[8]。

在2010年的调查中，通过医生确诊的哮喘在中国不同城市的情况比较如图5-29所示。中国城市地区出生至14岁儿童哮喘患病率为3.02%。2010年，中国儿童的哮喘患病率相比于2000年增加了52.8%。2010年，各个城市儿童确诊哮喘患病率为1.7%～9.8%，相比于1990年的0.91%和2000年的1.50%有大幅增长[1]。2000—2010年哮喘患病率的增长快于1990—2000年，增长速度最快的4个城市依次为乌鲁木齐、武汉、北京和上海。上海儿童确诊哮喘的患病率最高，为9.8%，南京儿童确诊哮喘患病率居第二，为8.8%。太原儿童确诊哮喘的患病率最低，仅为1.7%[7]。

与之前的研究相比，父母报告的喘息、鼻炎、湿疹和医生确诊哮喘的患病率都较高。这意味着这些疾病和症状的患病率在急速增长，特别是儿童哮喘患病率在近十年内加速增长[1]。

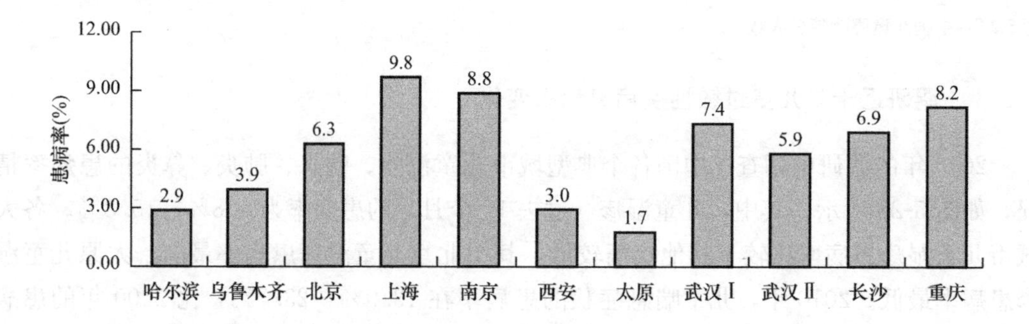

图5-29 2010年全国不同城市儿童哮喘患病率

注：武汉Ⅰ为武汉3～5岁儿童患病情况，武汉Ⅱ为武汉5～6岁儿童患病情况

根据第二阶段重庆地区的调研，2010年的研究中哮喘、肺炎、湿疹、喘息和鼻炎的患病率明显高于2019年重复调研结果。具体来说，对于研究的疾病（见表5-11），除过敏性鼻炎外，2010年研究的儿童曾经患病率（从出生到调研期间）以及调查前12个月的其他过敏性疾病和症状比例明显高于2019年。例如，在2010年的研究中，儿童被报告曾经患有鼻炎的比例由51.5%大幅下降至30%；目前有鼻炎症状的患病比例也下降很多，表明住宅潮湿暴露以及过敏和呼吸道疾病的问题在重庆的学龄前儿童在过去十年中有所改善。这可能是由于以前许多研究报告认为住宅潮湿暴露与儿童过敏和呼吸系统疾病有关，因此重庆的父母可能已经意识到减少住宅潮湿暴露的必要性。在第一阶段调研中也反映出这个问题，2010年，重庆地区的父母缺乏关于住宅潮湿暴露对儿童健康的影响的认识，中国之前也没有开展有关哮喘和过敏风险因素的大规模宣传活动[17]。但是近年来居民对室内环境质量和健康的意识日益增强，尤其是年轻的父母。因此，在第一阶段调查的与潮湿有关指标的发生率在第二阶段有所下降，尤其对于儿童体质较弱的家庭，父母可能会更多地注意室内潮湿并及时解决问题，这将有助于改善第二阶段关于潮湿暴

露的调查结果[13]。

两项研究儿童患病情况的比较　　表5-11

疾病	患病率，*n*(%)		*p* 值
	2010年	2019年	
曾经（从出生到调研的时间）			
哮喘	255（8.8）	157（6.4）	0.001
过敏性鼻炎	185（6.4）	238（9.2）	<0.001
肺炎	918（31.9）	704（26.5）	<0.001
湿疹	885（30.8）	532（20.5）	<0.001
喘息	749（26.0）	282（10.7）	<0.001
鼻炎	1486（51.5）	791（30.0）	<0.001
目前（在过去的12个月）			
湿疹	388（13.5）	110（4.2）	<0.001
喘息	568（19.8）	214（8.2）	<0.001
鼻炎	1125（38.9）	616（23.4）	<0.001

值得注意的是，从不同建筑年代中患病率的分布情况来看，第二阶段的调研中父母报告的部分疾病百分率却显著增加。例如，对于2010年调研的过敏性皮炎（湿疹），在2001年前的建筑物和2001—2010年的建筑物中，患病率分别为12.69%和13.79%。在2019年调研中，2001年前的建筑中患病率增加到22.14%，2001—2010年的建筑中患病率增加到19.98%。

在不同年龄的儿童患病率对比分析中，如图5-30所示，2010年调查显示3～4岁儿童哮喘患病率较高，为8.5%（213/2624），而6岁患病率最低，为7.7%（54/701）。2019年各年龄段的儿童哮喘患病率均有下降，与2010年各年龄段患病比例不同，3岁儿童患病率最低，为4.2%（16/382），5～6岁儿童的哮喘患病率较高，为6.8%（149/2217）。在2010年，3～6岁儿童曾经喘息患病率为17.1%，2019年降低至7.7%。2010中3～6岁儿童过敏性鼻炎的患病率为6.1%，6岁儿童过敏性鼻炎患病率较高，为7.1%

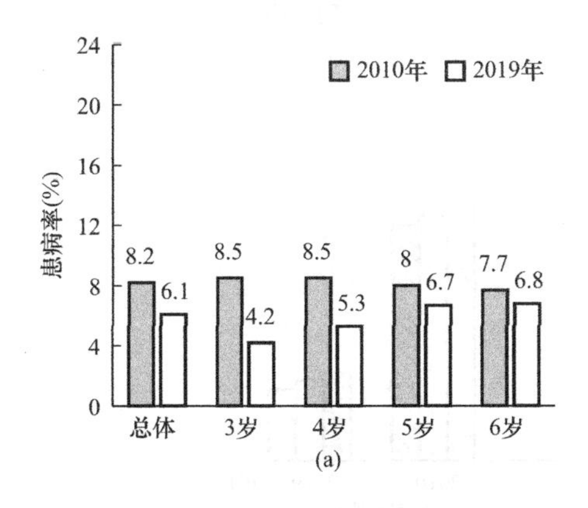

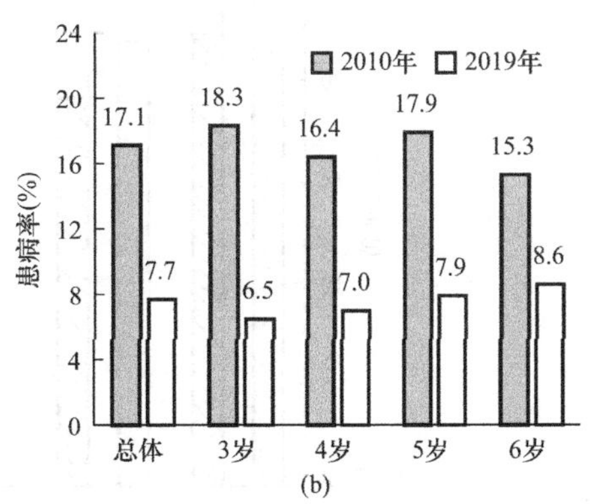

图5-30　两项研究中不同年龄儿童曾经哮喘和喘息的患病率
(a) 哮喘；(b) 喘息

(49/693)，而3岁患病率最低，为5.5%（55/1002）。2019年中儿童过敏性鼻炎的患病率为9.5%，同时各年龄组间患病率较之均有增加，和2010年的研究结果相同，3岁儿童患病率最低，为8.5%（34/400），6岁儿童得过敏性鼻炎的患病率较高，为10.2%（117/1151）。十年前后3～6岁儿童当前有湿疹的患病率下降幅度由13.5%降至4.2%，且在2010年3～4岁儿童当前患湿疹的比例显著高于5～6岁儿童，2019年的研究中5～6岁儿童当前患湿疹的比例高于3～4岁的儿童[16]。

两次调研中，2010年的男女哮喘、过敏性鼻炎、曾经及当前有鼻炎症状患病率比较差异具有显著性，如图5-31所示，但是2019年的患病率并无显著差异性。与哮喘患病情况不同，两项研究中儿童曾经和当前有喘息的男女患病率比例卡方检验 P 值均<0.05，男孩的患病比例均明显高于女孩。2010年调查的4762名儿童中，男女曾经湿疹患病率比为1.09∶1.00。2019年调查的3766名儿童中，男女曾经湿疹患病率比为1.15∶1.00，如图5-32所示，且两次调研中，男孩曾经的湿疹患病率显著高于女孩的患病率[16]。

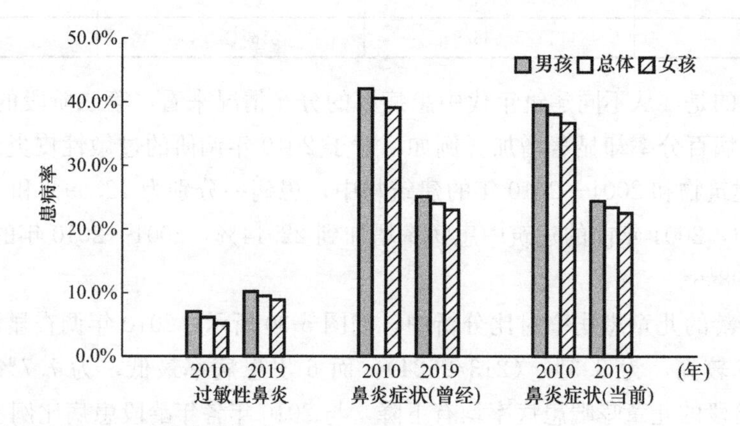

图5-31 儿童过敏性鼻炎及相关症状患病率（2010年和2019年）

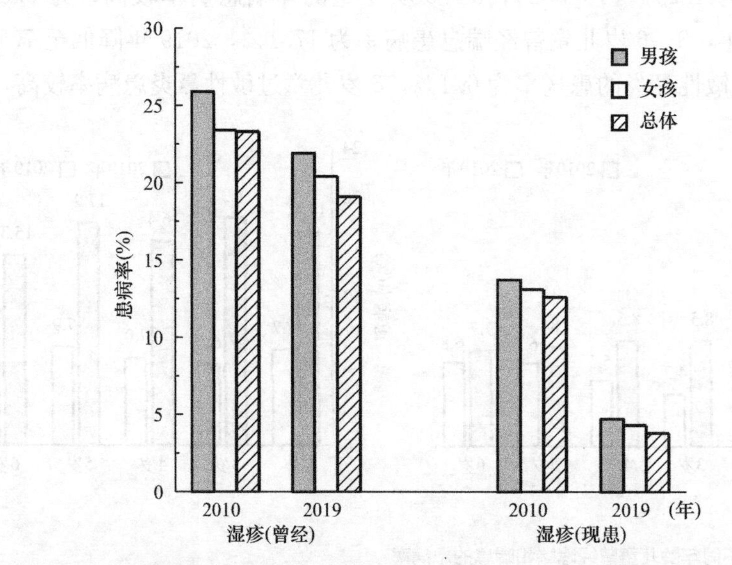

图5-32 儿童曾经和当前有湿疹鼻炎患病率（2010年和2019年）

5.4 十年前后室内环境与儿童过敏性疾病的关联变化

5.4.1 室内潮湿表征与儿童过敏性疾病的关联变化

1. 近十年室内潮湿和儿童过敏性疾病患病率相关分析

针对5个潮湿表征，分别是：可见的霉点、可见的湿点、窗上凝水、水损、潮湿的衣物；2个气味指标，分别是：发霉的气味和潮湿的气味进行分析。2019年的重复调研中，发现使用各种指标确定的有住宅潮湿暴露的儿童患病率高于没有这些暴露的儿童，且大多数呼吸道疾病以及过敏症状的患病率差异很大。其中，曾经患喘息与当前的喘息和鼻炎的患病率差异在所有与潮湿表征的关联中均具有统计学意义。上海地区对42404名学龄前儿童的调查也同样发现早期生活的住宅环境可能在儿童哮喘和过敏症状的新增和缓解过程中起着重要的作用。可见的霉菌、窗上凝水以及新家具或重新装修在生命初期前两年内可能会增加哮喘和过敏症状的发生，并且不利于这些症状的缓解[22]。

在关联分析中，当前和早期住宅中的住宅潮湿暴露与大多数儿童过敏性疾病的患病率增加之间存在显著关联[17]。暴露于建筑物的潮湿环境显著增加了儿童过敏性疾病患病率的调整后的比值比（adjusted Odds Ratio，aOR），这证明了建筑物的潮湿与儿童过敏性疾病的患病率之间存在明显的相关性[13]。曾经患哮喘的aOR值的范围在2019年为1.69～3.50，在2010年为1.13～1.90，对于曾经患过敏性鼻炎，aOR分别为1.14～2.39和0.67～1.61，曾经患肺炎为1.09～1.64和1.21～1.59，曾经患湿疹为0.96～1.83和0.99～1.56，曾经患喘息为1.64～2.79和1.18～1.91，曾经患鼻炎为1.43～2.71和1.08～1.58，当前患湿疹的aOR范围在2019年为0.46～2.08，在2010年为0.99～1.48，当前患喘息分别为0.97～2.86和1.26～2.07，以及当前患鼻炎为1.34～2.25和1.09～1.56[17]。由此可以看出2019年儿童患病率有所下降，并且住宅潮湿表征与患病率之间的关联变得更强。

2019年各项潮湿表征对儿童大部分曾经和当前有过敏性疾病和症状的影响比2010年严重，2010年各个潮湿与各个疾病有显著关联（aOR大于1）有34对，2019年各个潮湿与各个疾病有显著关联（aOR大于1）有42对。且有些潮湿表征对疾病的影响2019年的数据显著大于2010年的数据，比如在当前住宅内出现可见霉点对儿童曾经哮喘发病率的影响的aOR范围为：2010年为0.58～2.23，2019年为1.76～6.96，在当前住宅内出现可见湿点对儿童曾经哮喘发病率的影响的aOR范围为：2010年为0.77～2.27，2019年为1.27～6.67，在当前住宅内出现衣物潮湿对儿童曾经哮喘发病率的影响的aOR范围为：2010年为0.93～1.8，2019年为1.41～3.67，在孩子出生时住宅内出现可见霉点/湿点对儿童曾经哮喘发病率的影响的aOR范围为：2010年为0.78～1.87，2019年为1.11～3.42，在当前住宅内出现可见霉点对儿童曾经鼻炎症状发病率的影响的aOR范围为：2010年为0.73～1.67，2019年为1.62～4.54，在当前住宅内出现可见湿点对儿童曾经鼻炎症状发病率的影响的aOR范围为：2010年为0.77～1.52，2019年为0.96～3.51[16]。

当前住宅，在2010年儿童曾经患哮喘与可见的霉点、可见的湿点、水损、窗上凝水、发霉的气味显著相关，曾经患过敏性鼻炎与可见的霉点、水损、窗上凝水显著相关，曾经患肺炎除了与水损没有明显关联外，与其他潮湿表征都有显著关联，曾经患湿疹与发霉的气味无关，曾经患喘息以及当前有喘息症状都与研究的六个潮湿表征指标都显著相关，曾经患鼻炎与可见的霉点无关，当前有湿疹症状与可见的霉点、可见的湿点、窗上凝水、发霉的气味显著相关，当前有鼻炎症状与可见的霉点、可见的湿点无关，但与潮湿的衣物/床上用品、水损、窗上凝水、发霉的气味显著相关。2019年，室内潮湿表征与儿童呼吸道疾病之间的关联更加紧密。室内可见霉点、可见湿点、衣物潮湿和霉味都会显著增加儿童曾经哮喘的患病风险；室内出现水损会显著增加儿童湿疹的患病风险，衣物潮湿会显著增加儿童喘息的患病风险，窗户结露会显著增加儿童鼻炎症状的患病风险，这些在2010年研究中并未发现。对比2010年的研究结果，可以发现可见霉点对各项疾病的影响不再显著，可见湿点对喘息和鼻炎症状、水损对儿童哮喘及喘息、窗户结露对儿童湿疹、当前有鼻炎和喘息症状、霉味对儿童鼻炎和当前有喘息的患病风险影响依然存在，且影响均有所增加[16]。

在早期住宅，2010年，儿童曾经患哮喘与窗上凝水、发霉的气味显著相关，曾经患过敏性鼻炎只与窗上凝水有关，曾经患肺炎和湿疹与发霉的气味无关，当前有湿疹症状只与窗上凝水显著相关，其他疾病与三个潮湿表征指标都有关。在2019年的调查中，湿疹与潮湿表征之间的关联与2010年略有区别：2019年儿童曾经患湿疹与窗上凝水无关，当前有湿疹症状与可见的霉点/湿点显著相关。而其他疾病均与所研究的三个潮湿表征指标显著相关。

调整混杂因素后，进一步得出在当前住宅，如图5-33所示，2010年，儿童曾经患哮喘仅与水损显著相关（aOR＝1.90，1.18～3.05，p＝0.008，其中，调整的因素为儿童的年龄、性别、家庭遗传病史、住所权、母乳喂养时间，曾经家庭装修以及家庭环境烟草烟雾暴露，1.18～3.05表示置信度为95%的置信区间，p值表示显著性水平），曾经患过敏性鼻炎仅与窗上凝水显著相关（aOR＝1.61，1.09～2.39，p＝0.017），曾经患肺炎与可见的霉点、可见的湿点和潮湿的衣物/床上用品都有关，其aOR值分别为1.59，1.04～2.41（p＝0.031），1.51，1.06～2.14，（p＝0.021），1.37，1.11～1.68，（p＝0.003），曾经患湿疹与可见的霉点、可见的湿点、潮湿的衣物/床上用品、窗上凝水显著相关，曾经患喘息与可见的霉点、可见的湿点、水损、发霉的气味有关，曾经患鼻炎与潮湿的衣物/床上用品、水损、发霉的气味有关，当前有湿疹症状仅与窗上凝水（aOR＝1.40，1.05～1.86，p＝0.021）有关，当前有喘息症状与可见的霉点、可见的湿点、潮湿的衣物/床上用品、发霉的气味显著相关，其aOR分别为1.81，1.14～2.86（p＝0.011），1.57，1.06～2.31（p＝0.025），1.34，1.05～1.70（p＝0.018），1.91，1.36～2.69（p＜0.001），当前有鼻炎症状与潮湿的衣物/床上用品、发霉的气味有关，其aOR分别为1.56，1.28～1.90（p＜0.001），1.55，1.15～2.10（p＝0.004）。与2010年相比，2019年各个疾病与不同的潮湿指标相关，并且相关的潮湿指标个数都在增加，体现出潮湿表征与儿童哮喘等呼吸道疾病之间的关联更紧密。而且儿童患病的风险也增加了，这从aOR值增大可以看出。2019年，儿童曾经患哮喘与可见的霉点（aOR＝

3.50，1.76～6.96，$p<0.001$）、可见的湿点（aOR＝2.92，1.27～6.67，$p=0.011$）、潮湿的衣物/床上用品（aOR＝2.28，1.41～3.67，$p=0.001$）、水损（aOR＝1.86，1.009～3.42，$p=0.047$）、发霉的气味（aOR＝2.81，1.66～4.73，$p<0.001$）都有关，曾经患过敏性鼻炎和肺炎仅与发霉的气味相关（aOR＝1.75，1.09～2.82，$p=0.021$）（aOR＝1.50，1.04～2.16，$p=0.030$）；曾经患湿疹与水损（aOR＝1.65，1.09～2.51，$p=0.018$）、窗上凝水（aOR＝1.83，1.10～3.04，$p=0.019$）、发霉的气味（aOR＝1.50，1.03～2.20，$p=0.037$）都有关，曾经患喘息与可见的湿点（aOR＝2.42，1.15～5.10，$p=0.020$）、潮湿的衣物/床上用品、水损、发霉的气味（aOR＝2.33，1.50～3.60，$p<0.001$）有关，曾经患鼻炎与可见的霉点（aOR＝2.71，1.62～4.54，$p<0.001$）、潮湿的衣物/床上用品、窗上凝水、发霉的气味有关联，当前有湿疹症状与潮湿的衣物/床上用品（aOR＝1.77，1.00～3.13，$p=0.050$）和水损（aOR＝2.08，1.05～4.11，$p=0.035$）有关，当前有喘息症状与可见的湿点、潮湿的衣物/床上用品、窗上凝水、发霉的气味有关，当前有鼻炎症状除了可见的湿点，与其他潮湿表征指标都有关。

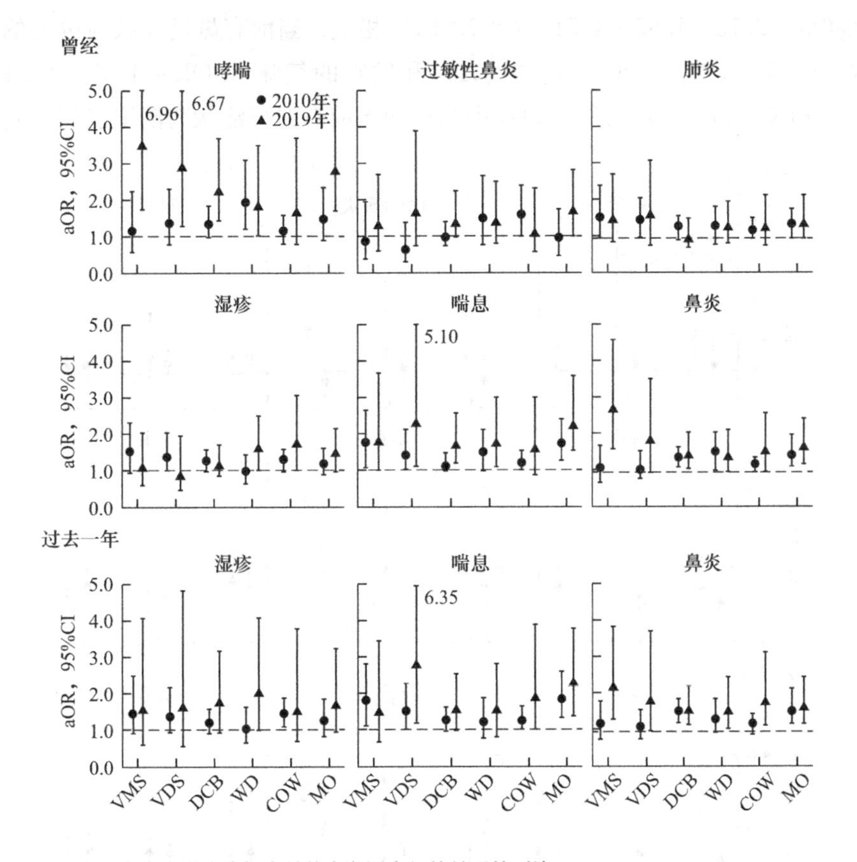

图5-33　两项研究中儿童呼吸道疾病与当前住宅潮湿表征的关系的对比

注：VMS，可见的霉点；VDS，可见的湿点；DCB，潮湿的衣物/床上用品；WD，水损；COW，窗上凝结；MO，发霉的气味；aOR，调整的比值比；CI，置信区间。

调整混杂因素后，在早期住宅，如图5-34所示，2010年儿童曾经患哮喘与家中的霉味有关（aOR＝1.68，1.05～2.67，$p=0.030$），曾经患肺炎与可见的霉点/湿点（aOR＝

1.40，1.07～1.85，$p=0.016$）和窗上凝水有关（aOR＝1.28，1.05～1.58，$p=0.016$），曾经患湿疹仅与发霉的气味有关（aOR＝1.45，1.07～1.99，$p=0.018$），曾经患喘息、曾经患鼻炎、当前有喘息症状、当前有鼻炎症状与三个潮湿表征指标都相关，其中曾经患喘息与可见的霉点/湿点，窗上凝水，发霉的气味都显著相关，其aOR分别为1.53，1.15～2.03（$p=0.003$），1.50，1.21～1.86（$p<0.001$），1.91，1.39～2.62（$p<0.001$），而当前的喘息症状与可见的霉点/湿点、窗上凝水、发霉的气味的关联为aOR＝1.78，1.31～2.41，$p<0.001$，aOR＝1.51，1.19～1.92，$p=0.001$，aOR＝2.07，1.48～2.89，$p<0.001$。但是，曾经患过敏性鼻炎以及当前有湿疹症状与潮湿表征指标之间不存在显著关联。2019年，儿童曾经患哮喘和曾经患喘息与三个潮湿表征指标都相关，其中曾经患喘息与发霉的气味的aOR＝2.79，1.78～4.37（$p<0.001$），曾经患过敏性鼻炎与发霉的气味也有显著关联（aOR＝2.39，1.47～3.90，$p<0.001$），曾经患湿疹与可见的霉点/湿点（aOR＝1.48，1.00～2.20，$p=0.049$）和发霉的气味（aOR＝1.63，1.09～2.44，$p=0.018$）相关；曾经患鼻炎与可见的霉点/湿点和发霉的气味相关；当前有喘息症状与窗上凝水（aOR＝2.03，1.04～3.96，$p=0.037$）和发霉的气味（aOR＝2.73，1.65～4.51，$p<0.001$）相关；当前有鼻炎症状与可见的霉点/湿点（aOR＝1.85，1.27～2.69，$p=0.001$）和发霉的气味（aOR＝1.55，1.04～2.31，$p=0.031$）相关。但是，没有得出曾经患肺炎和当前有湿疹症状与潮湿表征之间的关联。

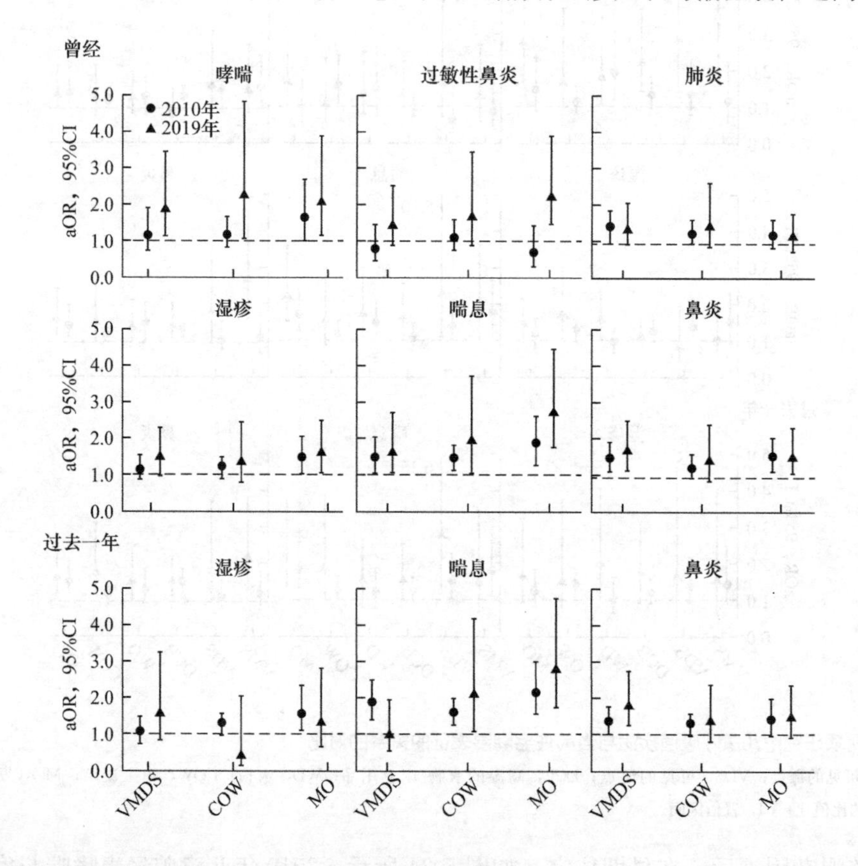

图 5-34 两项研究中儿童呼吸道疾病与早期住宅潮湿表征的关系的对比

注：VMDS，可见的霉点/湿点；COW，窗上凝结；MO，发霉的气味；aOR，调整的比值比；CI，置信区间。

在两次重复调研对比中，与其他潮湿表征相比，发霉的气味与儿童呼吸道疾病及过敏性症状之间的关联更紧密。由aOR值都大于1得出，所研究的六个潮湿表征指标都与儿童哮喘等呼吸道疾病之间存在关联，并且这些潮湿表征是增加儿童患病风险的危险因素。如图5-33、图5-34所示，可见的霉点，可见的湿点，潮湿的衣物/床上用品，发霉的气味与曾经患哮喘的aOR值分别为3.50，2.92，2.28，2.81，可见的湿点与曾经患喘息的儿童之间的aOR值为2.42，发霉的气味与曾经患喘息aOR值为2.33，可见的霉点与曾经患鼻炎的aOR值为2.71，可见的湿点、发霉的气味与当前有喘息症状的aOR值分别为2.86和2.33。可见的霉点与当前有鼻炎症状的aOR值为2.25，可见，这些潮湿因素都大大增加了儿童患相关呼吸道疾病的风险。

两阶段研究均发现，与室内不存在潮湿表征暴露的家庭相比，室内存在各项相应潮湿表征暴露的大多数儿童过敏性疾病和症状的患病率显著更高。尤其是室内是否存在各项潮湿表征暴露与儿童曾经和当前喘息和鼻炎的患病率具有显著差异。2019年中室内潮湿暴露与儿童哮喘等过敏性疾病的关联性略高于2010年中两者的关联。2010年CCHH研究报告的住宅室内潮湿表征暴露比例和儿童哮喘、喘息和鼻炎的患病率显著高于2019年。2010年CCHH研究中报告室内潮湿暴露的比例和过敏性疾病（除过敏性鼻炎）的患病率显著高于2019年CCHH研究，这似乎表明重庆市的室内潮湿和学龄前儿童过敏和呼吸道疾病问题在过去十年里得以改善。在两阶段的研究中均表明大多数情况下，室内潮湿暴露与儿童过敏和呼吸道疾病的增加一致，这些发现进一步证实了室内潮湿暴露是儿童过敏和呼吸道疾病的显著风险因素，应该予以高度重视，从而保障儿童健康。就当前和早期住宅室内潮湿表征对儿童过敏性疾病的影响差异而言，仅早期住宅室内存在潮湿表征暴露的儿童过敏性疾病患病率基本高于仅当前住宅室内存在潮湿表征暴露的儿童，该发现在2019年CCHH研究结果中表现得更为明显[23]。

2. 近十年室内潮湿与过敏性疾病暴露-剂量-反应关系

在剂量-反应关系的分析中（图5-35、图5-36），大多数儿童过敏性疾病与当前和早期住宅的室内潮湿表征的累积数量（n）呈正相关。累计潮湿表征数量越多，住宅中的潮湿问题就越严重，导致儿童患病风险增加。

在2010年的研究中，大部分曾经疾病患病风险与潮湿表征数量不存在明显的剂量-反应关系，同时以没有潮湿表征为参考，潮湿表征数量为1时，其对所有当前疾病的影响也不显著，但当潮湿表征数量累加时，会显著增加儿童当前患喘息和鼻炎症状的风险，但在2019年的研究中，可以发现的是当前住宅内现存的潮湿表征累加出现时，会显著增加除曾经湿疹之外其他过敏性疾病及症状的患病风险，且对比2010年，当前住宅内的潮湿表征数量与疾病的逻辑回归分析中，调整混淆因素后的比值比均有所增加[16]。关于室内潮湿与儿童哮喘、鼻炎等过敏性疾病或症状之间的剂量-反应关系，当前住宅和早期住宅累计的室内潮湿表征暴露数（n）基本均与本处所研究过敏性疾病的患病率存在显著的剂量-应答关系。其中，2010年调研结果发现随着当前住宅室内累计潮湿表征数量的增加，儿童最近12个月的喘息（$n \geqslant 2$：1.54，1.07～2.21）和鼻炎（$n \geqslant 2$：1.60，1.21～2.13）的患病风险显著增加，随着早期住宅室内累计潮湿表征数量的增加，儿童曾经过敏性鼻炎（$n \geqslant 2$：1.10，0.61～2.00）、喘息（$n=1$：1.82，1.43～2.31；$n \geqslant 2$：2.23，

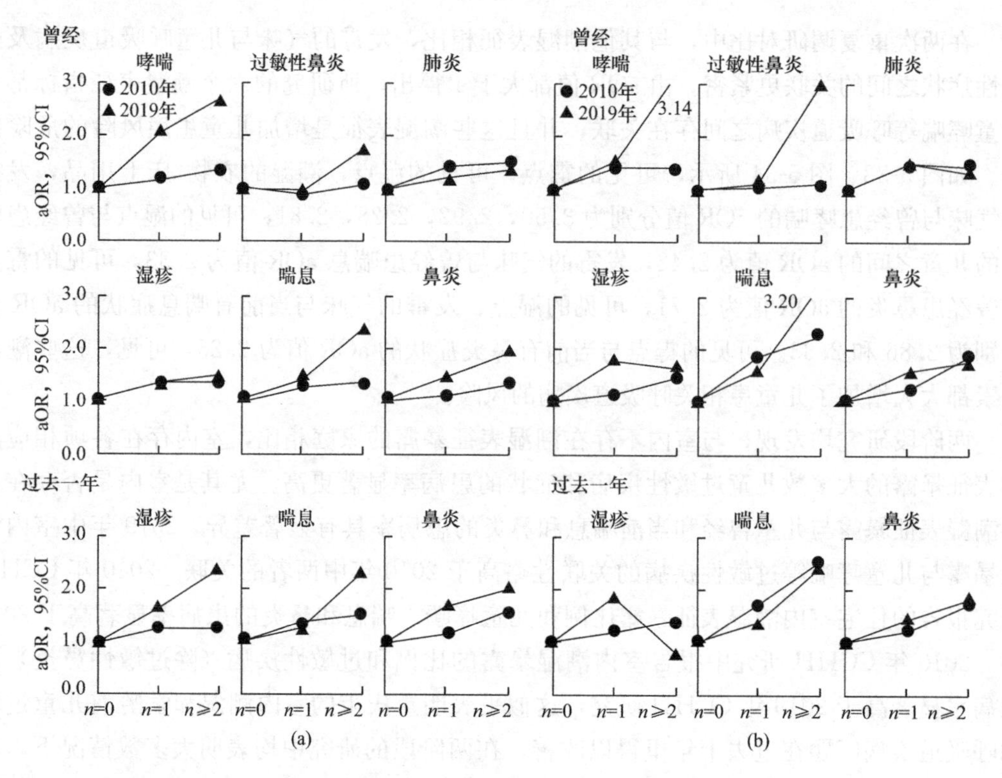

图 5-35　两项研究中当前和早期住宅的潮湿指标累计数量与儿童呼吸道疾病的暴露-反应关系

(a) 当前住宅；(b) 早期住宅

注：n，潮湿表征指标数量；aOR，调整比值比；CI，置信区间。

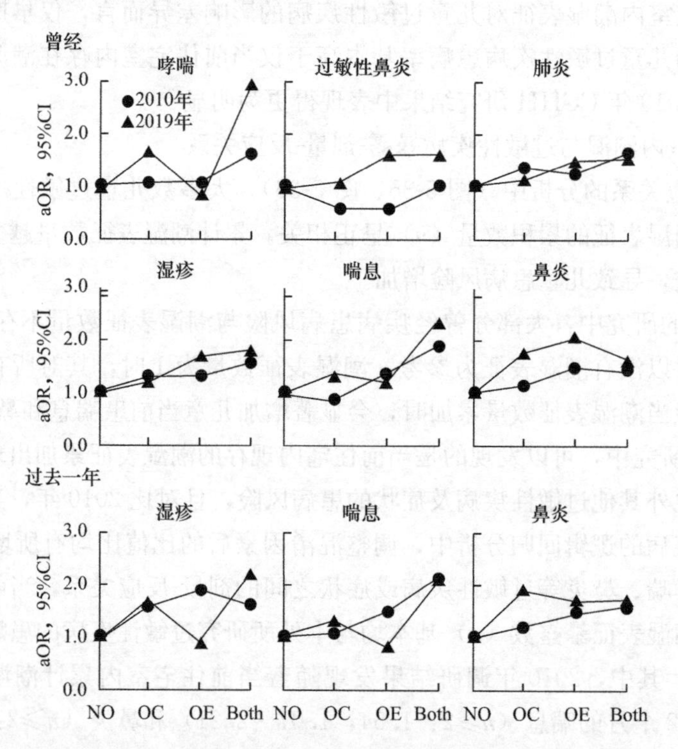

图 5-36　两项研究中住宅潮湿表征出现地点组合与儿童呼吸道疾病的暴露-反应关系

注：NO，无；OC，仅当前住宅；OE，仅早期住宅；Both，当前住宅和早期住宅都有；aOR，调整比值比；CI，置信区间。

1.58～3.13)、鼻炎（n=1：1.24，1.00～1.52；n≥2：1.84，1.34～2.54)、最近12个月喘息（n=1：1.71，1.31～2.24；n≥2：2.51，1.75～3.60）和鼻炎（n=1：1.25，1.01～1.55；n≥2：1.75，1.28～2.39）的患病风险显著增加。2019年调研结果发现随着当前住宅和早期住宅室内累计潮湿表征数量的增加，儿童曾经哮喘、过敏性鼻炎、喘息、鼻炎、当前喘息和鼻炎的患病风险均显著增加（aOR范围：1.46～2.70)[23]。

总体上来说，2019年室内潮湿表征与儿童过敏性疾病的剂量-应答关系略高于2010年。在当前住宅和早期住宅接触潮湿暴露的儿童患哮喘、过敏及气道疾病的暴露-反应关系在2019年强于2010年，只有曾经患肺炎的暴露-反应关系在2010年更强。在早期接触住宅潮湿暴露的儿童中，曾经患湿疹、鼻炎和过去一年患鼻炎的暴露-反应关系在2010年和2019年的调查研究中没有明显的差异[17]。随着暴露-剂量的增加，儿童曾经患哮喘、过敏性鼻炎、喘息的患病风险通常会显著增加，儿童曾经患肺炎、鼻炎的患病风险也会增加，但增加的幅度较平缓。

在当前住宅中接触潮湿暴露的儿童与曾经患哮喘、过敏性鼻炎和喘息的暴露-反应关系要强于在早期住宅中接触潮湿暴露的儿童与此类疾病的暴露-反应关系。然而，在早期住宅中接触潮湿的儿童与肺炎、湿疹和鼻炎的暴露-反应关系要强于当前住宅中的儿童。在2010年和2019年的研究中，早期和当前住宅都接触潮湿暴露的儿童的患病率明显高于仅早期或仅当前暴露潮湿环境中的儿童。仅在早期住宅中的潮湿表征往往比仅在当前住宅中的潮湿表征与哮喘等呼吸道疾病的关联更强，即在早期住宅中接触潮湿暴露的儿童通常比在当前住宅中接触潮湿暴露的儿童更容易患哮喘等呼吸道疾病[17]。具体来说，在2019年的研究中，仅在当前住宅暴露在潮湿环境中与曾经患哮喘、过敏性鼻炎、喘息、鼻炎和当前有湿疹、喘息、鼻炎的暴露-反应关系更强。与接触潮湿表征较少的儿童（n=0或没有暴露）相比，接触潮湿表征较多的儿童（n≥2或在当前和早期的住宅中都有潮湿暴露）的儿童分别有大约200%和150%更高的哮喘和喘息的患病率[17]。

总的来说，暴露于住宅潮湿表征的儿童患病率高于没有暴露于潮湿表征的儿童的患病率。在两次重复调研对比中，住宅潮湿暴露与大多数儿童过敏性疾病的患病率显著相关[17]。aOR反映出住宅潮湿指标的累积数量（n）与大多数疾病有显著的暴露-反应关系。且早期住宅中与潮湿相关的暴露对儿童哮喘、过敏性鼻炎及其相关症状的影响比当前暴露的影响更强。

5.4.2　住宅建筑特性与儿童过敏性疾病的关联变化

在2010年的研究中，居住在市区的儿童鼻炎症状患病风险明显比住在郊区的儿童更高（aOR=1.22)，居住在多层公寓住宅的儿童鼻炎症状患病风险比住在单户住宅中的儿童患病风险更高（aOR=1.17)。与建筑面积≤60m^2的住宅相比，居住在建筑面积>100m^2住宅中的儿童鼻炎及症状的患病风险更高（aOR=1.30)，但居住在较大面积住宅中的儿童喘息患病风险明显更低（aOR=0.87)。以建筑年代为1990年以前为参考，建筑年代为1901—2000年的住宅与儿童哮喘的患病风险的增加显著相关。与居住在拥有住宅所有权家庭的儿童相比，居住在出租房中的儿童哮喘、鼻炎的患病风险明显更高。居住在城际交通干线或高速公路附近的儿童哮喘（aOR=1.27）和鼻炎

(aOR=1.53）患病风险明显更高，居住在商业区附近的儿童鼻炎（aOR=1.36）患病风险明显更高。

在2019年的研究中发现，居住在市区儿童鼻炎及鼻炎症状的患病风险明显比居住在郊区的儿童更高（过敏性鼻炎aOR=1.47：鼻炎症状aOR=1.91)，与2000年以前建造的住宅相比，居住在2000年后建造的住宅会明显降低儿童湿疹的患病风险（aOR=0.75)，居住在商业区附近的儿童湿疹患病风险明显更高（aOR=1.30)，居住在工业区附近的儿童喘息症状的患病风险明显更高（aOR=1.91)。

2019年住宅位置（市郊区）对鼻炎症状患病的影响依然存在，但与2010年不同，2019年居住在市区的儿童鼻炎患病风险aOR值明显增加，并显著增加儿童曾经过敏性鼻炎的患病风险。2019年住宅所有权对哮喘、鼻炎患病风险的影响降低，同时居住在交通干线或高速公路的儿童比例降低，是否居住在交通干线或高速公路附近的儿童哮喘和鼻炎的患病风险不再存在显著差异，住宅建筑面积的不同与儿童过敏性疾病患病风险也不再存在显著相关性。2010年的研究中，居住在建筑面积>100m^{2}住宅中的儿童（与住在建筑面积为61～100m^{2}住宅中的儿童相比）当前有鼻炎症状的患病风险明显更高。与2010年研究结果不同，2019年中居住在建筑面积>100m^{2}住宅中的儿童当前有干咳症状的患病风险明显更低。对比居住在1990年以前建造的住宅中的儿童，居住在1990年以后建造的住宅中的儿童当前有湿疹和干咳的风险都明显更低，这些影响在2010年研究中并不存在。2019年是否居住在交通干线或高速公路附近的儿童曾经哮喘、鼻炎和当前有鼻炎、干咳患病风险不再存在显著差异。随着经济的快速发展，人民经济水平的大幅提高，拥有住宅所有权的家庭占比大幅增加，住宅所有权对哮喘、鼻炎患病风险的影响降低，同时居住在交通干线或高速公路的儿童比例降低[16]。

对于哮喘及其喘息症状，从图5-37和图5-38中可以看出，在2019年中，与采用复合地板作为儿童卧室地板表面材料的儿童相比，采用实木地板的儿童曾经哮喘（aOR=0.64，95%CI：0.42～0.97）和喘息（aOR=0.49，95%CI：0.34～0.70）患病风险明显更低，住宅客厅的不同地板材料对曾经或当前有哮喘及其相关症状均无显著性影响。

对于儿童卧室墙壁材料对疾病的影响，可以发现对比家中使用石灰水泥作为卧室墙壁材料的儿童，家中卧室墙体采用乳胶漆的儿童喘息患病风险明显更低（aOR=0.44，95%CI：0.26～0.74)，卧室墙壁采用壁纸的儿童干咳患病风险相比于采用石灰水泥的儿童明显更低（aOR=0.49，95%CI：0.29～0.82)。

在2010年中，与采用实木地板作为儿卧地板材料的儿童相比，采用复合地板的儿童当前有喘息（aOR=1.38，95%CI：1.09～1.75）和干咳症状（aOR=1.40，95%CI：1.11～1.77）患病风险明显更高。与采用瓷砖或石头作为儿童卧室地板表面材料相比，采用复合地板作为地板材料的儿童曾经喘息（aOR=0.75，95%CI：0.61～0.0.92）和鼻炎（aOR=1.20，95%CI：1.03～1.41）症状的患病风险明显更高。采用壁纸作为卧室墙壁材料的儿童当前有喘息症状的风险更低（aOR=0.72，95%CI：0.54～0.96)。

对于曾经过敏性鼻炎及鼻炎症状，2010年和2019年的调查中均发现与采用复合地板作为儿童卧室地板材料相比，采用实木地板或是采用瓷砖/石头作为地板表面材料，其儿童曾经过敏性鼻炎患病风险都明显更低。

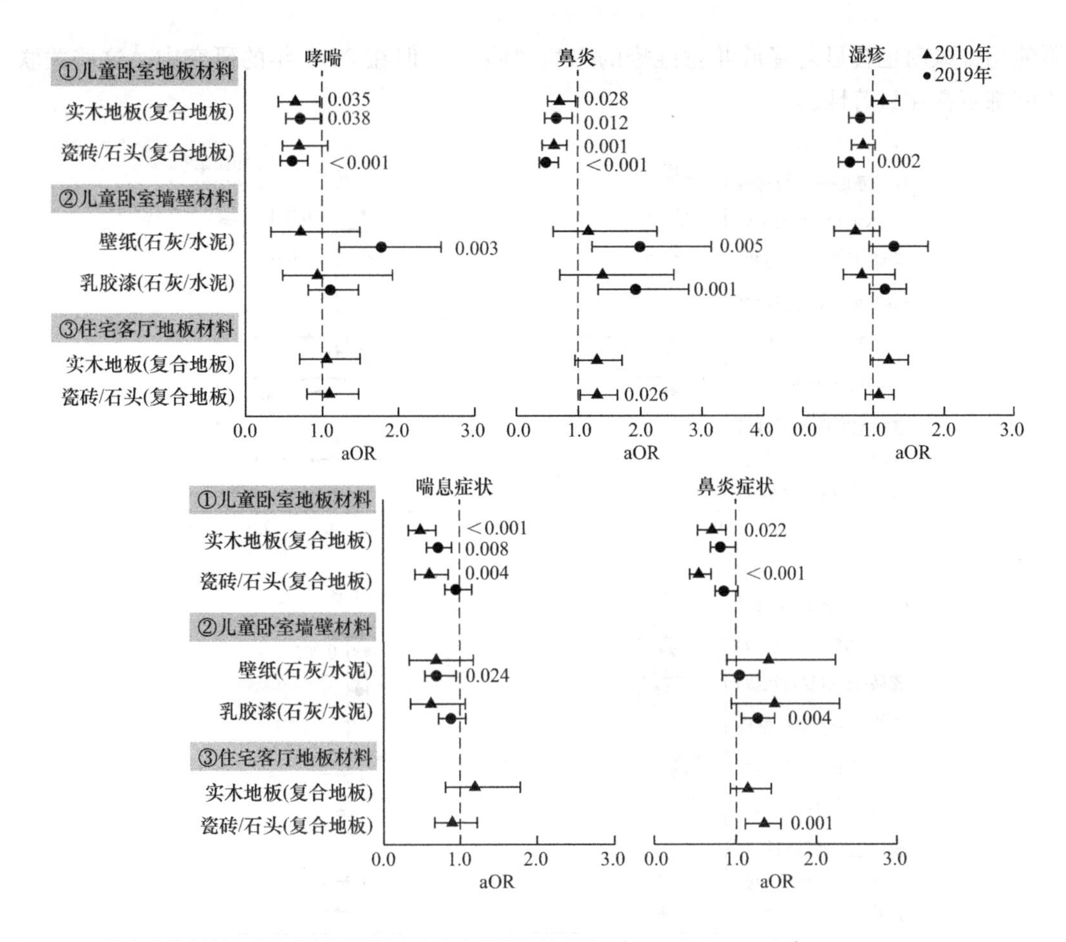

图 5-37　住宅装饰材料与儿童曾经过敏性疾病患病风险的关联性（2010 年和 2019 年）

2019 年的分析结果表明（见图 5-38）：与采用复合地板作为儿卧地板表面材料相比，采用瓷砖石头的儿童鼻炎或鼻炎症状的患病风险都明显更低，客厅的分析结果刚好相反，与采用复合地板相比，采用瓷砖/石头作为儿童卧室墙壁表面材料的住宅中的儿童曾经或者当前有鼻炎症状的风险都要明显更高，且对于当前有鼻炎症状，采用实木地板比采用复合地板的患病风险更高。在 2019 年的研究中，不同的儿童卧室墙壁材料，鼻炎患病风险没有显著性差异。对于曾经和当前有湿疹，除了与采用复合地板相比，采用瓷砖/石头对曾经患湿疹的风险更低，其他采用不同墙壁材料或地板材料，均对曾经或当前有湿疹的患病风险没有显著性影响。

5.4.3　居民生活方式与儿童过敏性疾病的关联变化

在 2010 年的研究中，使用天然气作为住宅中烹饪燃料的儿童哮喘、湿疹、喘息及鼻炎症状的患病风险均更高，但在 2019 年的研究中发现天然气作为燃料对各项疾病的影响并不存在。同样在 2010 年的研究中可以发现，卫生间有机械通风设备会显著增加儿童曾经过敏性鼻炎的患病风险（aOR＝1.78，95％CI：1.28～2.47），厨房内使用抽油烟机的家庭中的儿童过敏性鼻炎（aOR＝1.76，95％CI：1.34～2.33）和鼻炎症状（aOR＝1.21，95％CI：1.06～1.37）的患病风险更高，但会使儿童湿疹的患病风险降低，同时不使用排风扇也会显著降低儿童湿疹的患病风险[16]。但在 2019 年的研究中，这些关联之间都不存在显著性。

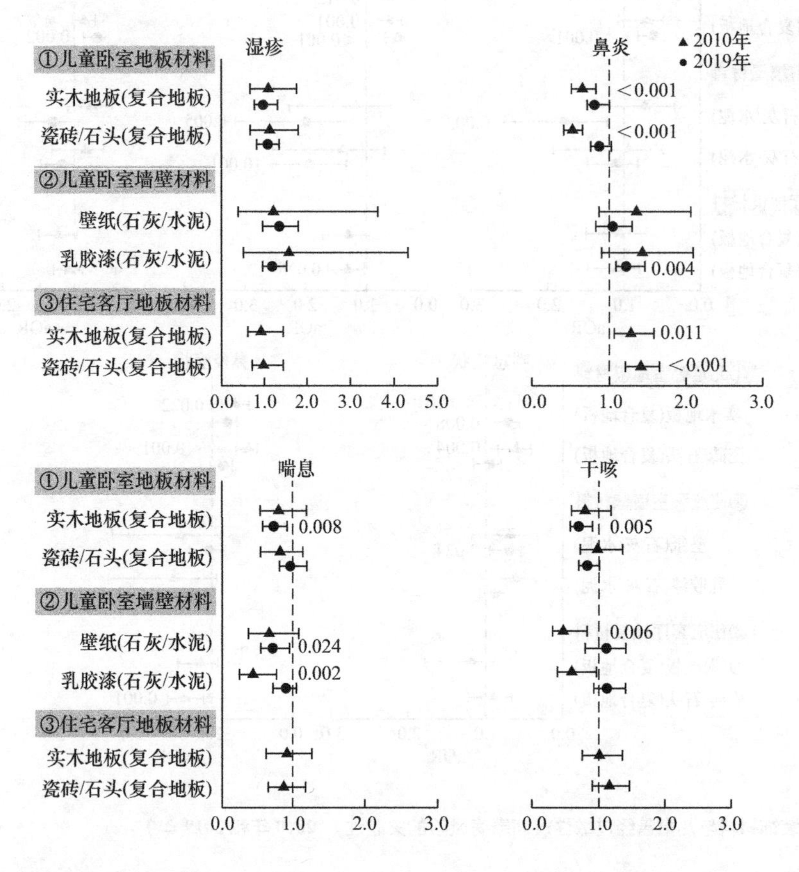

图 5-38　住宅装饰材料与儿童当前有过敏性疾病患病风险的关联性（2010 年和 2019 年）

在 2010 年的研究中，以空调为参考，采用任何供暖方式、卫生间有无机械通风设备以及住宅中是否常用独立式空调和空气净化器对所有调查的当前有过敏性疾病或症状均没有显著影响。2019 年在厨房中使用抽油烟机不再显著影响儿童湿疹、过敏性鼻炎及症状的患病风险。与 2010 年的结果不同的是，2019 年的结果表明：使用空调、电暖器的儿童干咳患病风险明显更高，达到了 2.09，使用排风扇的家庭中儿童干咳患病风险也明显更高（aOR=1.28）[16]。

图 5-39 对比了 2010 年和 2019 年，儿童卧室夜间不同的开窗通风行为和儿童过敏性疾病和症状的关联性。2010 年的研究结果可以发现：①在春天有时开窗会显著增加儿童曾经湿疹和当前有干咳的患病风险；②春季和秋季有时开窗都会降低儿童当前有湿疹的患病风险；③在冬季有时开窗会降低儿童当前有鼻炎风险，同时在冬季从不开窗和有时开窗都会显著增加儿童当前有干咳风险。2019 年的研究中发现：①在春季和秋季即过渡季节，夜晚睡觉时有时开窗和从不开窗均会显著降低儿童鼻炎症状的患病风险；②夏季从不开窗的儿童曾经的鼻炎症状患病风险也明显更低；③在冬季，儿童夜晚睡觉期间有时开窗和从不开窗对曾经喘息和鼻炎症状的患病风险都明显更低。从两项研究结果还可以看出，通风是可以有效改善室内通风情况，但并不是经常通风就对所有的过敏性疾病都是有利影响[16]。

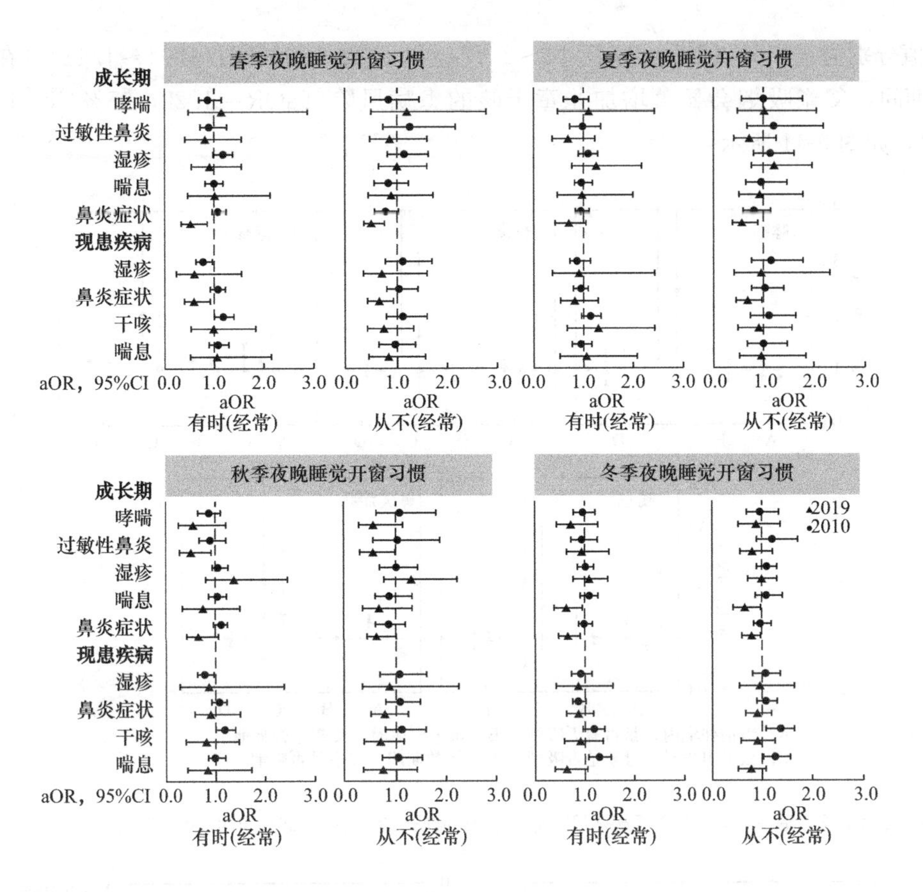

图 5-39　夜间睡觉开窗习惯与儿童过敏性疾病的关联性

在两项研究中均可发现，母亲在儿童出生时吸烟会显著增加儿童哮喘的患病风险，在2010 年 aOR 值为 2.52（95%CI：1.19～5.34），在 2019 年，aOR 值高达 4.51（95%CI：1.20～16.95）。此外在 2019 年的研究中发现，出生时母亲吸烟会显著增加儿童曾经鼻炎的患病风险（aOR=3.85，95%CI：1.09～13.62），在母亲怀孕期间，父亲吸烟的儿童曾经患湿疹的患病风险显著高于父亲不吸烟的儿童（aOR=1.27，95%CI：1.05～1.53），孩子出生时父亲吸烟也会显著增加儿童曾经湿疹的患病风险（aOR=1.27，95%CI：1.05～1.53）。对比来看，在 2010 年，仅在儿童出生时吸烟会显著增加儿童哮喘的患病风险（aOR=2.52，95%CI：1.19～5.34），其他吸烟情况下对儿童其他曾经患病率：过敏性鼻炎、鼻炎症状、湿疹均没有关联。但在 2019 年，儿童早期生命中父母吸烟会显著增加儿童鼻炎和湿疹的患病风险，家中有成员吸烟还会显著增加儿童曾经鼻炎症状的患病风险，如图 5-40 所示。

在 2010 年的研究中，当前住宅内有家庭成员吸烟会显著增加儿童当前有干咳和喘息的风险，调整混淆因素后的 aOR 值分别为：1.19 和 1.20；在母亲怀孕期间和孩子 0～1 岁期间，父亲吸烟会显著增加儿童当前有鼻炎的患病风险（aOR=1.14）；同时怀孕期间，父亲吸烟也会显著增加儿童当前有喘息的患病风险（aOR=1.22，95%CI：1.05～1.42），此外还发现儿童 0～1 岁时，与母亲不吸烟的儿童相比，在出生时母亲吸烟的儿童当前有喘息的风险明显更高（aOR=2.58，95%CI：1.39～4.77）。与 2010 年的研究结果不同，在 2019 年当前住宅内有家庭成员吸烟，儿童湿疹和鼻炎的患病明显更高，

aOR 值分别为：1.61（95％CI：1.14～2.27）和 1.22（95％CI：1.04～1.44），在母亲怀孕期间，父亲吸烟会显著增加儿童干咳的患病风险（aOR＝1.22，95％CI：1.05～1.42），如图 5-41 所示[16]。

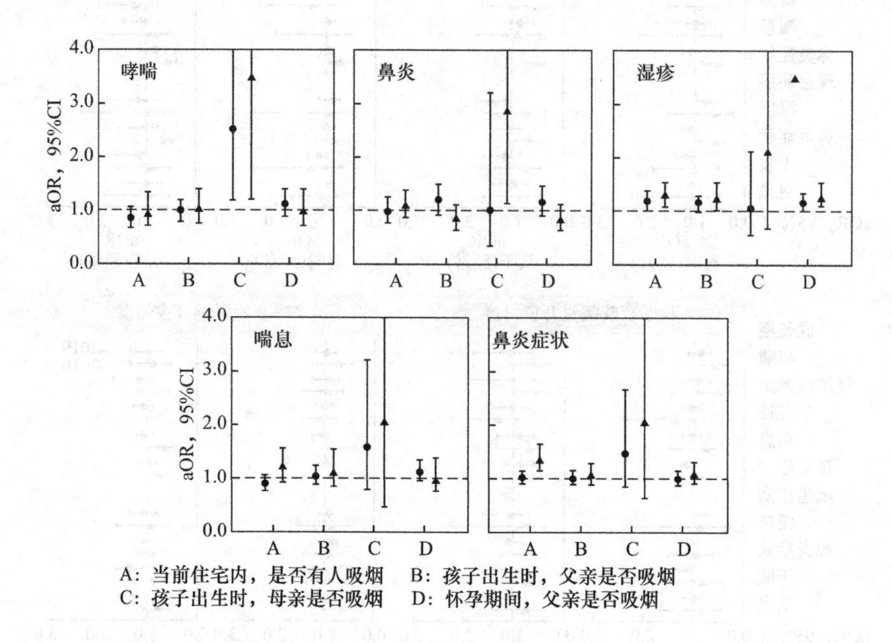

图 5-40 家庭成员吸烟情况与儿童曾经患病风险的 Logistic 回归分析结果（2010 年和 2019 年）

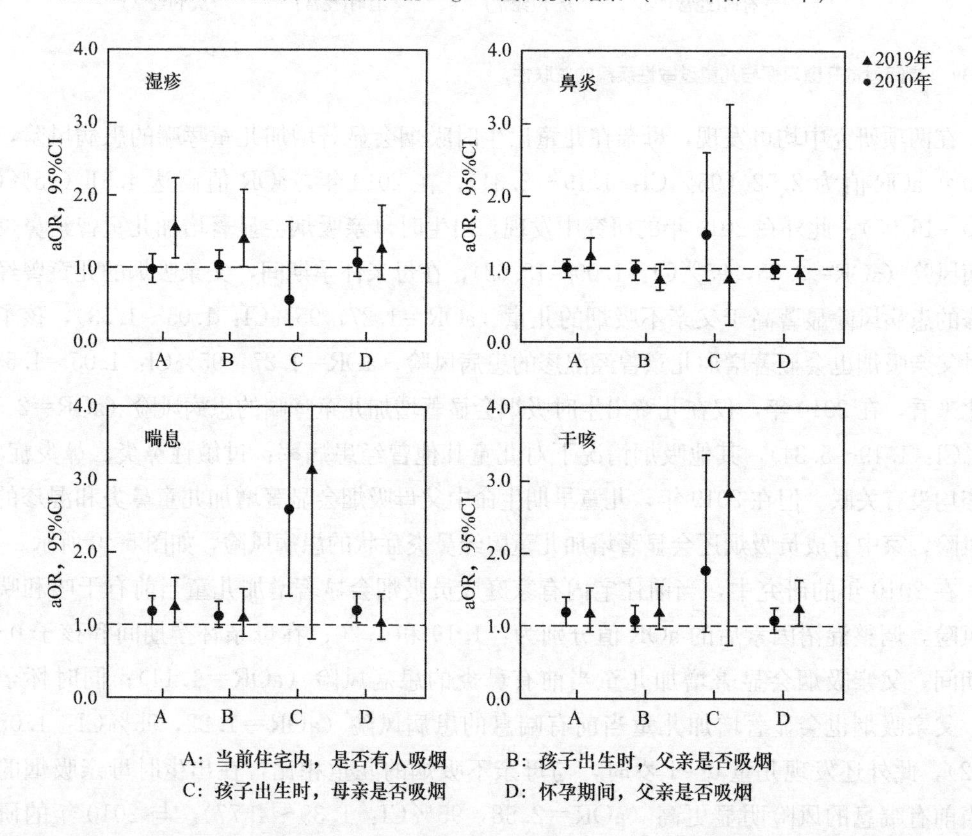

图 5-41 家庭成员吸烟情况与儿童当前疾病患病风险的 Logistic 回归分析结果（2010 年和 2019 年）

除了家庭成员吸烟对儿童产生的二手烟之外，住宅室内使用熏香和蚊香也会产生颗粒物。家中饲养宠物会产生过敏原，对儿童过敏性疾病的患病风险也会有影响。在2010年的研究中发现：在住宅内使用熏香会显著增加儿童、喘息和鼻炎症状的患病风险，aOR值分别为：1.32，1.28和1.22。在2019年的研究中，住在经常使用熏香的住宅中的儿童，曾经过敏性鼻炎患病风险更高（aOR=1.36，95%CI：1.16～1.60）[16]。

在2010年的研究中，当前住宅饲养宠物或在孩子出生时家中饲养宠物会显著增加儿童曾经湿疹的患病风险，在2019年的研究中，在出生时家中饲养宠物的儿童曾经湿疹和喘息的患病风险明显更高。

5.5 国内外室内环境与过敏性疾病的关联对比

许多国家和地区的学者普遍认为建筑物中的潮湿是由水损、窗上凝水、可见的霉点、可见的湿点等引起的，其实潮湿普遍存在于住宅建筑物中。与潮湿相关的指标数量与儿童呼吸道和过敏性疾病的发作和肺功能恶化的概率增加呈正相关。例如，作为最常见的慢性疾病之一，儿童哮喘患病率的上升与室内潮湿有显著的因果关系，在全世界的流行病学研究中均得到了充分证明。Mendell的研究表明，室内潮湿暴露的增加会伴随有哮喘患者夜咳的频率增加，计算的比值比（Odds Ratio，OR）为2.5>1（95%CI：1.4～4.6），证明了潮湿居住环境对人体的不利健康影响[24]。在2010和2019年的研究中，住宅潮湿暴露与儿童哮喘和喘息之间的调整后的比值比（aOR）范围与2004年的相关研究中提出的aOR范围（1.40～2.20）相似[25]。瑞典的DBH使用相同的调查问卷，发现住宅潮湿暴露（如地面潮湿，漏水，可见的霉点/湿点和窗上凝水）与1～6岁学龄前儿童中的哮喘，喘息和鼻炎有重大关联[26]。Mendell等人发现，住宅潮湿暴露与不同城市或地区，不同人口统计学特征的儿童的过敏症状发展显著相关[27]。这些发现一致证实，住宅潮湿暴露是儿童哮喘和鼻炎的危险因素。在新西兰，一项病例对照研究发现，室内可见的霉点和发霉的气味与喘息概率增加呈正相关（aOR范围为1.30～3.56）[28]。这些关联进一步表明，住宅潮湿暴露与儿童的过敏和呼吸系统疾病存在因果关系。

Lu等人在罗马尼亚开展的学龄儿童呼吸道症状与室内环境暴露相关关系的调查中同样发现，儿童卧室中的霉菌和潮湿问题与鼻炎症状的风险明显较高有关[29]。Chereches-Panta进行的一项研究报告指出，罗马尼亚儿童哮喘和过敏性鼻炎相关症状的患病率在六年间大幅增加[30]。可见的霉菌在儿童卧室（6%）相比于住所的其他地方（18%）较少。当地维持室内环境的设备的使用率较低，如空调（6%）、机械通风（8%）和加湿器（13%）。在单污染模型中（即只考虑一个室内环境特征时计算OR值），观察到报告有潮湿和霉菌问题的家庭中，儿童出现鼻炎症状的风险增加。在与潮湿和霉菌问题有关的四个指标中，过去12个月的可见霉点/漏水（OR=2.09，95%CI：1.04～4.20）和儿童卧室的可见霉点/潮湿（OR=4.72，95%CI：1.55～15.71）都与鼻炎症状显著相关，另外两个指标也与鼻炎症状存在关联（见表5-12）。潮湿/霉菌是与流感症状相关的最强危险因素，由于潮湿/霉菌问题，学龄儿童患鼻炎的风险增加了4倍。儿童卧室使用的暖气类型是儿童感染鼻炎的另一个重要危险因素，与使用电加热器的家庭相比，使用铁炉（aOR＝4.80，95％CI：1.44～20.13）或燃气炉（aOR＝3.92，95％CI：1.26～15.62）供暖的家庭中儿童患鼻炎风险增加。室内使用空调也与鼻炎症状的风险增加 4.2 倍有关[29]。

单污染模型中住宅潮湿暴露及其与学龄儿童健康结果的关系的描述　表 5-12

住宅特征	N（%）	在单污染模型下的 aOR （95%的置信区间）		
		哮喘症状	过敏症状	鼻炎症状
潮湿和霉菌				
在过去 12 个月中可见的霉点/漏水				
没有	216（81.82）	—	—	—
有	48（18.18）	0.74（0.27～1.75）	0.30（0.06～0.95）	2.09（1.04～4.20）
冬季窗上凝水				
没有	193（71.22）	—	—	—
有	78（28.78）	0.90（0.42～1.83）	1.47（0.69～3.04）	1.70（0.94～3.08）
在儿童房间中潮湿/可见的霉点				
没有	258（93.82）	—	—	—
有	17（6.18）	0.99（0.18～3.74）	0.56（0.06～2.51）	4.72（1.55～15.71）
在过去 5 年中潮湿/霉菌问题				
没有	223（81.68）	—	—	—
有	50（18.32）	0.80（0.30～1.88）	0.91（0.33～2.18）	1.91（0.95～3.81）

Maritta 等人做了一项针对鼻炎的研究，发现鼻炎与发霉的气味有关的风险最大，其次是受可见的霉菌的影响，而水损与鼻炎的风险增加无关。潮湿和霉菌是儿童患鼻炎，过敏性鼻炎及鼻结膜炎的决定因素。鼻炎与发霉的气味的关联最强，这表明微生物暴露对鼻炎患病风险起着重要的作用，即当潮湿暴露可以“闻到”时，暴露源对鼻黏膜产生不良的影响，导致人们感染鼻炎。表 5-13 列出了潮湿/霉菌暴露与相关疾病的效果估计值[31]。

研究潮湿/霉菌暴露与相关疾病的效果估计值　表 5-13

		鼻炎	过敏性鼻炎	鼻结膜炎
暴露的方法和 EE 值	任意暴露	2.08（1.56～2.76）	1.52（1.29～1.80）	1.68（1.41～2.00）
	水损	1.71（0.69～4.22）	1.46（0.98～2.19）	—
	潮湿	1.82（1.34～2.46）	1.50（1.38～1.62）	1.67（1.41～1.98）
	可见的霉菌	1.82（1.56～2.12）	1.51（1.39～1.64）	1.66（1.27～2.18）
	发霉的气味	2.18（1.76～2.71）	1.87（0.95～3.68）	—

欧盟呼吸健康调查（European Community Respiratory Health Survey，ECRHS）是一项国际多中心哮喘流行病学队列研究，涵盖 23 个国家的 48 个中心，第一阶段 ECRHS Ⅰ始于 1990—1995 年，第二阶段 ECRHS Ⅱ从 1998—2002 年，调查发现在过去的 8～9 年时间内共有 355 个哮喘新增病例。在过去 12 个月报告有水损和湿点的受试者中哮喘发作的相对风险增加。这项纵向研究表明，潮湿和霉菌会增加成人新增哮喘的风险，约 5％～15％的成人哮喘发作可归因于住宅潮湿暴露。此外，哮喘新增病例与潮湿程度、霉菌数量、室内有霉菌的房间数量之间存在关联，表明有暴露-剂量反应关系[32]。

在欧盟呼吸健康调查第一阶段（ECRHS Ⅰ）结束之后，Norback 等人又开展了一项对北欧呼吸健康（Respiratory Health In Northern Europe，RHINE）的十年跟踪调查，这是基于 ECRHS Ⅰ的七个北欧研究中心的研究对象的后续研究。研究从 ECRHS Ⅰ中的调查者中抽取了 11506 名年轻人（图 5-42）。在 1999—2000 年，受试者的调查表（RHINE Ⅱ）中涉及有关呼吸健康和家庭环境的问题。在 2010—2012 年，进行了第二阶段的跟踪调查，受试者调查表（RHINE Ⅲ）中的呼吸健康问题与 RHINE Ⅱ相同。这项持续十年的队列研究发现，吸烟、ETS 和在室内喷漆是呼吸道症状的危险因素，吸烟会显著增加患鼻炎的风险。木板喷漆和地板喷漆会减慢呼吸道症状的缓解。居住在老建筑中是夜间咳嗽和医生确诊哮喘的危险因素，居住在新建筑物中是夜间呼吸困难和鼻炎的危险因素[33]。

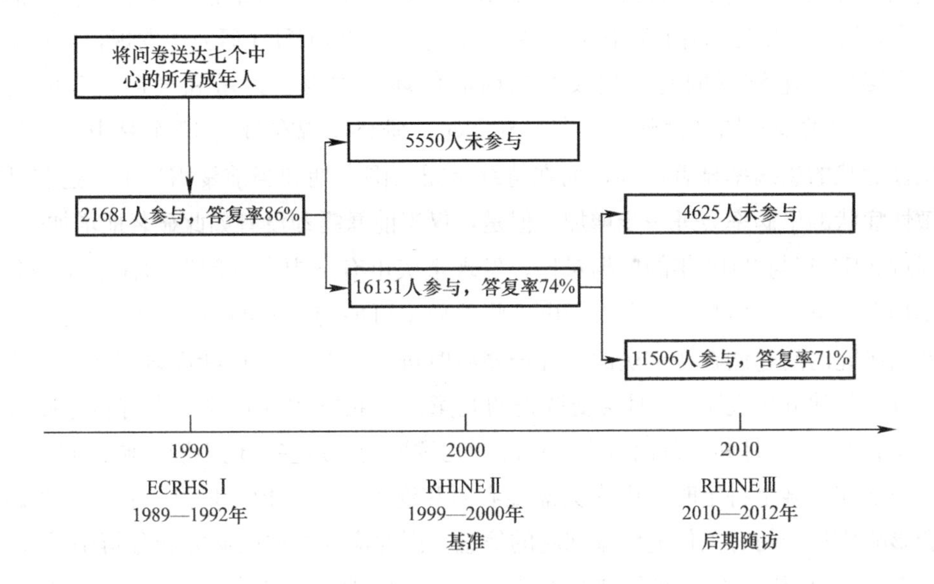

图 5-42　欧洲实验设计流程图

在中国，Guo 等人在内蒙古开展的相关实验认为湿度对儿童下呼吸道感染有显著性影响，尤其是当相对湿度低于 40%或高于 90%时，儿童呼吸道感染的风险会显著增加[34]。对上海地区 2011 年 4 月至 2012 年 4 月间的调研也同样发现，不论是早期还是当前，室内潮湿表征暴露均与儿童湿疹患病相关。除此之外，上海地区还对床铺尘螨与儿童湿疹的关系做了更详细的研究：较小的儿童卧室建筑面积（<$20m^2$）、现代化内墙装饰材料（乳胶漆和油漆）的选用、室外交通污染情况（靠近主干道、工厂或公路）、儿童窗框材料的选用（铝制或木制）、卧室使用空调、卫生间通风方式（排风扇）、床上用品更换频率（很少）和使用空气净化器与较高的床铺粉尘螨（Der f1）和屋尘螨（Der p1）显著相关。尘螨致敏原，尤其是 Der f1，是儿童湿疹患病的显著风险因素，高尘螨浓度条件下的儿童的湿疹患病风险高于低尘螨浓度条件下的儿童。经过床铺尘螨和室内潮湿表征对儿童湿疹的耦合风险效应分析发现，不论室内是否存在潮湿表征，曾患湿疹类症状（曾经湿疹和最近一年湿疹）的儿童，其室内床铺尘螨浓度均高于无湿疹类症状的家庭，且在室内潮湿条件下儿童曾经湿疹的家庭床铺 Der f1 浓度明显高于无湿疹类症状的家

庭[35]。在天津地区 2013 年 4 月至 2014 年 12 月的调研发现，暴露在过敏原 Der 1① 浓度高于 2000.0ng/g 环境的儿童曾患鼻炎的危险度是暴露于过敏原 Der 1 浓度低于 2000.0ng/g 环境里的儿童的 2.35 倍。暴露于第一类尘螨过敏原 Der f1 浓度高于 2000.0ng/g 环境里的儿童曾患鼻炎的危险度是暴露在尘螨过敏原 Der f1 浓度低于 2000.0ng/g 环境里的儿童的 2.26 倍。对于季节性差异，天津城市尘螨过敏原浓度在秋冬季节达到了最高值，过敏原浓度的最低值出现在夏季。对于地域性差异，城镇地区住宅建筑室内灰尘中尘螨过敏原浓度水平要明显低于农村地区。天津城市尘螨过敏原 Der f1 在夏季与绝对湿度呈显著的正比例关系。在春秋冬季节通风量则与尘螨过敏原浓度呈负相关性，即高通风量会降低尘螨过敏原浓度[36]。

其他学者也注意到早期接触住宅潮湿暴露对儿童哮喘、过敏性鼻炎及其相关症状的影响更大。Hu 等人在中国上海对 4～6 岁学龄前儿童的 CCHH 研究中发现，仅在早期居住环境中接触住宅潮湿的儿童比仅在当前居住环境中发生过敏和气道疾病的概率更高[37]。在更早的围产期接触到住宅潮湿暴露时，研究发现在过去 12 个月中儿童呼吸道和过敏性症状的患病率显著增加，而在持续暴露（围产期和当前暴露）下，这些呼吸道和过敏性症状的患病率会进一步增加。但是，仅当前暴露却没有如此显著地增加[38]。

通过 2010 年与 2019 年的数据对比，发现重庆市有室内潮湿问题的住宅比例和儿童患病率均有所下降，但是 Liu 等人指出这些差异也可能与不同的调查时期有关[39]。2010 年横断面研究的问卷调查在重庆的冬春季寒冷时进行，2019 年横断面研究在夏季气温较高时进行。其他分析表明，3 月接受调查的儿童中，衣物潮湿且住所中有窗上凝水的儿童比例显著低于 12 月和 1 月出现类似情况的儿童比例。这些发现表明，调查问卷无法反映在调查之前的某个特定时期内有关潮湿衣服和窗上凝水的指标信息。它还表明调查期可能会影响所报告的有关住宅潮湿问题的信息，因此应在类似的研究和分析中予以考虑。然而，在 2010 年和 2019 年的两项研究中，大多数情况下，住宅潮湿暴露问题始终与儿童过敏和呼吸系统疾病的概率增加有关。这些发现进一步证实，住宅潮湿暴露是儿童过敏和呼吸系统疾病的危险因素，应得到更多关注，以控制儿童患病率的增加，改善儿童健康。

在不同地区，由于气候特征不同，住宅潮湿表征与建筑特征和人类行为之间的关联也有所不同。在针对欧洲 22 个国家的 7127 个家庭的欧盟呼吸健康调查（ECRHS）Ⅱ中，Norback 及其同事发现，较高的环境温度和建筑年代以及降水可能是造成住宅潮湿和发霉的危险因素。环境温度与自我报告的水损（OR＝1.63，95％CI：1.02～2.63）、湿点（OR＝2.95，95％CI：1.98～4.39）和霉点（OR＝2.28，95％CI：1.04～4.67）有关。环境温度，而不是环境相对湿度，可能对欧洲住宅潮湿和霉菌产生重要影响。因此，与全球变暖相关的气候变化可能会增加潮湿和室内霉菌生长的风险。通过统计分析发现，在降雨频繁，室外相对湿度高的气候区域，建筑特征和通风习惯的因素与住宅潮湿明显相关，并且气候特征在住宅潮湿的发展中起着重要作用[14]。

---

① 第一类过敏嫄 Der 1，即过敏原 Der f1 与过敏原 Der f2 之和。

5.6 总结

通过对近十年全球及中国儿童哮喘等过敏性疾病变化趋势分析，全球及中国儿童在哮喘患病率上基本都呈波动下降趋势，其与建筑性能、室内环境质量、居民生活方式等存在一定的相关性。基于2010年和2019年开展的大样本横断面流行病学调研分析，2019年调研的重庆住宅所有潮湿表征所占比例均显著低于2010年，表明重庆地区住宅潮湿状况有明显改善。建筑年代是影响室内潮湿环境的间接因素。新建建筑围护结构热工性能提升，导致无潮湿表征指标的住宅数量随建筑年代的推迟而增加，有多个累积潮湿指标的住宅数量随建筑年代的推迟而减少。此外，建筑特征和人员生活方式与部分住宅潮湿问题显著相关，且2019年调研中建筑特性与潮湿表征之间的关联比2010年更显著，而生活方式与潮湿表征之间的关联在2010年更为显著。

建筑潮湿与儿童疾病的患病率之间存在明显的相关性，室内潮湿暴露与儿童哮喘、过敏性鼻炎、肺炎、湿疹、喘息和鼻炎的患病率增加显著相关。2010年的研究中儿童过敏症状及呼吸道疾病的患病率明显高于2019年重复研究，这可能是因为近年来父母意识到室内潮湿暴露对健康的影响，从而有意识地控制室内潮湿暴露风险，但2019年调研中儿童呼吸道疾病患病率与潮湿表征之间的关联性增强。暴露-剂量-反应关系结果显示，当前住宅或早期住宅中室内潮湿表征的累积数量与所研究儿童疾病患病率具有显著的剂量-反应关系，2019年中有室内潮湿暴露的儿童患病率高于没有暴露的儿童。2010年和2019年的研究中均发现儿童生命早期接触室内潮湿暴露比当前接触对所研究疾病的发病率影响更大，早期和当前的室内潮湿暴露是学龄前儿童患过敏和呼吸道疾病的危险因素。

本章参考文献

[1] 张寅平，李百战，黄晨. 中国10城市儿童哮喘及其他过敏性疾病现状调查 [J]. 科学通报，2013，58 (25)：2504-2523.

[2] 中华人民共和国生态环境部. 2010年中国环境状况公报 [OL]. 北京：中华人民共和国生态环境部，2011 [2020-10-04]. http：//www. mee. gov. cn/hjzl/sthjzk/zghjzkgb/201605/P020160526562650021158. pdf.

[3] 中华人民共和国生态环境部. 2019年中国生态环境状况公报 [OL]. 北京：中华人民共和国生态环境部，2020 [2020-10-04]. http：//www. mee. gov. cn/hjzl/sthjzk/zghjzkgb/202006/P020200602509464172096. pdf.

[4] 重庆市生态环境局. 2010重庆市环境状况公报 [OL]. 重庆：重庆市生态环境局，2010 [2020-10-04]. http：//sthjj. cq. gov. cn/hjzl_249/hjzkgb/202008/P020200828407918415138. pdf.

[5] 重庆市生态环境局. 2019重庆市生态环境状况公报 [OL]. 重庆：重庆市生态环境局，2020 [2020-10-04]. http：//sthjj. cq. gov. cn/hjzl_249/hjzkgb/202006/P020200603553557246401. pdf.

[6] 王清勤，孟冲，张寅平. 健康建筑 [M]. 北京：中国建筑工业出版社，2020.

[7] 邓启红，钱华，赵卓慧，莫金汉. 中国室内环境与健康研究进展报告2013 [M]. 北京：中国建筑工业出版社，2014.

[8] Shaodan Huang，Eric Garshick，Louise B. Weschler，et al. Home environmental and lifestyle factors associated with asthma，rhinitis and wheeze in children in Beijing，China [J]. Environmental Pollution，2020，256.

[9] 方晓丹. 数据解读：从居民收支看全面建成小康社会成就［OL］. 北京：人民日报，2020［2021-7-25］. http：//www. stats. gov. cn/tjsj/sjjd/202007/t20200727_1778643. html.

[10] 中华人民共和国住房和城乡建设部. 用高质量铸就中国建造品牌：《关于完善质量保障体系提升建筑工程品质的指导意见》解读［OL］. 北京：中华人民共和国住房和城乡建设部，2019［2020-11-23］. http：//www. mohurd. gov. cn/gongkai/fdzdgknr/zcjd/201909/20190927_242015. html.

[11] 河北省住房和城乡建设厅. DB13（J）185—2015 河北省居住建筑节能设计规范（节能 75%）［S］. 北京：中国建筑工业出版社，2015.

[12] 山东省住房和城乡建设厅、山东省质量技术监督局. DB 37/5026—2014 山东省居住建筑节能设计规范（节能75%）. 北京：中国建筑工业出版社，2015.

[13] Du Chenqiu，Li Baizhan，Yu Wei，et al. Evaluating the effect of building construction periods on household dampness/mold and childhood diseases corresponding to different energy efficiency design requirements［J］. Indoor air，2020，541-56.

[14] Jiao Cai，Baizhan Li，Wei Yu，et al. Household dampness and their associations with building characteristics and lifestyles：Repeated cross-sectional surveys in 2010 and 2019 in Chongqing，China［J］. Building and Environment，2020，183.

[15] 张寅平，邓启红，钱华，莫金汉. 中国室内环境与健康研究进展报告 2012［M］. 北京：中国建筑工业出版社，2011.

[16] 要颖慧. 十年前后住宅室内环境与儿童过敏性疾病变化特性研究［D］. 重庆：重庆大学，2021.

[17] Cai Jiao，Li Baizhan，Yu Wei，et al. Associations of household dampness with asthma，allergies，and airway diseases among preschoolers in two cross-sectional studies in Chongqing，China：Repeated surveys in 2010 and 2019［J］. Environment international，2020，140.

[18] 王晗. 住宅室内环境对儿童哮喘的健康风险评估［D］. 重庆：重庆大学，2016.

[19] 美国华盛顿大学. 2019 全球疾病负担报告［OL］. 英国：爱斯维尔，2020［2020-10-28］. https：//vizhub. healthdata. org/gbd-compare/.

[20] 肖惠迪，书文，李梦龙，李子昂，闫晗，胡翼飞. 中国 2011—2018 年儿童哮喘患病率 Meta 分析［J］. 中国学校卫生，2020，41（08）：1208-1211.

[21] 中华人民共和国生态环境部（原环保部）. 我国“大气十条”目标全面实现三大区域 PM2. 5 浓度明显下降［OL］. 北京：央广网，2018［2021-7-1］. https：//baijiahao. baidu. com/s？id＝1591102737428882228&wfr＝spider&for＝pc.

[22] 高学欢，陈非儿，赵卓慧. 42. 404 名学龄前儿童喘息和过敏症状的新发和缓解与第一个 2 年家庭环境的关系研究：一项多中心流行病学调查［C］. 2018 环境与健康学术会议——精准环境健康：跨学科合作的挑战论文汇编. 沈阳，2018：466-467.

[23] 蔡姣. 住宅室内潮湿和霉菌时空暴露规律及儿童哮喘和鼻炎效应追踪研究［D］. 重庆：重庆大学，2021.

[24] Mendell MJ，Macher JM，Kumagai K. Measured moisture in buildings and adverse health effects：a review［J］. Indoor Air. 2018，28：488-499.

[25] Bornehag C. G.，Sundell J.，Bonini S.，et al. Dampness in buildings as a risk factor for health effects，EUROEXPO：a multidisciplinary review of the literature（1998-2000）on dampness and mite exposure in buildings and health effects［J］. Indoor Air，2004，14：243-257.

[26] Bornehag C. G.，Sundell J.，Hagerhad-Engman L.，et al. “Dampness” at home and its association with airway，nose and skin symptoms among 10，851 preschool children in Sweden：a cross-sectional study［J］. Indoor Air，2005，15：48-55.

[27] Mendell M. J.，Mirer A. G.，Cheung K.，et al. Respiratory and allergic health effects of dampness，mold，and dampness-related agents：a review of the epidemiologic evidence［J］. Environmental health perspectives，2011，119：748-756.

[28] Shorter C.，Crane J.，Pierse N.，et al. Indoor visible mold and mold odor are associated with new-onset childhood wheeze in a dose-dependent manner [J]. Indoor Air，2018，28：6-15.

[29] Yi Lu，Shao Lin，Wayne R.，et al. Evidence from SINPHONIE project：Impact of home environmental exposures on respiratory health among school-age children in Romania [J]. Science of the Total Environment，2018，621：75 84.

[30] Chereches-Panta P.，C S.，Dumitrescu D.，et al. Epidemiological survey 6 years apart：increased prevalence of asthma and other allergic diseases in schoolchildren aged 13-14 years in Cluj-Napoca，Romania（based on I-SAAC questionnaire）[J]. Maedica，2011，6：10-16.

[31] Maritta S. Jaakkola，Reginald Quansah，Timo T. Hugg et al. Association of indoor dampness and molds with rhinitis risk：A systematic review and meta-analysis [J]. The Journal of Allergy and Clinical Immunology，2013，132（5）.

[32] Norbäck D.，Zock J. P.，Plana E.，et al. Mould and dampness in dwelling places，and onset of asthma：the population-based cohort ECRHS. [J]. Occupational and environmental medicine，2013，70：325-331.

[33] Wang J.，Janson C.，Jogi R.，et al. A prospective study on the role of smoking，environmental tobacco smoke，indoor painting and living in old or new buildings on asthma，rhinitis and respiratory symptoms [J]. Environmental Research，2021，192.

[34] Wenfang Guo，Yi Letai，Wang Peng，et al. Assessing the effects of meteorological factors on daily children's respiratory disease hospitalizations：A retrospective study [J]. Heliyon，2020，6（8）.

[35] 蔡姣. 住宅室内潮湿表征和床铺尘螨与儿童湿疹的关联性研究 [D]. 上海：上海理工大学，2017.

[36] 罗述刚. 住宅建筑室内尘螨过敏原暴露与健康效应的研究 [D]. 天津：天津大学，2018.

[37] Hu Y.，Liu W.，Huang C.，et al. Home dampness，childhood asthma，hay fever，and airway symptoms in shanghai，china：Associations，number-response relationships，and lifestyle's influences [J]. Indoor Air，2014，24：450-463.

[38] Han Wang，Baizhan Li，Wei Yu，et al. Early-life exposure to home dampness associated with health effects among children in Chongqing，China [J]. Building and Environment，2015，94：327-334.

[39] Liu W.，Huang C.，Hu Y.，et al. Associations of building characteristics and lifestyle behaviors with home dampness-related exposures in Shanghai dwellings [J]. Building and Environment，2015，88：106-115.

第6章

室内潮湿环境下空气霉菌暴露对儿童健康影响

6.1 儿童住宅室内霉菌暴露现状
6.2 住宅建筑特性对室内霉菌的影响
6.3 室内温湿度及潮湿表征对霉菌暴露风险的影响
6.4 不同季节空气霉菌暴露浓度与儿童过敏性疾病的关联
6.5 总结
本章参考文献

室内潮湿会增加建筑墙体或材料表面潮湿程度，从而有利于霉菌的生长繁殖，这些材料表面滋生的霉菌等微生物在适宜的室内温湿度环境下可能会迅速繁殖并在空气中扩散孢子，并随空气流动进入人体呼吸系统，从而诱发儿童过敏性哮喘等疾病的发生。因此，潮湿被认为是室内空气污染物之一。造成霉菌大量繁殖的因素有较高的环境温度、高湿度和来自围护结构结露和渗漏的液态水，目前已有很多研究解释了哮喘、过敏性疾病、过敏性肺炎等呼吸道疾病以及部分过敏反应与室内空气中霉菌的关联性，但是现有关于建筑潮湿、霉菌暴露与儿童过敏性哮喘的关联分析多为流行病学表型研究，获得的建筑潮湿表征，如墙体发霉现象或潮湿等，多是通过用户自报告或直接观察，得到的建筑潮湿对儿童过敏性哮喘的影响多是定性分析，由于缺少实测环境数据匹配，两者的相关关系缺乏客观支撑和机理解释。

因此，本章重点介绍了基于横断面问卷调研得到的住宅室内潮湿和儿童健康数据库，筛选病例-对照样本，对其典型儿童住宅室内霉菌暴露开展全年不同季节入室检测工作，通过定向追踪进一步揭示不同时空下室内潮湿表征及其诱发的霉菌暴露分布特性、室内环境对室内霉菌生长的影响以及室内动态霉菌暴露与儿童过敏性疾病的潜在因果关系，从而为认识建筑潮湿致儿童哮喘的影响机理提供科学依据，为室内湿度控制方法和空气质量评测指标等提供理论支撑。

6.1　儿童住宅室内霉菌暴露现状

6.1.1　室内空气霉菌污染水平

本次测试分别对卧室、客厅和相应的室外进行空气霉菌采样检测，卧室三个季节霉菌平均浓度为 1205CFU/m^3（范围：64～5385CFU/m^3），客厅三个季节霉菌平均浓度为 1395CFU/m^3（范围：100～8400CFU/m^3），室外三个季节霉菌平均浓度为 1195CFU/m^3（范围：68～5946CFU/m^3）。

表 6-1 给出了不同检测季节下的卧室、客厅和室外的霉菌浓度的分布情况，可以发现，室内外霉菌浓度均呈现出季节性变化的规律，这与大部分的研究结论相同。在冬、夏、过渡季三个季节中，冬季三个地点的霉菌浓度均为最低，且显著低于其他两个季节，这也证明了在冬季寒冷的气候条件下霉菌难以存活，夏季三个地点的霉菌浓度均为最高，证明了高湿的气候条件是霉菌生长的必要条件，过渡季室外霉菌浓度远低于夏季，室内的霉菌浓度却略低于夏季，而室外空气中的霉菌是室内空气中霉菌的主要来源，但是过

不同季节室内外霉菌浓度情况（单位：CFU/m^3）　表 6-1

	卧室			客厅			室外		
	平均值±标准差	最小值	最大值	平均值±标准差	最小值	最大值	平均值±标准差	最小值	最大值
冬季	453±338	64	1777	464±286	100	1290	575±618	68	3281
夏季	1683±995	266	4377	1914±1652	265	8400	1798±1513	283	5946
过渡季	1452±1356	200	5385	1795±1747	272	6513	1138±696	318	2956

渡季室内外霉菌浓度差距很大，所以过渡季可能是室内霉菌生长的高发季节，下面将进一步分析各个季节室内外霉菌的分布和关联。

关于室内霉菌浓度，我国现在还没有规范给出确切的标准值，只是要求建筑围护结构内表面无结露、发霉和返潮现象，国内关于霉菌浓度的规范最接近的是2002年国家卫生部发布的《室内空气质量标准》[3] GB/T 18883—2002，其中生物相关部分规定：当采用方法为撞击法时，室内空气总菌落数标准值为2500CFU/m^3，这个值为细菌和真菌的总和。国外关于霉菌浓度的规范，例如，根据美国政府工业卫生学家会议（ACGIH），空气传播真菌的限值为：小于100CFU/m^3 为低浓度，100～1000CFU/m^3 为中等浓度，大于1000CFU/m^3 为高浓度[1]。1996年，欧盟根据实测的调查结果，发布了关于室内微生物浓度范围的报告[2]，其中规定在住宅内，真菌小于50CFU/m^3 为极低浓度，50～200CFU/m^3 为低浓度，200～1000CFU/m^3 为中等浓度，1000～10000CFU/m^3 为高浓度，大于10000CFU/m^3 为极高浓度。

图6-1给出三个季节不同地点空气中霉菌浓度的分布。结果显示，冬季卧室空气霉菌浓度第一四分位数为260CFU/m^3，第三四分位数为594CFU/m^3，冬季卧室空气霉菌浓度均小于1000CFU/m^3，冬季客厅空气霉菌浓度第一四分位数为250CFU/m^3，第三四分位数为599CFU/m^3，92.6%的客厅霉菌浓度低于1000CFU/m^3，卧室和客厅空气霉菌浓度无明显差异，冬季室外空气霉菌浓度第一四分位数为261CFU/m^3，第三四分位数为560CFU/m^3，85.2%的室外霉菌浓度低于1000CFU/m^3，且室外霉菌浓度平均值高于客厅和卧室，即冬季室外霉菌污染比室内更加严重。

夏季卧室空气霉菌浓度第一四分位数为856CFU/m^3，第三四分位数为2075CFU/m^3，霉菌浓度高于1000CFU/m^3 的卧室占比高达66.7%，霉菌浓度高于2500CFU/m^3 的卧室占比为20.0%。夏季客厅空气霉菌浓度第一四分位数为1001CFU/m^3，第三四分位数为2279CFU/m^3，霉菌浓度高于1000CFU/m^3 的客厅占比高达76.7%，霉菌浓度高于2500CFU/m^3 的客厅占比为20.0%。夏季室外空气霉菌浓度第一四分位数为813CFU/m^3，第三四分位数为2019CFU/m^3，霉菌浓度高于1000CFU/m^3 的室外测试点占比高达66.7%，霉菌浓度高于2500CFU/m^3 的室外测试点占比为23.3%。由此可以看出，重庆地区夏季霉菌污染程度非常严重，甚至有20%的家庭的室内霉菌浓度超过了《室内空气质量标准》GB/T 18883—2002[3]中规定的最高浓度2500CFU/m^3，还可以看出，夏季客厅的霉菌污染程度大于卧室，且很多家庭室内的霉菌浓度比室外要高，这表明了夏季室内霉菌污染程度大于室外。

过渡季卧室空气霉菌浓度第一四分位数为550CFU/m^3，第三四分位数为1677CFU/m^3，霉菌浓度高于1000CFU/m^3 的卧室占比为60.9%，霉菌浓度高于2500CFU/m^3 的卧室占比为8.7%。过渡季客厅空气霉菌浓度第一四分位数为705CFU/m^3，第三四分位数为1911CFU/m^3，霉菌浓度高于1000CFU/m^3 的客厅占比为60.9%，霉菌浓度高于2500CFU/m^3 的客厅占比为8.7%。过渡季室外空气霉菌浓度第一四分位数为695CFU/m^3，第三四分位数为1665CFU/m^3，霉菌浓度高于1000CFU/m^3 的室外测试点占比为34.7%，霉菌浓度高于2500CFU/m^3 的室外测试点占比为4.3%。从过渡季的空气霉菌数据可以看出，过渡季的室内的霉菌浓度多个方面均远远高于室外浓度，可能是过渡季室

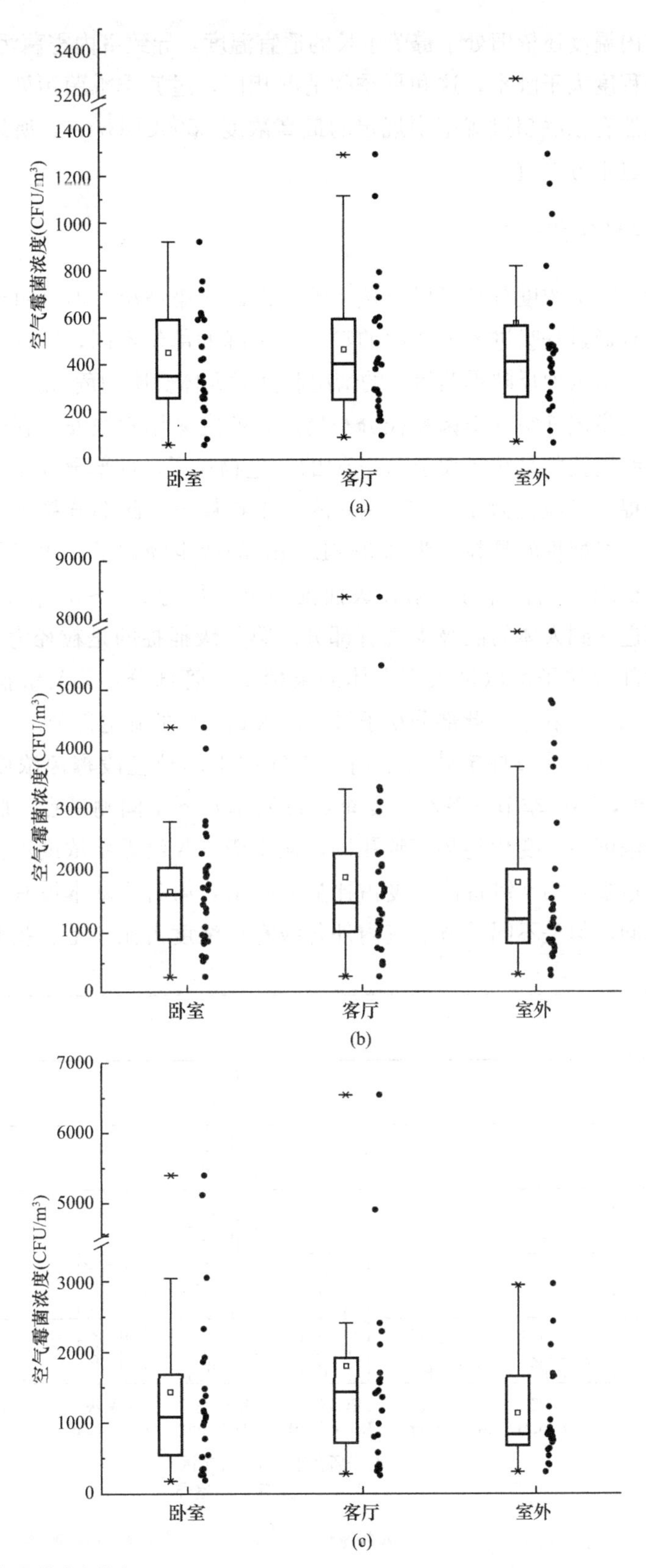

图 6-1　不同季节空气霉菌浓度分布

(a) 冬季；(b) 夏季；(c) 过渡季

外温度降低，室内温度还依旧处于霉菌生长的适宜温度，导致室内霉菌污染比室外严重，且客厅霉菌污染程度大于卧室，这和夏季的情况相同，过渡季霉菌污染尽管比夏季减轻了一些，但是仍然有家庭超过规范中规定的最高浓度 2500CFU/m^3，所以过渡季的空气霉菌污染的情况也十分严重。

6.1.2 不同粒径的霉菌分布

虽然空气中霉菌的浓度分布可以直接反映霉菌的污染情况，但是由于霉菌粒子的粒径大小不同，导致通过呼吸进入人体内的粒子易沉降的部位不同，所以研究各粒径段霉菌的分布情况能更深入地反映霉菌污染的情况和其对人体健康的危害。

为了探究住宅室内外空气霉菌粒径分布情况，研究采用六级安德森采样器，此仪器分为六级，第Ⅰ级捕捉的是粒径大于 7.0μm 的微生物粒子，此部分粒子主要沉积在鼻腔部位。第Ⅱ级捕捉的是粒径为 4.7～7.0μm 的微生物粒子，此部分粒子主要沉积在人体的咽喉部位。第Ⅲ级捕捉的是粒径为 3.3～4.7μm 的微生物粒子，此部分粒子可以进入到人体的气管和初级支气管部分。第Ⅳ级捕捉的是粒径为 2.1～3.3μm 的微生物粒子，此部分粒子可以进入到人体的次级支气管部分。第Ⅴ级捕捉的是粒径为 1.1～2.1μm 的微生物粒子，此部分粒子可以进入到人体的末梢支气管部分。第Ⅵ级捕捉的是粒径为 0.65～1.1μm 的微生物粒子，此部分粒子可以进入到人体的肺泡部分。

图 6-2 呈现了不同季节住宅建筑室内外空气中不同粒径段霉菌浓度分布结果。从图 6-2 中可以看出，不同季节（冬季、夏季和过渡季）下不同测试点（卧室、客厅和室外）的各级霉菌浓度占比变化趋势大致相同，从Ⅰ级到Ⅳ级霉菌浓度占比逐渐增加，Ⅳ级霉菌浓度占比最多，第Ⅴ级霉菌浓度占比显著降低，第Ⅵ级基本没有霉菌生长。尽管变化趋势基本相同，但是不同季节下室内外各级霉菌浓度占比还是有些差别，对比不同

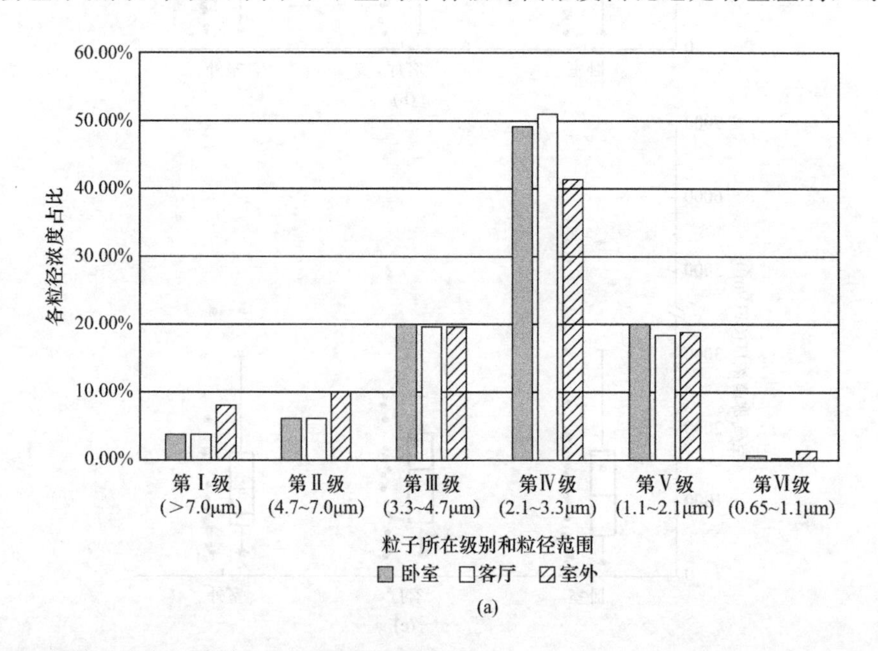

图 6-2 不同季节住宅室内外空气中不同粒径段霉菌浓度分布（一）
(a) 冬季

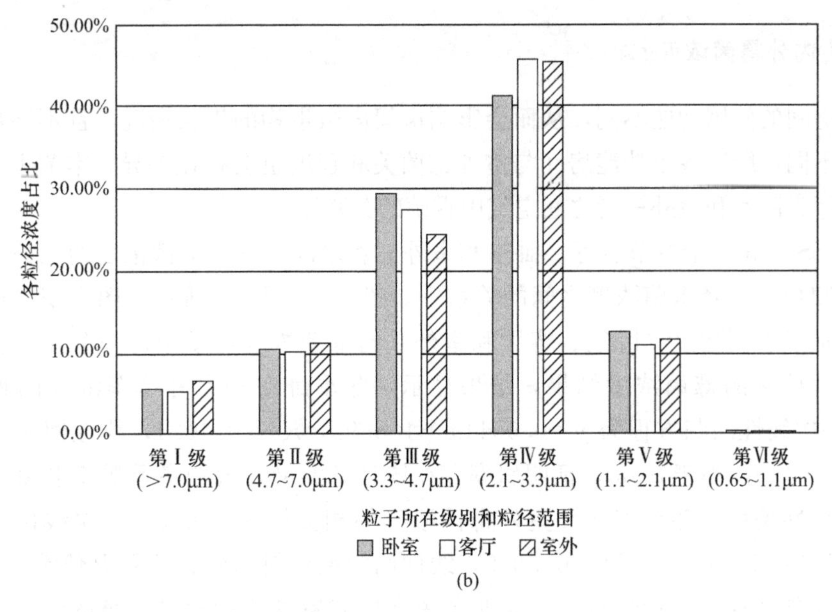

(b)

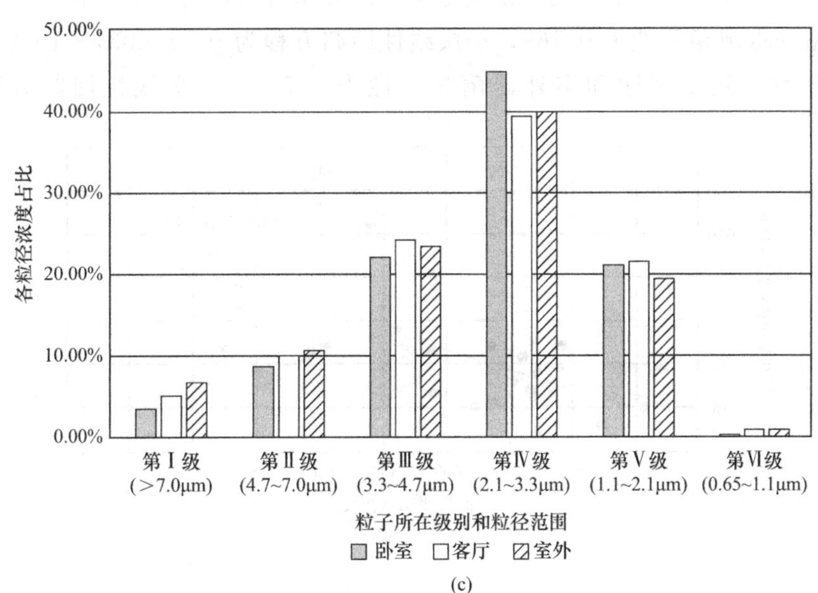

(c)

图 6-2　不同季节住宅室内外空气中不同粒径段霉菌浓度分布（二）

(b) 夏季；(c) 过渡季

季节发现，三个季节下，第Ⅰ级和第Ⅱ级室外霉菌浓度占比都大于室内，特别是冬季差距较为明显，这也意味着大粒径的霉菌粒子主要来源于室外，冬季较其余两个季节通风少，阻碍了大颗粒的粒子进入室内。同时冬季第Ⅳ级室内霉菌浓度占比大于室外，达到了 50%左右，这个值也远大于夏季和过渡季室内的占比，证明冬季室内会产生粒径为 2.1～3.3μm 的霉菌粒子，且并没有很好地排出室外。夏季第Ⅲ级和第Ⅴ级的霉菌浓度占比和另外两个季节明显不同，夏季第Ⅲ级霉菌浓度占比明显大于冬季和过渡季，第Ⅴ级霉菌浓度占比却明显小于冬季和过渡季，这意味着相比于冬季和过渡李夏李霉菌粒子的平均粒径更大。

6.1.3　室内外霉菌浓度的相关性

不同房间的使用功能不同，从而会影响房间内微生物的生长情况，且不同功能房间通风情况不同，所以各个功能房间与室外霉菌关联程度也会存在差异，本节主要分析不同季节客厅、卧室和室外三者之间空气中霉菌的关联性。

用SPSS计算三个季节客厅、卧室和室外三者之间空气中霉菌浓度的相关性并用一次线性回归拟合三者霉菌浓度之间的关系，如图6-3～图6-5所示，图中横坐标和纵坐标分别表示了不同地点（卧室、客厅和室外）的霉菌浓度，图中每一个点代表了每一家住户一次检测的霉菌浓度结果，结果显示，冬季卧室和室外霉菌浓度的相关性为0.634，一次线性回归方程为 $y=0.9011x+108.92$，$R^2=0.4024$，线性回归系数检验结果 P 值等于0，小于0.05，证明斜率存在统计学意义，说明冬季卧室和室外之间存在显著的线性关系。冬季客厅和室外霉菌浓度的相关性为0.623，一次线性回归方程为 $y=0.7309x+150.75$，$R^2=0.3879$，线性回归系数斜率检验结果 P 值等于0，小于0.05，证明斜率存在统计学意义，说明冬季客厅和室外之间存在显著的线性关系。夏季卧室和室外霉菌相关性为0.769，一次线性回归方程为 $y=1.003x-19.049$，$R^2=0.5916$，$P=0$，夏季客厅和室外霉菌相关性为0.775，一次线性回归方程为 $y=$

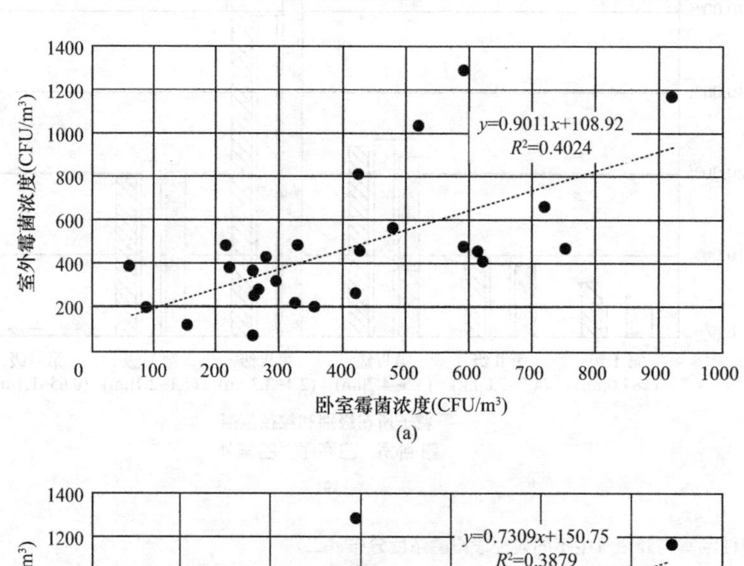

(a)

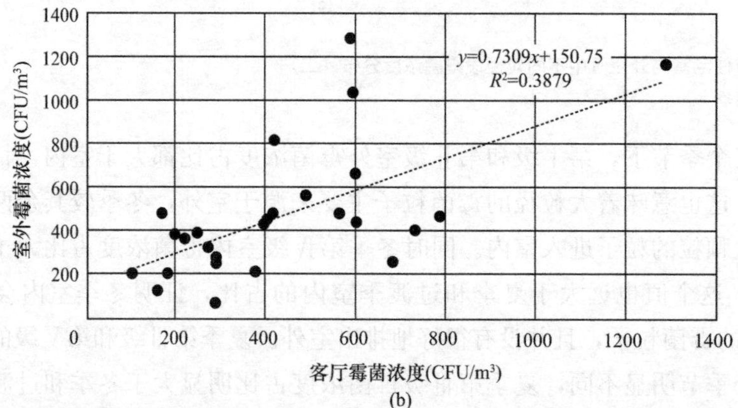

(b)

图6-3　冬季室内与室外霉菌浓度线性拟合图

(a) 卧室与室外；(b) 客厅与室外

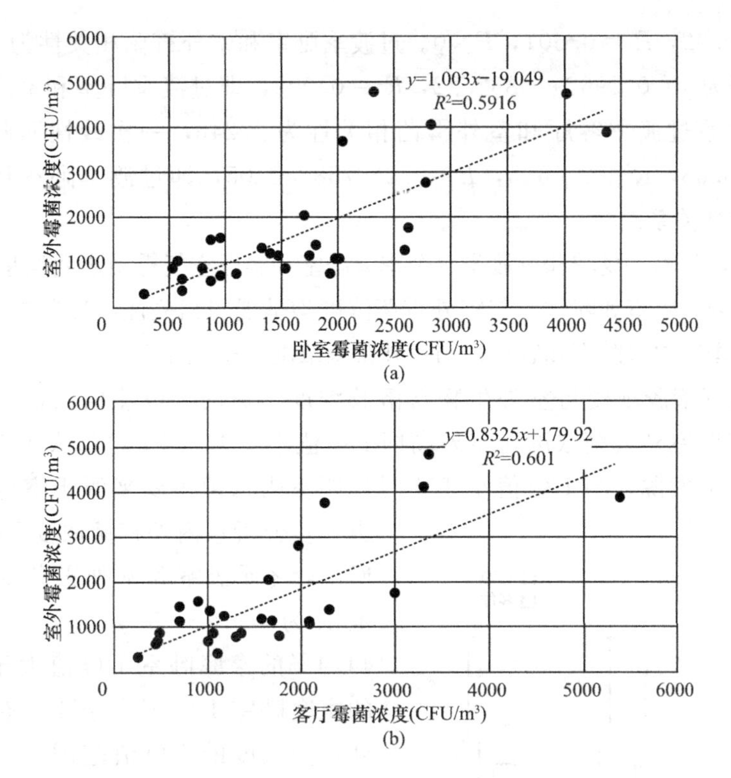

图 6-4　夏季室内与室外霉菌浓度线性拟合图

(a) 卧室与室外；(b) 客厅与室外

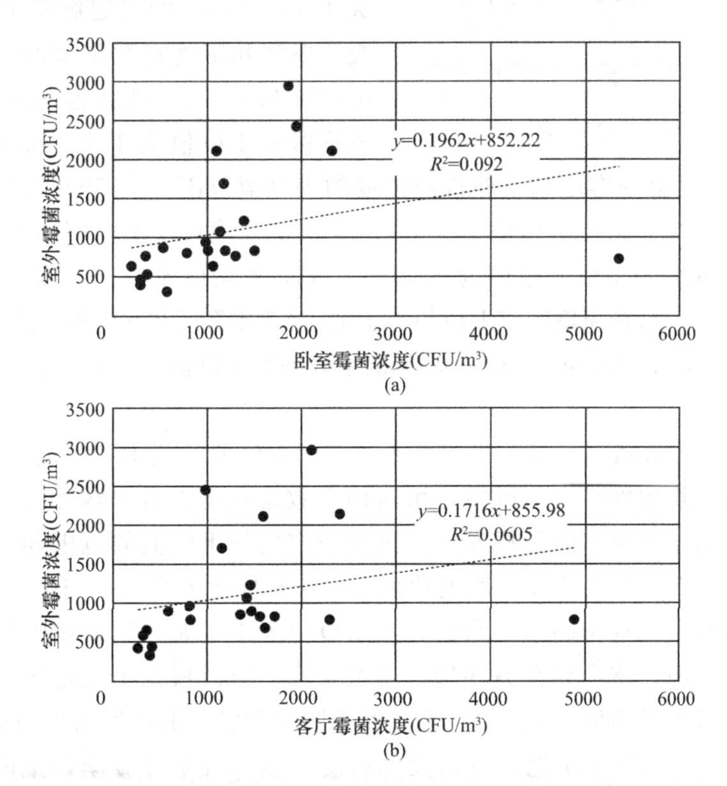

图 6-5　过渡季客厅与室外霉菌浓度线性拟合图

(a) 卧室与室外；(b) 客厅与室外

0.8325x+179.92，R^2=0.601，P=0。过渡季卧室和室外霉菌相关性为0.303，一次线性回归方程为y=0.1962x+852.22，R^2=0.092，即过渡季卧室和室外之间不存在显著的线性关系过渡季客厅和室外霉菌相关性为0.246，一次线性回归方程为y=0.1716x+855.98，R^2=0.0605，P=0.269758>0.05，即过渡季卧室和室外之间不存在显著的线性关系。

综上所述，冬季、夏季和过渡季三个季节卧室和客厅空气霉菌之间均呈现强相关性，冬季和夏季室内（卧室和客厅）与室外霉菌浓度均呈现弱相关性，且夏季比冬季相关性强，但是过渡季室内（卧室和客厅）与室外霉菌浓度无相关性。

室内生物气溶胶浓度与室外生物气溶胶浓度之比的I/O比值已被广泛应用[4-6]。大多数研究表明室外真菌浓度比室外高即I/O值小于1，当I/O值大于1时表明室内存在明显霉菌散发源，当I/O值小于1时说明室内霉菌主要来源于室外[4,7-9]。所以进一步分析室内外霉菌浓度I/O值如图6-6所示，冬季卧室和室外霉菌浓度的I/O值范围为0.16～3.85，平均值为1.04，44.4%的家庭卧室I/O值大于1，55.6%的家庭卧室I/O值小于1。冬季客厅和室外霉菌浓度的I/O值范围为0.34～4.36，平均值为1.12，44.4%的家庭卧室I/O值大于1，55.6%的家庭卧室I/O值小于1。夏季卧室和室外霉菌浓度的I/O值范围为0.35～2.59，平均值为1.17，53.3%的家庭卧室I/O值大于1，46.6%的家庭卧室I/O值小于1。夏季客厅和室外霉菌浓度的I/O值范围为0.50～2.99，平均值为1.22，50.0%的家庭卧室I/O值大于1，50.0%的家庭卧室I/O值小于1。过渡季卧室和室外霉菌浓度的I/O值范围为0.31～7.33，平均值为1.36，52.2%的家庭卧室I/O值大于1，47.8%的家庭卧室I/O值小于1。过渡季客厅和室外霉菌浓度的I/O值范围为0.41～6.65，平均值为1.58，60.9%的家庭卧室I/O值大于1，39.1%的家庭卧室I/O值小于1。

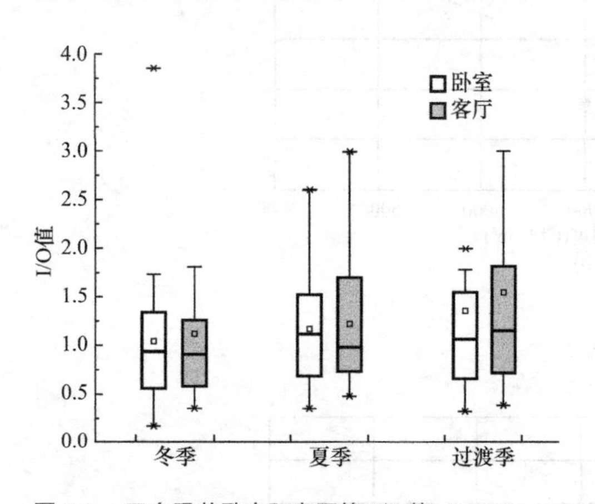

图6-6　三个季节卧室和客厅的I/O值

从卧室和客厅的数据可以看出三个季节客厅I/O值的范围和平均值均大于卧室，且客厅霉菌的平均浓度也大于卧室，由这两个数据都可以看出客厅霉菌污染的情况比卧室严重。从不同季节的分析发现，过渡季室内外I/O值的范围和平均值明显大于其他季节，且I/O值大于1家庭的比例也大于其他两个季节。当I/O值小于1时，表示室外霉菌是室内霉菌的主要来源，当I/O值大于1时，则表明室外霉菌不是室内霉菌的唯一来源，室内存在另外的霉菌散发源。所以根据重庆地区三个季节卧室和客厅的I/O值的平均值均大于1，且过渡季卧室和客厅I/O值的平均值最高，达到了1.36和1.58，所以重庆地区室内发霉情况严重，且是过渡季是室内霉菌生长的高发季节。

6.2　住宅建筑特性对室内霉菌的影响

6.2.1　不同建筑年代下空气霉菌浓度对比

一般而言，不同年份建造的建筑物按照当时颁布的标准采用了不同的设计参数[11-13]。因此不同建筑年代的建筑具有不同设计参数，这可能会影响建筑湿热环境，以及住宅中的潮湿情况。将本次测试的住宅建筑根据不同建筑节能设计标准的颁布时间节点将其划分为两种类型，分别为 2010 年前和 2010 年以后（包含 2010 年）。两种类型建筑三个季节卧室和客厅空气霉菌浓度分布如表 6-2 所示，从表中可以看出不同建筑年代住宅之间霉菌浓度存在显著差异性，冬季和过渡季 2010 年后的住宅建筑空气霉菌浓度大于 2010 年前的住宅建筑空气霉菌浓度，但是夏季却呈现相反的规律，继续对比不同年代室内外霉菌浓度，发现当室内霉菌平均浓度高时，室外浓度也会高，其原因为室内霉菌浓度受室外影响较大，且室外空气霉菌浓度变化范围非常大，冬季室外霉菌浓度标准差为 $618CFU/m^3$，夏季为 $1513CFU/m^3$，过渡季为 $696CFU/m^3$，所以室内霉菌平均浓度并不能真实代表室内霉菌散发情况。

不同建筑年代室内空气霉菌浓度均值　表 6-2

测试季节	空气霉菌浓度（CFU/m^3）					
	2010 年前			2010 年后		
	卧室	客厅	室外	卧室	客厅	室外
冬季	355	376	398	532	534	717
夏季	1918	2446	1974	1483	1465	1671
过渡季	907	1151	882	1749	1927	1295

进一步分析不同建筑年代住宅下霉菌 I/O 值。图 6-7 显示了各个季节不同建筑年代

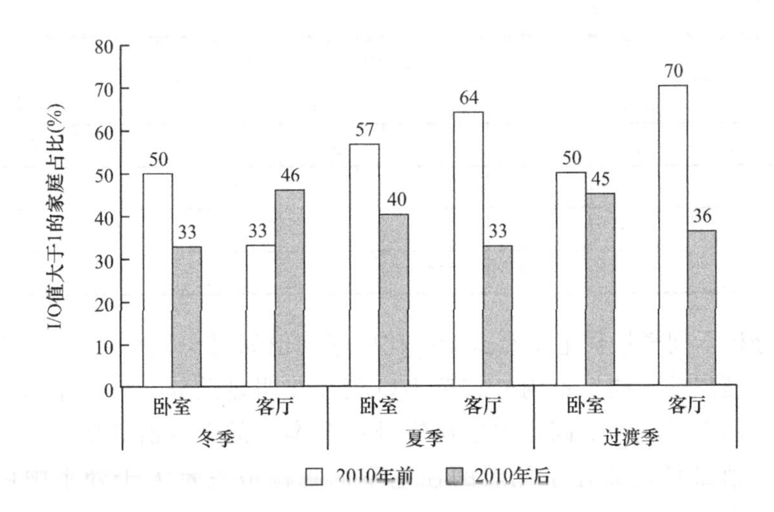

图 6-7　各个季节不同建筑年代下卧室和客厅 I/O 值大于 1 的家庭占比

下卧室和客厅I/O值大于1的家庭占比，结果显示除冬季客厅外，2010年前的住宅各个季节下I/O值大于1的家庭占比都大于2010年后的家庭。

不同建筑年代住宅霉菌I/O值均值如表6-3所示，根据统计分析可以发现不同建筑年代下的室内外霉菌I/O值的呈现显著差异性，三个季节下2010年前的住宅的室内外霉菌I/O值均大于2010年后的住宅，且两个年份建筑客厅的I/O值差异比卧室更加明显。I/O值大于1的家庭占比和I/O值均值都表明建筑年代越久远的住宅室内霉菌散发量越多，且客厅比卧室霉菌污染更严重。

不同建筑年代下室内外空气霉菌浓度I/O均值　表6-3

测试季节	室内外霉菌I/O值			
	2010年前		2010年后	
	卧室	客厅	卧室	客厅
冬季	1.25	1.34	0.86	0.93
夏季	1.25	1.45	1.09	1.02
过渡季	1.29	1.51	0.90	1.00

6.2.2　不同楼层的霉菌浓度对比

将本次测试的住宅按照楼层分为低层（1～3层）、中层（4～9层）和高层（＞9层），三个季节不同楼层卧室和客厅空气霉菌浓度分布如表6-4所示，从表中可以发现，不同楼层室内外霉菌浓度依旧存在很强的相关性，所以室内霉菌平均浓度并不能真实代表室内霉菌散发情况。

进一步分析不同楼层住宅下霉菌I/O值，图6-8显示了各个季节不同楼层下卧室和客厅I/O值大于1的家庭占比，结果显示处于低层的家庭各个季节下I/O值大于1的家庭占比都显著大于处于中层和高层的家庭。

不同楼层住宅室内空气霉菌浓度均值　表6-4

	空气霉菌浓度（CFU/m³）								
	低层			中层			高层		
	卧室	客厅	室外	卧室	客厅	室外	卧室	客厅	室外
冬季	376	373	342	624	592	785	343	395	498
夏季	1841	1739	1777	1925	2505	2248	1440	1536	1469
过渡季	1208	1613	1409	1534	1805	1047	1353	1456	1057

进一步分析不同楼层住宅下霉菌I/O比的平均值如表6-5所示，根据统计分析可以发现，由于楼层的不同，室内外霉菌I/O值存在明显差异，三个季节中，低层住宅卧室和客厅的I/O值均最高，中层住宅卧室和客厅的I/O值其次，高层住宅卧室和客厅的I/O值最低，即处于低层的住宅室内霉菌散发量大于处于中层和高层的住宅室内霉菌散发量。

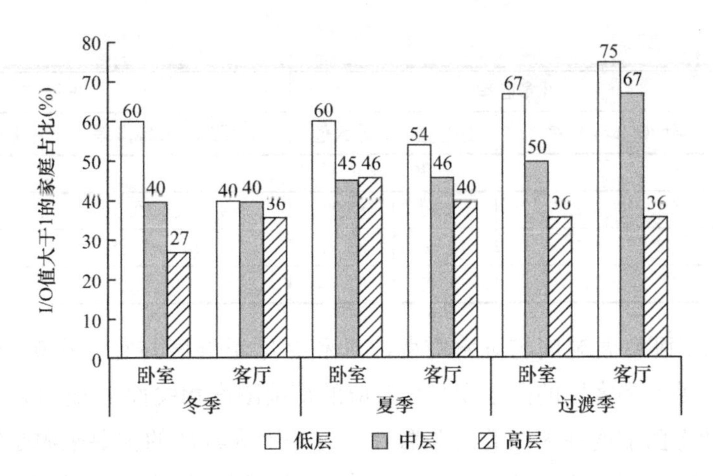

图6-8　各个季节不同楼层下卧室和客厅I/O值大于1的家庭占比

不同楼层下室内外空气霉菌浓度I/O值均值　　表6-5

测试季节	室内外霉菌I/O值					
	低层		中层		高层	
	卧室	客厅	卧室	客厅	卧室	客厅
冬季	1.16	1.08	0.97	0.99	0.78	0.95
夏季	1.51	1.30	1.10	1.22	1.09	1.20
过渡季	1.30	1.37	1.09	1.12	0.96	1.23

6.3　室内温湿度及潮湿表征对霉菌暴露风险的影响

6.3.1　室内空气温湿度对室内霉菌的影响

重庆属亚热带季风性湿润气候，在中国属于高湿地区。研究测试的三个季节中卧室和客厅的温湿度分布如表6-6所示，卧室和客厅温度和湿度分布基本一致，且不同季节的室内空气温度和相对湿度与重庆的气候相符，夏季室内温度分布十分集中，跨度较小，冬季和过渡季温度波动相对较大，夏季是三个季节中湿度最大的季节，空气平均相对湿度达到了75%左右，冬季是三个季节中湿度最小的季节，但是其室内湿度是三个季节中波动最大的。

不同季节室内空气温湿度分布　　表6-6

测试季节	儿童卧室			客厅		
	平均值±标准差	最小值	最大值	平均值±标准差	最小值	最大值
温度（℃）						
夏季	27.03±0.77	25.46	28.64	27.40±1.26	24.92	29.86
过渡季	17.42±3.12	12.59	21.67	17.82±3.15	13.30	21.90
冬季	13.65±4.10	7.07	18.08	13.09±2.85	8.62	18.94

续表

测试季节	儿童卧室			客厅		
	平均值±标准差	最小值	最大值	平均值±标准差	最小值	最大值
相对湿度（%）						
夏季	74.21±8.72	51.33	88.34	73.74±10.55	47.20	89.31
过渡季	68.67±9.10	48.08	83.02	66.02±8.25	50.03	80.44
冬季	62.51±13.57	30.81	81.54	60.89±11.57	29.91	78.41

表6-7显示了卧室温湿度与卧室霉菌浓度和客厅温湿度与客厅霉菌浓度的相关性，从中可以发现，卧室和客厅的温湿度与相对应的霉菌浓度相关性 P 值均大于0.05，即空气温度和湿度和霉菌浓度并无显著的关联性，这是因为霉菌的主要来源是室外和室内散发源且每个季节室外霉菌浓度波动较大而室内温湿度波动较小，所以室内温湿度和室内霉菌浓度并没有显示出关联性。

室内温湿度与霉菌的相关系数　　表6-7

项目	皮尔逊相关系数，r（p 值）	
	温度（℃）	相对湿度（%）
①卧室		
冬季	−0.289（0.254）	0.298（0.249）
夏季	−0.234（0.234）	0.251（0.237）
过渡季	0.220（0.352）	0.133（0.576）
②客厅		
冬季	−0.193（0.365）	0.377（0.369）
夏季	−0.236（0.233）	0.233（0.273）
过渡季	0.259（0.271）	0.233（0.323）

6.3.2 室内潮湿表征对霉菌的影响

微生物生长的必要条件就是水分，室内出现可见霉斑、可见湿斑、水损、霉味等潮湿表征意味着室内潮湿情况严重，研究通过调查员入室检测判断室内是否存在潮湿表征，相比问卷住户自报告得到的数据，判断标准更加统一可靠。

研究通过现场问询和观察对住宅卧室和客厅的潮湿情况进行了判断，主要观测是否存在以下六种潮湿表征：衣物受潮、可见霉斑、可见湿斑、水损、窗户结露和霉味。在检测的家庭中，冬季卧室出现潮湿表征的家庭占比为62.96%，客厅出现潮湿表征的家庭占比为55.56%，夏季卧室出现潮湿表征的家庭占比为44.83%，客厅出现潮湿表征的家庭占比为51.72%，过渡季卧室出现潮湿表征的家庭占比为34.78%，客厅出现潮湿表征的家庭占比为26.09%。冬季潮湿表征主要集中在衣物发霉和霉味，过渡季衣物发霉和霉味出现的比例较小。

将本次测试的住宅按照是否出现潮湿表征分为两类，两类家庭三个季节卧室和客厅空气霉菌浓度分布如表6-8所示，从表中可以发现，夏季出现潮湿表征的家庭室内空气霉菌浓度高于未出现潮湿表征的家庭，冬季和过渡季却呈现相反的规律，但是室内霉菌浓度平均值高的家庭相应的室外霉菌浓度也相应高，所以只看霉菌浓度并不能准确说明室内霉菌的散发情况。

有无潮湿表征下的室内空气霉菌浓度均值　表 6-8

测试季节	空气霉菌浓度（CFU/m³）					
	未出现潮湿表征的家庭			出现潮湿表征的家庭		
	卧室	客厅	室外	卧室	客厅	室外
冬季	555	505	740	393	431	463
夏季	1479	1781	1798	1956	2085	1848
过渡季	1453	1687	1295	1251	1315	1233

进一步分析室内外霉菌 I/O 值，图 6-9 显示了各个季节有无潮湿表征下卧室和客厅 I/O 值大于 1 的家庭占比，结果显示冬季有无潮湿表征 I/O 值大于 1 的家庭占比基本相同，夏季和过渡季有潮湿表征时 I/O 值大于 1 的家庭占比明显大于无潮湿表征的家庭。室内外霉菌 I/O 值均值结果如表 6-9 所示，根据统计分析可以发现，冬季出现潮湿表征家庭卧室和客厅室内外霉菌 I/O 值均略微大于未出现潮湿表征的家庭，冬季出现潮湿表征家庭卧室和客厅室内外霉菌 I/O 值均显著大于未出现潮湿表征的家庭，过渡季出现潮湿表征家庭客厅室内外霉菌 I/O 值显著大于未出现潮湿表征的家庭，但是卧室室内外霉菌 I/O 值略微小于未出现潮湿表征的家庭。I/O 值大于 1 的家庭占比和 I/O 值均值这两个数据都表明当室内出现潮湿表征时室内霉菌散发量比室内未出现潮湿表征的室内霉菌散发量大。

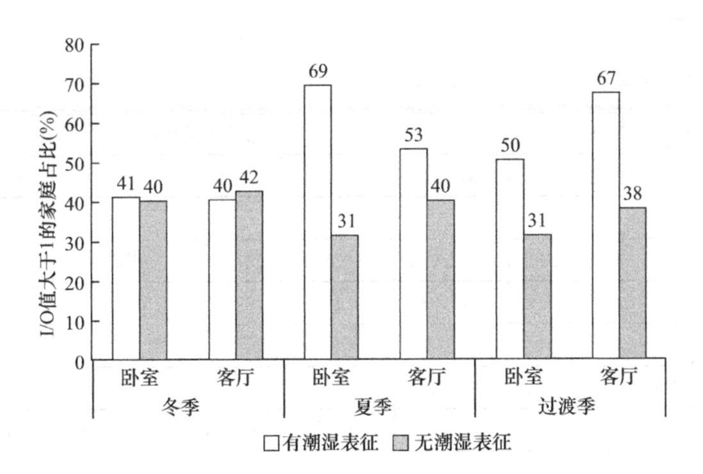

图 6-9　各个季节有无潮湿表征下卧室和客厅 I/O 值大于 1 的家庭占比

有无潮湿表征下的室内外空气霉菌浓度 I/O 值均值　表 6-9

测试季节	室内外霉菌 I/O 值			
	未出现潮湿表征的家庭		出现潮湿表征的家庭	
	卧室	客厅	卧室	客厅
冬季	0.94	1.10	1.09	1.13
夏季	0.97	1.09	1.41	1.35
过渡季	1.02	0.96	0.95	1.29

6.4 不同季节空气霉菌暴露浓度与儿童过敏性疾病的关联

根据病例-对照的研究方法，近12个月存在过敏性鼻炎、鼻炎和喘息三种过敏性疾病和症状中的一种及以上的儿童被定义为病例组，反之，近12个月不存在上述三种过敏性疾病和症状中任意一种的儿童被定义为对照组。本节基于室内空气霉菌各级水平的动态暴露与儿童过敏性鼻炎等关联展开全面分析。

目前国内外标准中对住宅室内的霉菌浓度建议限值并未明确，同时考虑到本研究的样本量相对较少，故本处在比较不同霉菌暴露水平下儿童过敏性疾病的患病率时，以中位数作为临界值，将不同季节下入室检测时现场采集的室内霉菌水平连续型变量划分为二分类变量（<中位数和≥中位数）。表6-10～表6-12分别为夏季、过渡季和冬季不同健康条件下儿童卧室室内空气霉菌浓度差异比较情况。研究发现，病例组儿童、存在过敏性鼻炎、鼻炎或喘息的儿童卧室在夏季时霉菌总水平和各级水平略低于对照组和儿童近12个月不存在上述过敏性疾病的家庭。夏季，病例组中儿童卧室内第5级霉菌水平显著低于对照组；近12个月存在鼻炎的儿童卧室内霉菌总水平和第5级水平显著低于室内不存在鼻炎的家庭。与近2个月不存在过敏性疾病的家庭相比，病例组儿童、存在过敏性鼻炎、鼻炎或喘息的儿童卧室在冬季时霉菌总水平和各级水平略微更高。其中，近12个月存在过敏性鼻炎的儿童卧室内霉菌总水平、第3级水平和第5级水平显著高于室内不存在鼻炎的家庭。

夏季不同疾病条件下儿童卧室室内空气霉菌浓度比较　　表6-10

症状	样本量（%）	几何均值±标准差						
		总体霉菌	第1级	第2级	第3级	第4级	第5级	第6级
（1）过敏相关症状								
对照	11（50.0）	1912±968	100±106	190±93	537±474	845±472	**231±125**	10±11
病例	11（50.0）	1295±918	54±38	150±115	399±306	582±489	**104±62#**	6±12
（2）过敏性鼻炎								
否	19（86.4）	1643±1018	82±86	180±108	464±403	729±512	178±121	8±12
是	3（13.6）	1357±718	42±26	109±53	492±424	613±356	99±24	2±4
（3）鼻炎								
否	16（72.7）	**1859±954**	92±89	193±102	548±427	816±488	**200±118**	10±13
是	6（27.3）	**922±696#**	35±29	109±90	254±187	441±405	**83±52#**	1±3
（4）喘息								
否	18（81.8）	1602±941	77±88	161±95	465±420	712±451	181±117	7±10
是	4（18.2）	1611±1272	76±44	210±150	482±311	721±716	110±104	12±20

注：# $P<0.05$

表6-13～表6-15分别为夏季、过渡季和冬季不同健康条件下客厅内空气霉菌浓度差异比较情况。研究发现，病例组、存在过敏性鼻炎、鼻炎或喘息的儿童客厅内夏季霉菌

过渡季不同疾病条件下儿童卧室室内空气霉菌浓度比较　表 6-11

症状	样本量（%）	几何均值±标准差						
		总体霉菌	第 1 级	第 2 级	第 3 级	第 4 级	第 5 级	第 6 级
（1）过敏相关症状								
对照	11（50.0）	1465±1441	37±25	115±77	283±206	702±734	326±509	2±3
病例	11（50.0）	962±542	45±47	92±77	218±141	426±259	180±221	2±3
（2）过敏性鼻炎								
否	19（86.4）	1213±1180	39±38	97±70	248±177	570±598	257±420	2±3
是	3（13.6）	1215±151	49±38	146±119	266±206	528±141	226±97	0±0
（3）鼻炎								
否	16（72.7）	1300±1227	41±39	103±72	247±186	643±625	265±431	2±3
是	6（27.3）	982±645	41±33	104±95	259±159	355±228	221±286	2±4
（4）喘息								
否	18（81.8）	1276±1183	37±27	109±80	267±190	573±599	287±424	2±3
是	4（18.2）	934±552	58±71	78±57	175±54	523±351	99±83	2±4

冬季不同疾病条件下儿童卧室室内空气霉菌浓度比较　表 6-12

症状	样本量（%）	几何均值±标准差						
		总体霉菌	第 1 级	第 2 级	第 3 级	第 4 级	第 5 级	第 6 级
（1）过敏相关症状								
对照	11（50.0）	439±211	19±22	32±25	85±49	230±112	71±49	1±3
病例	11（50.0）	508±475	13±15	24±33	107±164	208±150	155±162	1±3
（2）过敏性鼻炎								
否	19（86.4）	**413±208**	18±19	26±21	**76±44**	205±103	**88±84**	1±3
是	3（13.6）	**855±850**$^{\#}$	5±4	45±66	**226±319**$^{\#}$	308±258	**269±241**$^{\#}$	2±4
（3）鼻炎								
否	16（72.7）	518±399	17±19	33±32	110±137	239±138	117±133	1±3
是	6（27.3）	356±211	13±18	16±11	58±30	167±97	100±111	1±3
（4）喘息								
否	18（81.8）	466±390	16±20	30±32	101±131	217±141	101±120	2±3
是	4（18.2）	505±217	18±7	21±10	73±29	230±70	164±151	0±0

注：$^{\#}$ $P<0.05$

总水平和各级水平略低于对照组和儿童近 12 个月不存在上述过敏性疾病的家庭。其中，病例组夏季客厅内第 5 级霉菌水平显著低于对照组，近 12 个月存在鼻炎的客厅内第 2 级霉菌水平显著低于室内不存在鼻炎的家庭。过渡季，近 12 个月存在过敏性鼻炎的客厅内第 2 级霉菌水平显著高于室内不存在过敏性鼻炎的家庭。冬季，病例组、存在过敏性鼻炎、鼻炎或喘息的儿童客厅内霉菌总水平和各级水平略高于对照组和儿童近 12 个月不存在上述过敏性疾病的家庭。其中，病例组第 6 级霉菌水平显著高于对照组，近 12 个月存在喘息的客厅第 6 级霉菌水平显著高于室内不存在喘息的家庭。

夏季不同疾病条件下客厅室内空气霉菌浓度差异比较　表 6-13

症状	样本量（%）	几何均值±标准差						
		总体霉菌	第1级	第2级	第3级	第4级	第5级	第6级
（1）过敏相关症状								
对照	11（50.0）	2080±1298	95±52	243±144	636±532	890±567	**209±129**	6±5
病例	11（50.0）	1346±880	88±97	147±136	315±299	695±490	**97±50**#	3±5
（2）过敏性鼻炎								
否	19（86.4）	1780±1200	94±80	207±148	526±467	784±539	164±116	5±5
是	3（13.6）	1289±703	73±62	123±129	158±55	848±541	85±32	2±4
（3）鼻炎								
否	16（72.7）	2001±1153	92±49	**236±142**	582±480	912±519	174±120	5±5
是	6（27.3）	944±737	90±131	**86±94**#	192±184	475±437	98±64	4±6
（4）喘息								
否	18（81.8）	1727±1178	96±82	191±145	461±476	806±536	168±117	4±5
是	4（18.2）	1650±1146	71±44	214±167	539±369	733±556	88±58	5±7

注：# $P<0.05$

过渡季不同疾病条件下客厅室内空气霉菌浓度比较　表 6-14

症状	样本量（%）	几何均值±标准差						
		总体霉菌	第1级	第2级	第3级	第4级	第5级	第6级
（1）过敏相关症状								
对照	11（50.0）	1458±1218	83±148	134±81	361±308	518±463	354±614	8±13
病例	11（50.0）	1272±814	55±41	121±124	302±239	526±378	267±285	1±2
（2）过敏性鼻炎								
否	19（86.4）	1317±1067	67±114	**110±78**	324±270	490±422	322±506	5±10
是	3（13.6）	1666±648	80±39	**238±186**#	382±331	725±332	240±46	0±0
（3）鼻炎								
否	16（72.7）	1361±1096	72±123	118±75	337±290	526±433	303±512	5±11
是	6（27.3）	1375±851	61±45	152±162	317±236	511±391	332±370	1±3
（4）喘息								
否	18（81.8）	1419±1050	75±117	144±106	362±290	520±413	314±502	5±10
是	4（18.2）	1120±934	44±34	53±37	194±78	532±476	297±339	0±0

注：# $P<0.05$

冬季不同疾病条件下客厅室内空气霉菌浓度比较　表 6-15

症状	样本量（%）	几何均值±标准差						
		总体霉菌	第1级	第2级	第3级	第4级	第5级	第6级
（1）过敏相关症状								
对照	11（50.0）	463±314	14±16	40±38	93±83	220±133	95±83	**1±2**
病例	11（50.0）	488±303	15±16	26±21	83±44	247±156	111±135	**5±6**#

续表

症状	样本量(%)	几何均值±标准差						
		总体霉菌	第1级	第2级	第3级	第4级	第5级	第6级
(2) 过敏性鼻炎								
否	19 (86.4)	455±272	15±17	35±32	94±67	218±122	90±95	3±5
是	3 (13.6)	603±506	12±11	24±29	54±40	327±251	186±180	0±0
(3) 鼻炎								
否	16 (72.7)	494±337	14±16	37±35	91±74	228±151	123±118	2±4
是	6 (27.3)	426±187	16±16	22±14	82±38	247±128	51±67	6±5
(4) 喘息								
否	18 (81.8)	454±313	14±15	34±32	84±68	227±145	94±103	**2±3**
是	4 (18.2)	573±251	19±19	30±26	110±52	262±148	143±147	**9±7#**

注：# $P<0.05$

本节以室内霉菌动态暴露为切入点，分析了其与儿童过敏性鼻炎、鼻炎和喘息的关联。总体来看，住宅室内霉菌暴露与儿童过敏性疾病和症状息息相关，尤其以冬季最为明显，病例组合存在过敏性鼻炎、鼻炎和喘息的儿童卧室和客厅室内各级霉菌水平基本均高于对照组儿童和不存在上述过敏性疾病的儿童。同时，高霉菌浓度暴露水平下的儿童过敏性鼻炎、鼻炎和喘息的患病风险也更高，进一步揭示了室内潮湿表征暴露及其诱发的霉菌暴露与儿童过敏性鼻炎等潜在的因果关系。同时，夏季测试中发现的室内霉菌暴露水平（升高）与儿童过敏性疾病（降低）的反向关联似乎表示高水平的室内霉菌暴露是儿童过敏性疾病和症状的“保护因素”，这主要与前述章节讨论提及的居民规避行为有关。大多数研究表明，室内霉菌暴露是儿童哮喘等过敏性疾病和症状的风险因素[13-15]，10μm粒径以上的菌落不容易进入呼吸道鼻腔区域，空气动力学粒径为5～10μm的菌落主要沉积在人体上呼吸道，而粒径<5μm的菌落则可以渗入人体下呼吸道，在肺泡沉积，导致肺炎等过敏性疾病[14,15]。本处得到的夏季反向关联结果可能是因为当家庭成员存在过敏疾病或症状时，居民则改变了一些不良的生活习惯，例如更加注重室内空气品质，加强室内通风换气，故病例组家庭的室内霉菌暴露水平降低，是一种类似宠物规避行为的调节行为。由于室内霉菌水平受室内人员调节行为等因素（气流组织变化）影响较大，故建议在将室内霉菌水平作为室内微生物污染水平和儿童健康风险评价的评判指标时，可取冬季室内霉菌水平作为评价指标，同时结合室内其他相关影响因素（潮湿表征暴露）综合判断。考虑到不同粒径霉菌暴露对人体健康的影响程度，还需要考虑到实际其能进入人体呼吸道的部分，本研究中第1级～第2级霉菌水平类似为人体上呼吸道捕获的粒子，第3级～第6级霉菌水平类似为人体下呼吸道捕获的粒子，一定程度上模拟了粒子在整个呼吸道内的穿透作用和沉着部位，有利于不同霉菌水平对儿童过敏性疾病影响程度进行分析和判断，为后续基于人体健康的室内微生物浓度指标标准的建立提供数据基础。

6.5 总结

通过对典型住宅全年不同季节室内热湿环境及空气霉菌浓度水平追踪测试，住宅室内外霉菌浓度均呈现出季节性变化的规律，夏季室内霉菌污染最严重，过渡季霉菌污染略低于夏季，冬季霉菌污染相比夏季和过渡季有显著的降低，但过渡季卧室和客厅室内外霉菌浓度I/O值的平均值最高，反映了过渡季室内霉菌的散发源更多，是室内霉菌生长的高发季节。此外，冬季和夏季室内（卧室和客厅）与室外霉菌浓度均呈现弱相关性，且夏季比冬季相关性强，而过渡季室内（卧室和客厅）与室外霉菌浓度无相关性。

室内空气温度、室内潮湿表征、建筑住宅特性等与室内霉菌污染情况的关联分析显示室内空气温湿度与室内霉菌生长并无关联。相比夏季室内出现潮湿表征的住宅卧室和客厅室内外霉菌I/O值均值显著大于未出现潮湿表征的住宅，且2010年前的住宅的室内外霉菌I/O值均值均大于2010年后的住宅，楼层越高，室内外霉菌I/O值的平均值越低。

进一步分析室内潮湿表征暴露及其诱发的霉菌暴露与儿童哮喘、鼻炎等过敏性疾病和症状的关联，冬季病例组儿童和最近一年患有过敏性鼻炎、鼻炎和喘息的家庭室内空气霉菌总水平和各级水平普遍高于对照组儿童和最近一年无过敏性鼻炎、鼻炎和喘息的家庭，同时高霉菌浓度暴露水平下的儿童过敏性鼻炎、鼻炎和喘息的患病风险也更高。结果进一步揭示了住宅室内潮湿表征和空气霉菌暴露与儿童过敏的潜在因果关系，需引起重视。

本章参考文献

[1] Threshold Limit Values for Chemical Substances and Physical Agents，Biological Exposure Indices. [C]. American Conference of Governmental Industrial Hygienists，ACGIH，1994.

[2] Wanner H U，Gravesen S. Biological particles in indoor environments：European Collaborative Action. Indoor Air Quality & Its Impact on Man. Report No. 12 [R]. 1993.

[3] 室内空气质量标准（GB/T 18883—2002）. [S]. 国家质量监督检验检疫总局. 2002.

[4] Priyamvada H，Priyanka C，Singh R K，et al. Assessment of PM and bioaerosols at diverse indoor environments in a southern tropical Indian region [J]. Building & Environment，2018，137：215-225.

[5] Soleimani，Zahra，Maleki，et al. Impact of Middle Eastern dust storms on indoor and outdoor composition of bioaerosol [J]. Atmospheric Environment，2016，138：145-143.

[6] Chegini F M，Baghani A N，Hassanvand M S，et al. Indoor and outdoor airborne bacterial and fungal air quality in kindergartens：Seasonal distribution，genera，levels，and factors influencing their concentration [J]. Building and Environment，2020，175：106690.

[7] Frankel M，Beko G，Timm M，et al. Seasonal Variations of Indoor Microbial Exposures and Their Relation to Temperature，Relative Humidity，and Air Exchange Rate [J]. Applied & Environmental Microbiology，2012，78 (23)：8289-97.

[8] Goh I，Obbard J P，Viswanathan S，et al. Airborne bacteria and fungal spores in the indoor environment. A

case study in Singapore [J]. Acta Biotechnologica, 2010, 20 (1): 67-73.

[9] Priyamvada H, Priyanka C, Singh R K, et al. Assessment of PM and bioaerosols at diverse indoor environments in a southern tropical Indian region [J]. Building & Environment, 2018, 137: 215-225.

[10] 中华人民共和国住房和城乡建设部. GB 50176—2016 民用建筑热工设计规范 [S]. 北京：中国建筑工业出版社，2017.

[11] 中国建筑科学研究院. JGJ 134—2010 夏热冬冷地区居住建筑节能设计标准 [S]. 北京：中国建筑工业出版社，2010.

[12] Strachan D P, Sanders C H. Damp housing and childhood asthma; respiratory effects of indoor air temperature and relative humidity. [J]. Journal of Epidemiology & Community Health, 1989, 43 (1): 7-14.

[13] Reboux G, Rocchi S, Laboissiere A, et al. Survey of 1012 moldy dwellings by culture fungal analysis: Threshold proposal for asthmatic patient management [J]. Indoor Air. 2019, 29 (1): 5-16.

[14] Humbal C, Gautam S, Trivedi U. A review on recent progress in observations, and health effects of bioaerosols [J]. Environment International. 2018, 118: 189-193.

[15] Thomas RJ, Webber D, Sellors W, et al. Characterization and deposition of respirable large- and small-particle bioaerosols [J]. Applied and Environmental Microbiology. 2008, 74 (20): 6437-6443.

第7章

室内潮湿暴露的分子生物学机理

过敏性哮喘是环境和基因因素共同作用的结果，其中环境因素，包括温湿度，化学物质等，都是诱发哮喘的危险因素。虽然有学者针对环境温湿度开展了一些研究，比如高湿度暴露对于人体健康影响，或者对于诱发过敏性哮喘和其他呼吸疾病的影响；一些流行件学调研也证实了建筑潮湿和霉菌暴露和气道高反应、过敏性哮喘、鼻炎等发病的相关性，但结果并不显著。此外，甲醛作为一种室内环境污染物，已经有大量流行病学研究表明，甲醛对人体具有多种毒性作用，如神经毒性、免疫毒性和致癌性，可以诱发或者加重过敏性哮喘的发生。而甲醛在室内空气的存在，或者在室内材料中的挥发、扩散等，受室内热湿环境影响显著。虽然现实生活中，人员很容易暴露于高湿和甲醛污染的室内环境中，但是对于高湿度和甲醛耦合是否会加重或者恶化哮喘发病，其诱发发病的分子机理或者病理机制是什么，却仍不明晰。

现有成熟的研究理论借助合适的动物模型，利用动物实验的一些结果来推断人体健康风险的研究方法已经被大多数学者接受认可，可用来揭示机体分子层面的响应机理。因此，本章节主要结合分子生物学研究，通过建立过敏性哮喘小鼠模型，测定肺功能、促炎细胞因子、气道黏液分泌状态及肺组织 TRPV4-p38mapk 通路的激活情况，结合信息通路阻断，评价高相对湿度和/或甲醛暴露对过敏性哮喘的影响，以及高相对湿度和甲醛暴露对 TRPV4-p38mapk 通路的影响，从微观层面揭示室内潮湿暴露和过敏性哮喘相关性的病理学机制，更进一步认识湿度暴露和儿童健康的关系。

7.1 疾病动物模型

开展分子生化研究，首先需要根据目的构建不同的动物模型。一般来讲，实验可分为急性动物实验和慢性动物实验[1]。急性动物实验是指以完整动物或者动物材料为研究对象，在人工控制实验环境条件下，短时间内对动物某些生理活动进行观察和记录，分为在体实验（Experiment in Vivo）和离体实验（Experiment in Vitro）。离体实验能更深入到细胞和分子水平，有助于揭示生命现象中最本质的基本规律，但也存在着实验结果和生理条件下完整的机体功能活动不同的问题，被研究的对象，如器官、组织、细胞等某些成分已经脱离整体，他们所处的环境与真实整体相比发生了很大变化，因此结果可能会存在很大差异。相比，慢性动物实验是指以完整、清醒动物为研究对象，可以在较长时间内反复多次观察和记录某些生理功能的改变，一般实验前需根据研究目的对动物做预处理，随后观察某一器官或者组织在正常情况下功能，但不宜用来分析详细机制。

过敏性哮喘动物模型是分子生物学上研究机体哮喘发病机制的常用模型。现阶段对于哮喘模型的制备常用豚鼠、啮齿类动物等，虽然不同动物之间有一定差异，但整体模型制备方法比较成熟，其模型基本上可以复制和人体哮喘发作相似的临床症状，包括气道高反应性、支气管痉挛、慢性气道性炎症反应、细胞免疫应答等，在病理学研究中表现出特殊的优越性[2]。小鼠作为一种理想物种，其遗传学背景清楚，而且体形较小，可以进行大规模的实验研究，且小鼠的相关试剂和抗体也比较容易获取。因此，多数实验室哮喘动物模型研究制备都采用遗传背景清楚的近交系小鼠，常用品系包括 Balb/c、

C57/B6 等。小鼠哮喘模型的制备一般分为两个阶段：抗原系统致敏和气道局部刺激激发。小鼠经卵清蛋白（OVA）致敏并连续雾化激发后，会表现出与哮喘相似的临床症状，可开展过敏性哮喘的相关指标测定分析。

7.2 哮喘相关表征指标

哮喘是一种极为复杂的气道炎症性疾病，其主要病理学特征表现在三个方面：①气道炎症反应；②气道高反应性；③气道可逆性通气障碍[3]，三者不是相互独立的。气道炎症的启动和延续涉及许多因素，包括炎性细胞、结构细胞以及所产生的细胞因子、炎性介质等，涉及的细胞包括嗜酸性粒细胞、淋巴细胞、中性粒细胞、巨噬细胞和成纤维细胞，通过释放如组胺、白三烯、血小板激活因子等炎性介质以及细胞因子、黏附分子和趋化因子而在气道炎症中发挥作用。

7.2.1 细胞分子水平炎症指标

1. 细胞因子及促炎性因子

哮喘是一种免疫异常导致的变态反应性疾病，免疫功能紊乱在哮喘发病中起十分重要的作用。研究已发现数十余种细胞因子（Cytokines）参与了哮喘的早期调节，包括：①炎症前细胞因子，如肿瘤坏死因子 TNF-α、IL-1β、IL-6、IL-18 等，作用于炎症发生的较早阶段，具有较广泛的生物活性，其中 IL-12、IL-18、IL-23 等则可以促进 Th0 细胞向 Th1 细胞分化；②淋巴因子（Lymphokines）包括 IL-4、IL-5、IL-6、IL-13、干扰素和粒细胞巨噬细胞集落刺激因子（GM-CSF）等，这些细胞因子参与了 IgE 合成和嗜酸性粒细胞等炎性细胞分化、增殖等；③趋化因子（Chemokines），包括 α、β、γ 趋化因子家族的数十种趋化因子，参与了炎性细胞在气道内的趋化、聚集和激活等。其他的还包括黏附分子、生长因子等，都参与了哮喘病发的免疫应答。

Th1 和 Th2 细胞亚群平衡失调（Th1/Th2）、Th2 细胞活化亢进是哮喘病的主要发病机制。通常情况下，非变态反应个体的 Th0 细胞在抗原刺激下可分化为 Th1 细胞，反应个体则分化为 Th2 细胞。Th1 细胞主要介导迟发性过敏反应，可以分泌 IL-2、IL-1β、TNF-α、IFN-γ 等细胞因子，是Ⅰ型变态反应个体和细胞免疫中重要效应细胞。而活化的 Th2 细胞主要分泌 IL-4、IL-5、IL-10、IL-13 和 GM-CSF 等细胞因子，可以激活 B 淋巴细胞，从而促使合成特异性免疫球蛋白 IgE，诱导气道变应性炎症。

2. 炎症细胞

大量研究已经证实，多种炎症细胞参与哮喘患者的气道炎症调节。正常人的气道组织中仅有少许散布的淋巴细胞、中性粒细胞、巨噬细胞、肥大细胞和嗜酸性粒细胞，担负着免疫防御和细胞因子网络调节的功能，而哮喘病人气道组织中，这些细胞数目显著增加且功能异常，尤其是肥大细胞、嗜酸性粒细胞、淋巴细胞等明显增加，成为哮喘病启动内炎性细胞浸润的主要细胞种类。

嗜酸性粒细胞在哮喘发病早期即可大量出现在气道内，是参与哮喘病气道炎症调节的诸多炎性细胞中关键效应细胞，以嗜酸性粒细胞增多为主的气道变应性炎症是哮喘特征性的病理学改变：轻度和重度哮喘患者的气道壁均有特征性的大量嗜酸性粒细胞浸润，释放炎症介质如主要基质蛋白、嗜酸粒细胞阳离子蛋白、嗜酸性粒细胞过氧化物酶等，直接造成内皮细胞和胞外基质的损伤，引起大量 Th2 细胞和嗜酸性粒细胞在气道周围的聚集，同时嗜酸粒细胞还可释放 IL-3、IL-5、IL-6、GM-CSF 等细胞因子和组胺、白三烯、血小板激活因子等炎性介质，在 IL-5、GM-CSF 等细胞因子作用下可使嗜酸性粒细胞凋亡大大延迟。

淋巴细胞是一组不同种类、在哮喘发病过程中有着不同功能的细胞群。其中，T 淋巴细胞是机体免疫最重要的免疫细胞，其增值水平和 NK 细胞的活性、数量等是反映机体细胞免疫功能的重要指标。辅助性 T 淋巴细胞根据表面标志和功能分为 Th1 和 Th2 细胞两类亚型，T 细胞的不同方向的分化决定哮喘疾病是否发生：哮喘患者体内的 T 辅助性细胞在变应原的刺激下更易分化为 Th2 细胞，导致 Th1 细胞功能下降，Th2 细胞功能异常增高。在哮喘病的病理过程中 T、B 淋巴细胞相互作用，T 淋巴细胞可控制 B 淋巴细胞的功能状态，而 B 淋巴细胞可通过抗原呈递作用激活 T 淋巴细胞。

7.2.2　气道高反应指标

哮喘引发的典型表征症状不仅包括细胞和分子水平上的病变，还会引起组织学特征改变，包括引起气道炎症、呼吸阻力和支气管肥大等症状，统称为气道重塑。在显微镜下观察，可以看到气道壁增厚，黏膜层产生褶皱，上皮细胞脱落损伤，大量嗜酸性粒细胞浸润，杯状细胞增生等炎性症状。气道重塑是引起哮喘典型气道高反应性和哮喘慢性化的一个重要原因，是过敏性哮喘患者气道结构变化的最终结果。

气道高反应性是指气道对于正常不引起或仅引起轻度应激反应的非抗原性刺激出现过度的气道收缩反应。正常人无气道重塑时对一些特殊物理化学刺激并不会发生强烈支气管收缩现象，而高敏感的哮喘患者则会对刺激物产生过高、过强反应，造成气道紧窄收缩异常，呼吸阻力增加，产生咳嗽、气喘、胸闷等呼吸道临床症状。因此气道高反应性是气道发生炎症的最直观的表现，也是哮喘的主要表征特征之一，主要通过测定气道阻力变化来体现，包括吸气气道阻力（Inspiratory resistant，Ri）、呼气气道阻力（Respiratory resistant，Re）、气道顺应性（Cldyn），对哮喘的诊断、评估、治疗等具有重要的意义。

7.2.3　肺组织病理学指标

肺组织病理学改变是哮喘发病的直观外在表现，可以通过肺组织病理学切片直观观察。

（1）嗜酸性粒细胞增生：哮喘发生时多种细胞因子、趋化因子会诱使更多炎性细胞聚集到肺和支气管，导致支气管管壁的细胞结构及免疫活性发生改变，其中气道内的嗜酸性粒细胞浸润和活化增多是最重要的病理生理学特征。

（2）气道重塑和气道堵塞：在轻度哮喘或者哮喘缓解时期，主要以小气道阻塞性改变为主，而重度哮喘患者气道的各级支气管壁增厚，管腔狭窄，褶皱增多，同时气道阻力增加，表现出严重的气道重塑现象。

(3) 气道内壁杯状细胞增生：气道上皮杯状细胞分化和分泌调控是慢性气道炎症重要的病理学改变。哮喘引起的气道壁结构改变会引起细胞外基质沉积，上皮细胞脱落，黏膜下层的杯状细胞肥大增生，可作为判断哮喘严重程度的有效依据。

7.2.4　介导哮喘神经炎症 TRP 通道蛋白

近来一些学者研究提出，存在于哺乳动物体内的瞬时受体电位离子通道在湿度感知中有着显著作用[4,5]。一些对于人体皮肤湿度感受机制的研究结果显示，人体的湿度感知是温度感知和机械压力感知综合作用结果，而 TRPV4 是一个典型的温度和压力感知传感器[6]。TRPV4 作为瞬时受体电位离子通道家族的一员，可以调节细胞内外钙离子的流量。在呼吸系统中，TRPV4 在气管和肺的上皮细胞中高度表达，在过敏性哮喘的发展中起关键作用[7]。在支气管的纤毛中，TRPV4 对纤毛的运动（纤毛调节黏液的传递）[8]非常重要。TRPV4 可调节过敏性哮喘模型小鼠气道壁厚度、杯状细胞的募集、胶原合成、纤维化重塑、转化生长因子 β（TGF-β）的表达等。

TRPV4 离子通道通过开放诱导钙内流调节不同的分子途径，其中就包括 p38 丝裂原活化蛋白激酶（p38 MAPK）。TRPV4 的激活可上调 p38 MAPK 信号通路，导致海马体细胞凋亡[9]，表明 TRPV4 与 p38mapk 之间存在着密切的联系。此外，p38 MAPK 信号的激活在臭氧和邻苯二甲酸二异癸酯诱导的过敏性哮喘加重中起关键作用，抑制 p38 MAPK 信号可显著减轻过敏原诱导的气道炎症[10-12]。因此，暴露在高相对湿度和/或甲醛环境中则可能会加重过敏性哮喘，而其中 TRPV4 通道的激活可能在这一过程中发挥作用。

7.3　哮喘动物模型建立

7.3.1　模拟湿度和甲醛暴露实验设计

综合上述分析，本章节主要介绍通过过敏性哮喘小鼠模型，采用卵清蛋白（OVA）作为过敏原，通过重复致敏、连续雾化激发反应建立小鼠哮喘炎症。进而对比不同湿度和甲醛浓度暴露，及两者耦合对其诱发或促进哮喘发病的影响。同时，通过采用腹腔注射 TRPA4 拮抗剂 HC-067047 和 p38 MAPK 抑制剂 SB203580，抑制小鼠体内 TR-PA4 通道蛋白表达以及 p38 MAPK 信号的激活，探究 TRPA4 受体和 p38 MAPK 是否介导湿度刺激并加重哮喘反应，以期揭示其介导过敏性哮喘发病和神经炎性信号通路的分子机理。

实验采用雄性 Balb/c 小鼠，5～6 周龄，18g～22g，实验前首先在温湿度恒定（温度 24～26℃，相对湿度 60%±5%，昼夜 12h 交替）、通风良好、无其他过敏原的 SPF 实验动物中心饲养 7 天。实验小鼠在第 1 天、第 7 天和第 14 天通过腹腔注射 OVA 法对小鼠致敏处理，在最后 7 天，小鼠每天暴露于 1%卵清液中 30min，建立过敏性哮喘模型。考虑多数情况下湿度或者甲醛暴露对人体的影响是长期的，很多情况下不是即刻引起疾病或诱发已有疾病，而是存在累积效应。因此实验小鼠按照湿度、甲醛和阻断设置实验组和对照组，采用智能人工气候仓（BD-PRX-150A，温度范围：0～50℃，精度：±1℃，中国南京）进行湿度控制，参考中国9个城市住宅室内湿度环境测试，其中7个城市夏季室内相对湿度在60%～90%之间，因此选择相对湿度60%、75%和90%三个水平，温度为25℃，每天暴露12h。根据模拟职业暴露风险，甲醛对感官刺激未观察到副作用水平的水平为0.67mg/m³，因此采用标准的气相甲醛动态暴露箱将甲醛溶液转化为气态甲醛，小鼠每天暴露于0.5mg/m³甲醛中6h。

此外，每周按小鼠体重10mg/kg通过静脉注射HC-067047对阻断组小鼠进行注射。SB203580阻断组每2天通过静脉注射SB203580，按照小鼠体重给药5mg/kg。小鼠暴露于甲醛和高相对湿度环境后1h内用HC-067047或SB203580处理。第28天处死所有小鼠，收集肺、血清和支气管肺泡灌洗液（BALF）进行生物标志物检测和组织学分析。具体实验方案设计如图7-1。

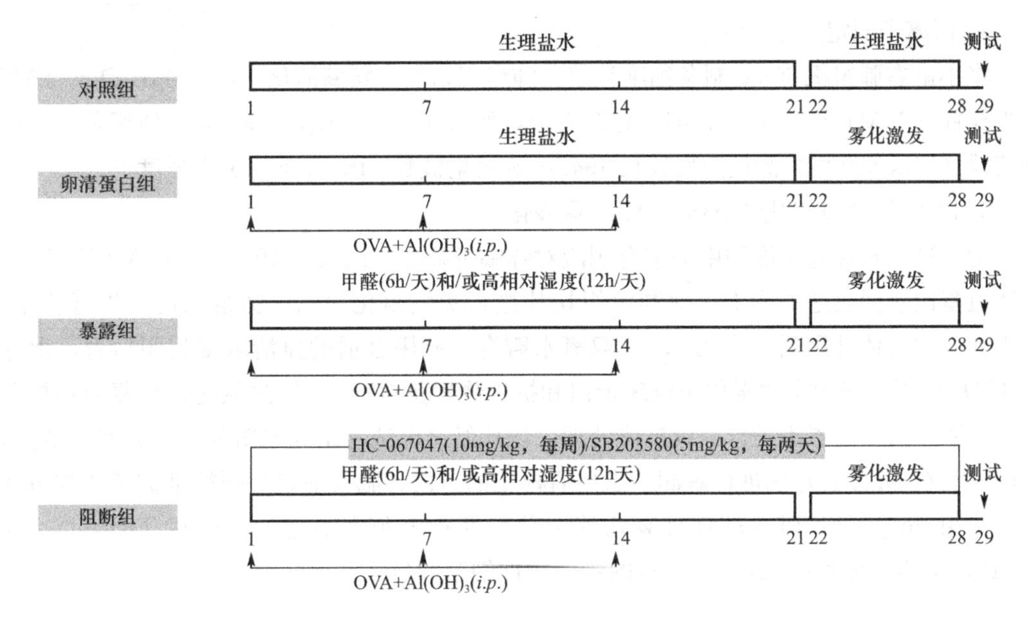

图7-1　致敏和暴露方案

注：OVA——卵清蛋白；HC-067047——TRPA4拮抗剂；SB203580——p38mapk拮抗剂。

7.3.2　生化测试指标

1. 肺功能测定

最后一次OVA无话激发后24h内，将小鼠脱颈处死，进行气道高反应检测，检测指标为肺阻力和肺顺应性。实验称量小鼠体重，按照小鼠体重注射麻醉剂戊巴比妥钠（95～100mg/kg），腹腔注射麻醉小鼠。乙酰甲胆碱给药浓度依次为0.025mg/kg、0.05mg/kg、0.1mg/kg和0.2mg/kg，给药时间间隔5min，电脑软件自动同步记录吸气气道阻力（*Ri*）、呼气气道阻力（*Re*）和气道顺应性（Cldyn）的变化。

2. 肺组织切片染色

肺组织病理切片染色可以直观反映小鼠气道的结构变化，是研究哮喘发病程度的一个重要方法。其中气道重塑和气道堵塞采用苏木精-伊红染色法（HE 染色），染色结果胞浆呈淡红色，而胞核呈蓝黑色。气道内壁面分泌性杯状细胞增生采用高碘酸-无色品红染色（PSA 染色），染色结果阳性物质会呈现桃红色，而其他组织呈淡红色，细胞核呈浅蓝色。气道上皮细胞胶原纤维化采用 Masson Trichrome（MT 染色）三色染色，染色结果中气道周围的胶原纤维会呈蓝色（苯胺蓝染），而肌纤维、细胞质和红细胞则呈红色，细胞核呈蓝褐色。染色后的切片，进行酒精梯度脱水，透明处理，随后盖上盖玻片中性树胶封片，在显微镜（DM 4000B，1∶50[13]）下观察切片，观察各样本气管及肺组织的完整性、炎性细胞浸润情况以及组织水肿情况。

3. 细胞因子测定

采用双抗夹心式酶联免疫吸附法（ELISA 试剂盒[14]），按照试剂盒说明书步骤进行，检测血清中总 IgE 和肺泡灌洗液中 IL-4、IFN-γ，IL-1β，以及 TNF-α 的含量，取每一样本重复三次测试均值作为参考结果。

4. 钙离子测定

将小鼠右肺组织 30mg 制备细胞悬液，肺组织切片，胰酶消化，将 100μL Flow-4AM 荧光探针（2μM）加入 100μL 细胞悬浮液中，然后在 37°C 下培养 60min。使用荧光微板阅读器（FLx 800[15]）测量激发波长 494nm 和发射波长 516nm 下的荧光强度。

5. TRPV4 免疫组化和 p38 MAPK 磷酸化

为了进一步探究湿度和甲醛耦合刺激对哮喘炎症反应以及 TRPV4、p38 MAPK 阻断对通道蛋白基因表达的影响，对肺组织切片进行免疫组化检测。肺组织切片进行脱蜡、复水和一次抗体处理后，采用 0.3%双氧水孵育，并用合适的血清浓度封闭孵育，保存在 4℃环境下。采用生物素化免疫球蛋白和抗生物素蛋白-生物素-过氧化物酶复合物检测抗体，阴性对照设置不进行一级抗体处理。切片经过再洗，用苏木精复染、脱水、清洗，随后安装在 DPX 封片剂进行观测。染色后标记的蛋白和肥大细胞脱颗粒呈棕黄色或黄褐色，采用 Image-Pro Plus 软件计算切片中单位面积下肥大细胞脱颗粒和 TRPA4、p38 MAPK 通道染色为黄色或者棕黄色的蛋白阳性细胞数目。

7.4 甲醛和高湿耦合暴露致哮喘炎症反应机理

7.4.1 加重过敏性哮喘反应

采用 H&E 法对各组小鼠的肺组织切片进行染色，并在显微镜下观察其气道重塑和气道堵塞情况，如图 7-2 所示。由于染色切片为肺组织支气管的横切面，图中空白即为肺支气管，而支气管周围为支气管壁，其组织变化程度则反映了哮喘引起的肺组织病变程度。OVA 组气道壁较盐水组厚，气道周围可见炎性细胞浸润，管腔变得狭窄。与 OVA 组相比，甲醛及不同相对湿度暴露组气道壁结构和炎性细胞浸润均轻度加重，但无显著性差异。甲醛与 90%相对湿度联合暴露组气道壁较 OVA 组粗糙，气管壁增厚，褶皱增多，管腔内出现炎性细胞浸润，气道周围的炎症细胞聚集更加明显。

AHR（Airway hyperresponsiveness，气道高原反应）的变化与组织病理学损伤相似，图 7-2 给出了不同浓度乙酰甲胆碱进行气道激发后检测到的各组小鼠吸气和呼气时气道阻力变化。可以看出，随着乙酰甲胆碱注射剂量的增加，各组小鼠的气道阻力均呈上升趋势。而肺顺应性反映了肺组织的弹性变化，即小鼠气道受乙酰甲胆

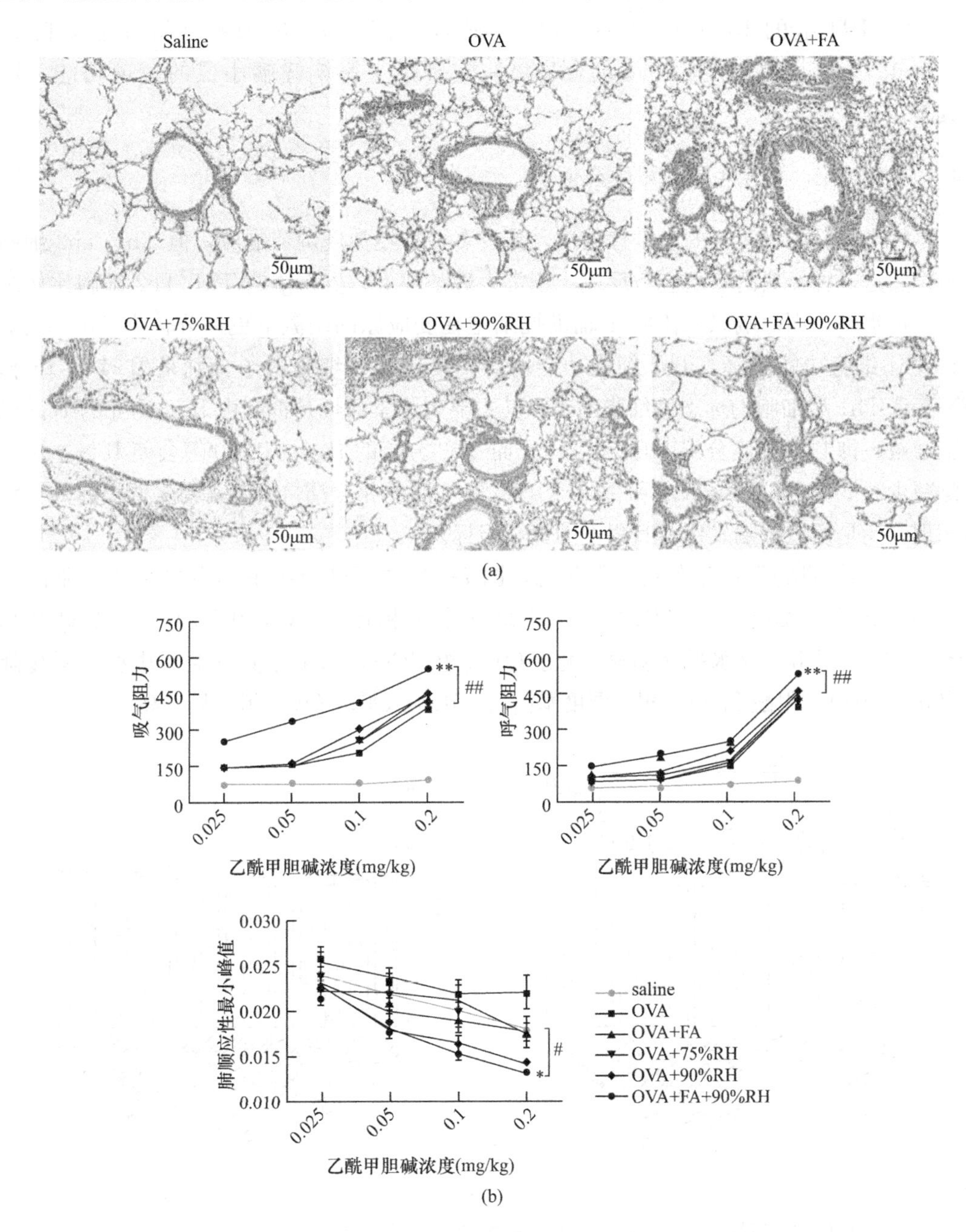

图 7-2　接触甲醛和/或不同相对湿度后的病理损伤和 AHR 变化

(a) 肺组织 H&E 染色（原放大倍数，200 倍）；(b) 不同治疗组的 Ri、Re 和 Cldyn 值

* $p<0.05$，** $p<0.01$，与生理盐水组相比差异显著。# $p<0.05$，## 表示 $p<0.01$，不同暴露组与 OVA 组相比。($n=5$)

注：Saline——生理盐水（对照组）；OVA——血清蛋白；FA——甲醛；RH——相对湿度。

碱刺激后能够恢复原状的能力。对于正常小鼠，气道顺应性在各剂量乙酰甲胆碱刺激下未出现显著反应，而哮喘小鼠由于存在气道重塑、上皮细胞损伤等，因此在同样乙酰甲胆碱刺激下，由于气道阻塞等原因造成气道弹性降低，肺顺应性显著下降。暴露组与生理盐水组比较，呼气阻力显著增加（$p<0.01$），动态肺顺应性显著降低（$p<0.01$）。与 OVA 组相比，甲醛组和不同相对湿度暴露组的吸气阻力（Ri）、呼气阻力（Re）和动态肺顺应性（Cldyn）均无明显加重。与 OVA 组相比，OVA+FA+90%RH 组的 Ri 和 Re（$p<0.01$）显著升高（$p<0.01$），Cldyn 显著降低（$p<0.05$），表明高湿度和甲醛耦合暴露一定程度上影响哮喘小鼠的气道功能，增加其气道阻力。

7.4.2　加剧 Th2 型免疫和 IgE 的产生

尽管哮喘是一种复杂的过敏性疾病，涉及多种神经免疫调节响应，但 Th1/Th2 细胞失衡仍然是一种经典的哮喘应激反应。正常生理条件下，生物体内 Th1/Th2 细胞比例维持在一定水平，而哮喘患者体内 T 辅助性细胞在变应原的刺激下更易分化为 Th2 细胞，导致 Th1 细胞功能下降，Th2 细胞功能增高，其代表性细胞因子分别是 IL-4 和 IF-γ。IFN-γ 是 Th1 型细胞的标志性细胞因子，其主要生物学活性是抑制由 IL-4 诱导的 B 淋巴细胞增殖、抑制 B 细胞分泌 IgG1 和 IgE，而 Th2 分泌的 IL-4、IL-10 等会使 IFN-γ 蛋白分泌减少。Th1 分泌的 IFN-γ 和 Th2 分泌的 IL-4 间的相互拮抗及其平衡失调引起的免疫学病理改变是衡量哮喘发作及其程度的黄金指标。

为了评价 Th1/Th2 型免疫平衡状态，图 7-3 反映了肺组织中典型的 Th1 细胞因子（IFN-γ）和 Th2 细胞因子（IL-4）。与生理盐水组相比，OVA 组 IL-4 水平明显升高（$p<0.01$），但 IFN-γ 水平无明显变化。OVA 组 IFN-γ/IL-4 比值较生理盐水组明显降低（$p<0.01$）。甲醛和 90%相对湿度暴露后，IL-4 水平较 OVA 组明显升高（$p<0.05$）。

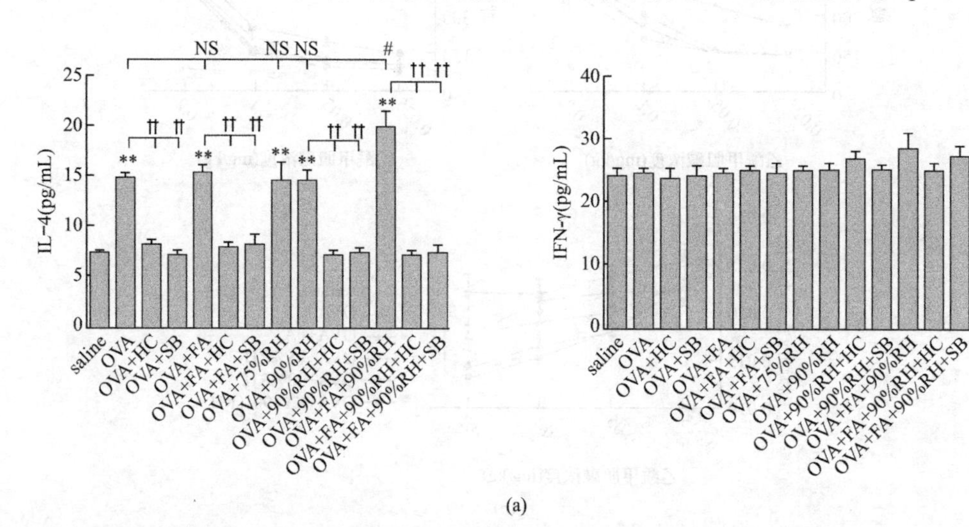

图 7-3　接触甲醛和不同相对湿度对 Th2 免疫反应和 IgE 的影响（一）

(a) 不同治疗组 IL-4、IFN-γ 的浓度及 IFN-γ/IL-4 的比值

* $p<0.05$，** $p<0.01$，与生理盐水组相比差异显著 NS $p>0.05$，# $p<0.05$，## $p<0.01$，不同暴露组与 OVA 组比较。†† $p<0.01$，封闭组与相应的暴露组相比（$n=6$）。

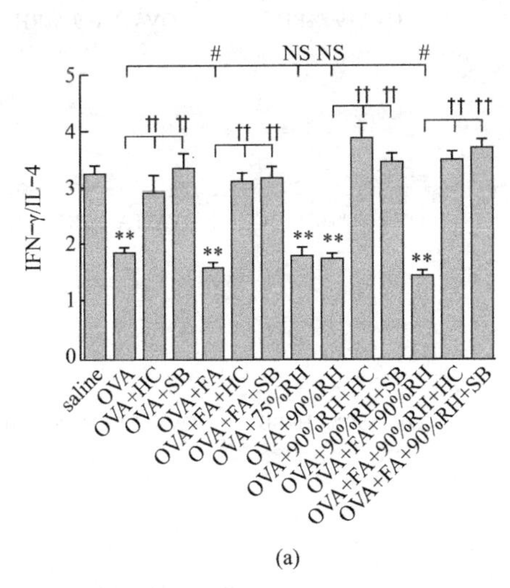

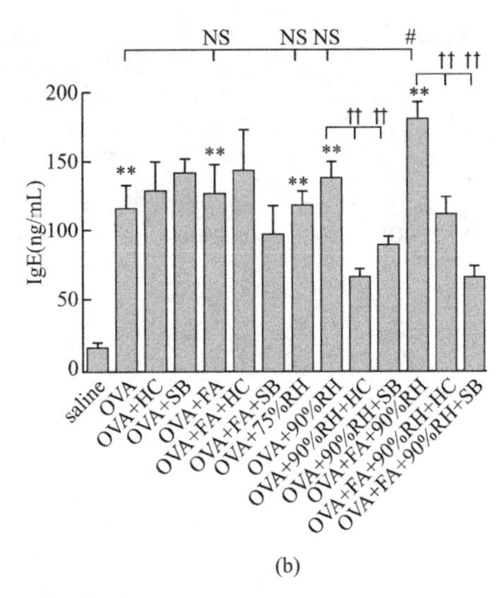

图 7-3　接触甲醛和不同相对湿度对 Th2 免疫反应和 IgE 的影响（二）

(a) 不同治疗组 IL-4、IFN-γ 的浓度及 IFN-γ/IL-4 的比值；(b) 不同治疗组的 IgE 水平

* $p<0.05$，** $p<0.01$，与生理盐水组相比差异显著 NS $p>0.05$，# $p<0.05$，## $p<0.01$，不同暴露组与 OVA 组比较。†† $p<0.01$，封闭组与相应的暴露组相比（$n=6$）。

与 OVA 组相比，IFN-γ 水平略有升高，但 IFN-γ/IL-4 比值明显下降（$p<0.05$）。与相应暴露组相比，TRPV4 或 p38mapk 阻断组 IL-4 水平下降，IFN-γ/IL-4 比值明显升高（$p<0.01$）。进一步分析 IL-1β 和 TNF-α 的水平以评估肺组织的炎症状态，图 7-3 中 OVA 组 IL-1β 和 TNF-α 水平显著升高。与 OVA 组相比，单独接触甲醛或不同相对湿度对 IL-1β 和 TNF-α 水平无显著影响，而 OVA＋FA＋90％RH 组 IL-1β 和 TNF-α 水平较 OVA 组明显升高（$p<0.05$）。经 TRPV4 或 p38mapk 阻断后，各抑制剂组 IL-1β 和 TNF-α 水平均有不同程度的下降。

此外，生物体内 total-IgE 和特异性 IgE 水平增高是特应症和变应性哮喘的共同特征和特征性生物标志物，IgE 水平的高低和特应症的严重程度正相关，因此血清中 IgE 水平的增高往往是反映哮喘患者特应性存在的主要指标。与生理盐水组相比，OVA 组 IgE 水平显著升高（$p<0.01$）。暴露于甲醛或不同的相对湿度似乎不会影响 IgE 水平。与 OVA 组相比，甲醛和 90％相对湿度联合暴露可使 IgE 显著升高（$p<0.05$），而阻断剂 HC-067047 和 SB203580 可使 IgE 升高。

7.4.3　加重哮喘气道黏液高分泌

黏液高分泌是过敏性哮喘的另一个重要指标。通过 PAS 染色和测定 BALF 中 MUC5AC（MUC5AC）水平可以检测黏液高分泌的程度。如图 7-4 所示，与生理盐水组相比，OVA 组 PAS 阳性黏液细胞数量明显增加。与 OVA 组相比，OVA＋FA＋90％RH 组 PAS 阳性黏液细胞数量增加。与生理盐水组相比，OVA 组 MUC5AC 水平显著升高（$p<0.01$）。甲醛和 90％相对湿度共暴露组 MUC5AC 水平较 OVA 组明显升高（$p<0.01$）。经抑制剂处理后，PAS 阳性黏液细胞数和 MUC5AC 水平均较对照组明显减少。

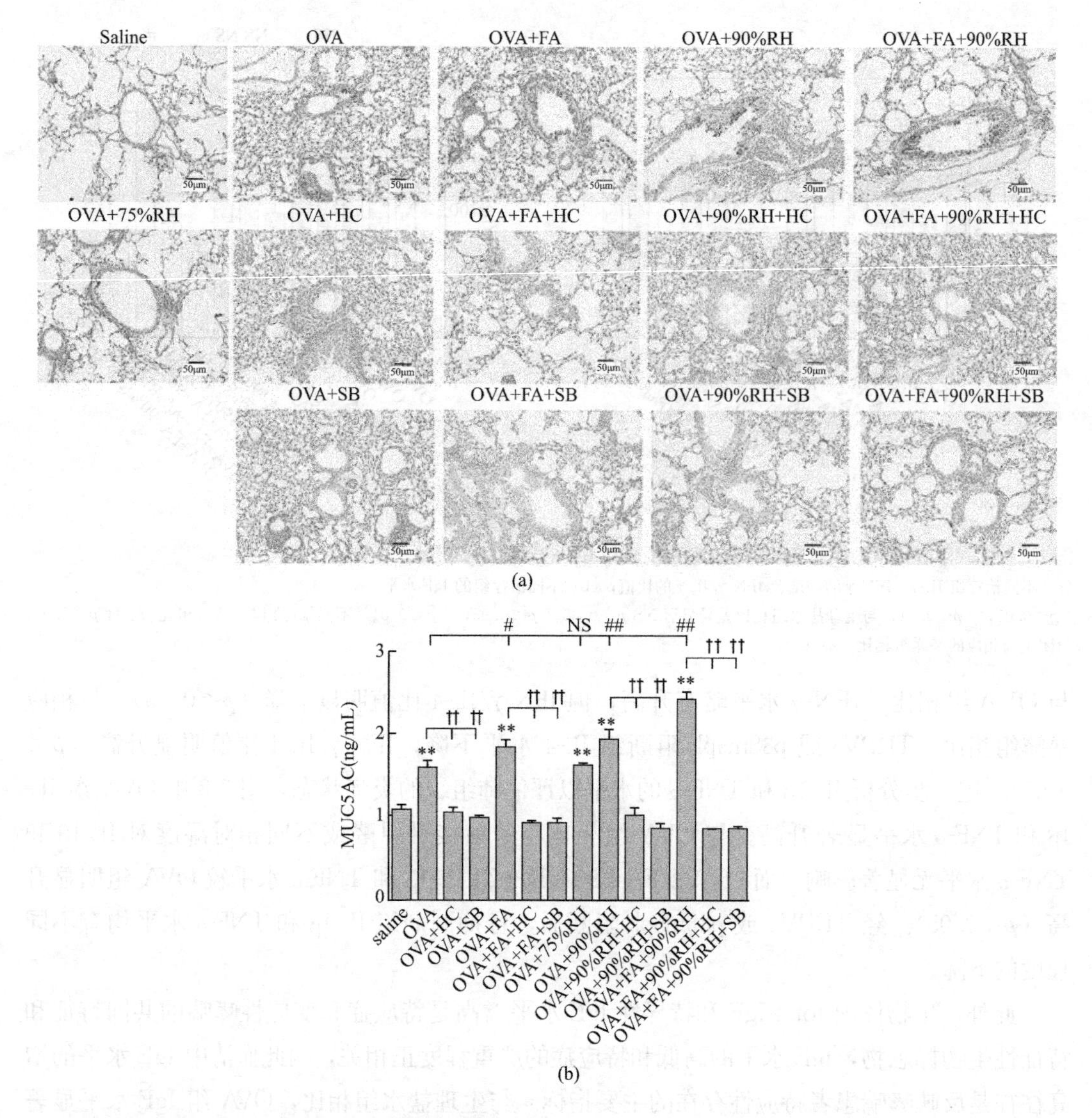

图 7-4 接触甲醛和不同相对湿度对气道黏液高分泌的影响

(a) 肺组织 PAS 染色（图中灰色部分代表 PAS 阳性黏液细胞，原始放大倍数，200 倍）；(b) 不同治疗组的 MUC5AC 水平

** $p<0.01$，与生理盐水组相比差异显著。NS $p>0.05$，# $p<0.05$，# $p<0.01$，不同暴露组与 OVA 组比较。†† $p<0.01$，封闭组与相应的暴露组相比（$n=6$）。

注：NS——没有显著性；Saline——生理盐水；OVA——血清蛋白；FA——甲醛；RH——相对湿度；HC——TRPA4 拮抗剂，HC-067047；SB——p38mapk 拮抗剂，SB203580。

7.5 甲醛和高湿度耦合暴露增强气道 TRPV4 和 p38 MAPK 活化

为了评估 TRPV4 是否参与了甲醛和高相对湿度引起的过敏性哮喘的加重，图 7-5 反映了肺组织中 TRPV4 和钙离子的水平。与生理盐水组相比，OVA 组 TRPV4 的表达显著增加（$p<0.05$）。与 OVA 组相比，甲醛和 90％相对湿度共同暴露组 TRPV4 的表达显著增加（$p<0.01$）。与生理盐水组相比，OVA 组钙离子水平显著升高（$p<0.01$），而 OVA＋FA＋90％RH 组钙离子水平较 OVA 组明显升高（$p<0.05$）。此外，使用特异

性抑制剂 TRPV4 和 HC-067047 后，所有 TRPV4 阻断组的 TRPV4 和钙离子水平均有不同程度的降低。

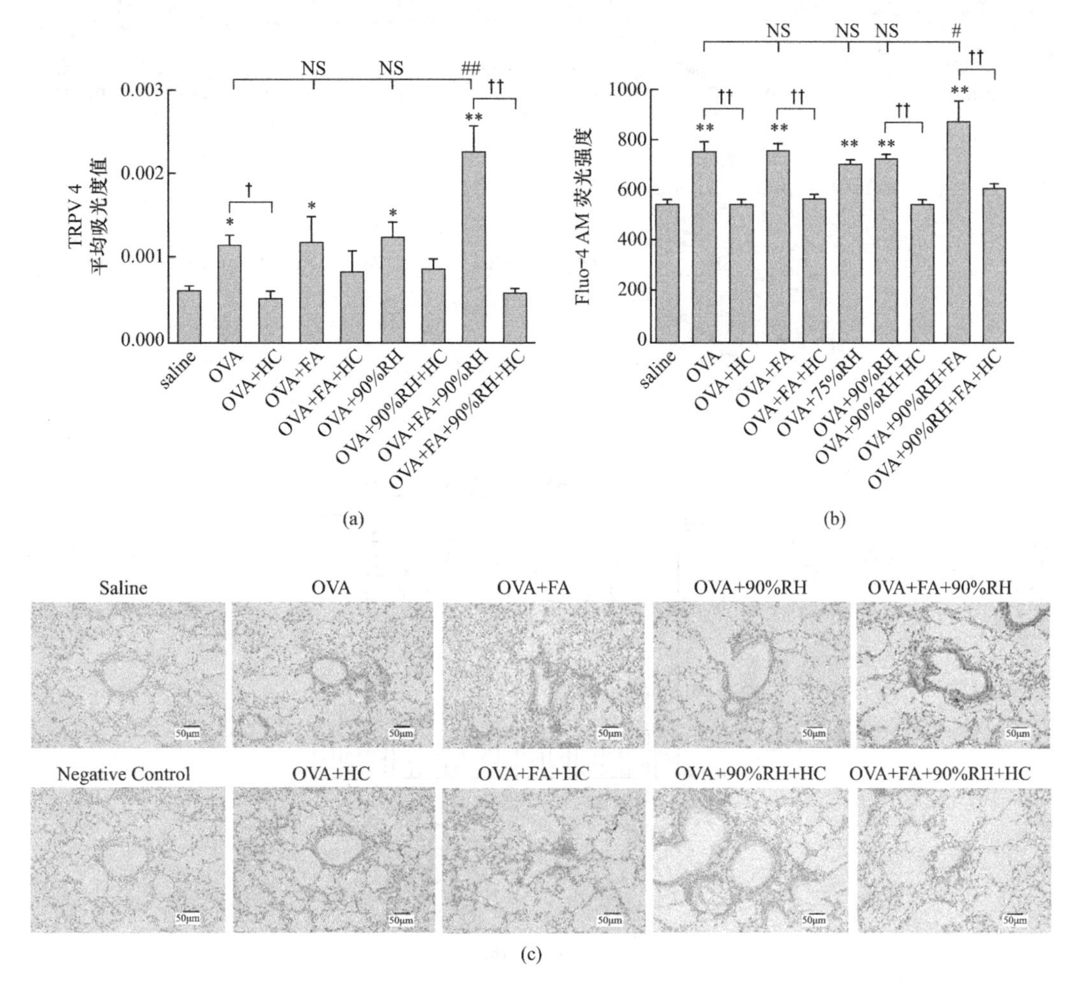

图 7-5　暴露于甲醛和不同相对湿度对肺组织中 TRPV4 离子通道的影响

(a) 肺组织中 TRPV4 的平均光密度；(b) 肺组织中钙离子的水平；(c) 肺组织中 TRPV4 的免疫组织化学（原始放大倍数，200 倍）

* $p<0.05$，** $p<0.01$，与生理盐水组相比差异显著。NS $p>0.05$，# $p<0.05$，# $p<0.01$，不同暴露组与 OVA 组比较。† $p<0.05$，†† $p<0.01$，阻断组与相应暴露组比较（$n=6$）

注：Negative Control——空白对照组；# $p<0.05$，## $p<0.01$

TRPV4 激活诱导的钙离子水平升高可导致一系列信号分子激活。图 7-6 确定了 p38 MAPK 通路的激活状态，该通路在炎症反应和气道重塑中起重要作用[12]。OVA 组 p38 MAPK 磷酸化水平较生理盐水组显著升高（$p<0.05$）。甲醛和 90％相对湿度的联合暴露增强了 p38 MAPK 的活化。在 OVA＋90％相对湿度组，p38MAPK 磷酸化水平显著高于 OVA 组（$p<0.05$）。在 SB203580 封闭组中，p38 MAPK 磷酸化水平明显降低，表明 SB203580 抑制了暴露于甲醛和/或高相对湿度诱导的 p38 MAPK 磷酸化。在用 HC-203580 治疗后，p38 MAPK 磷酸化的水平也降低了，说明 TRPV4-p38 MAPK 通路在过敏性哮喘模型中被激活，并且联合暴露于甲醛和 90％相对湿度可以增强该通路的激活。

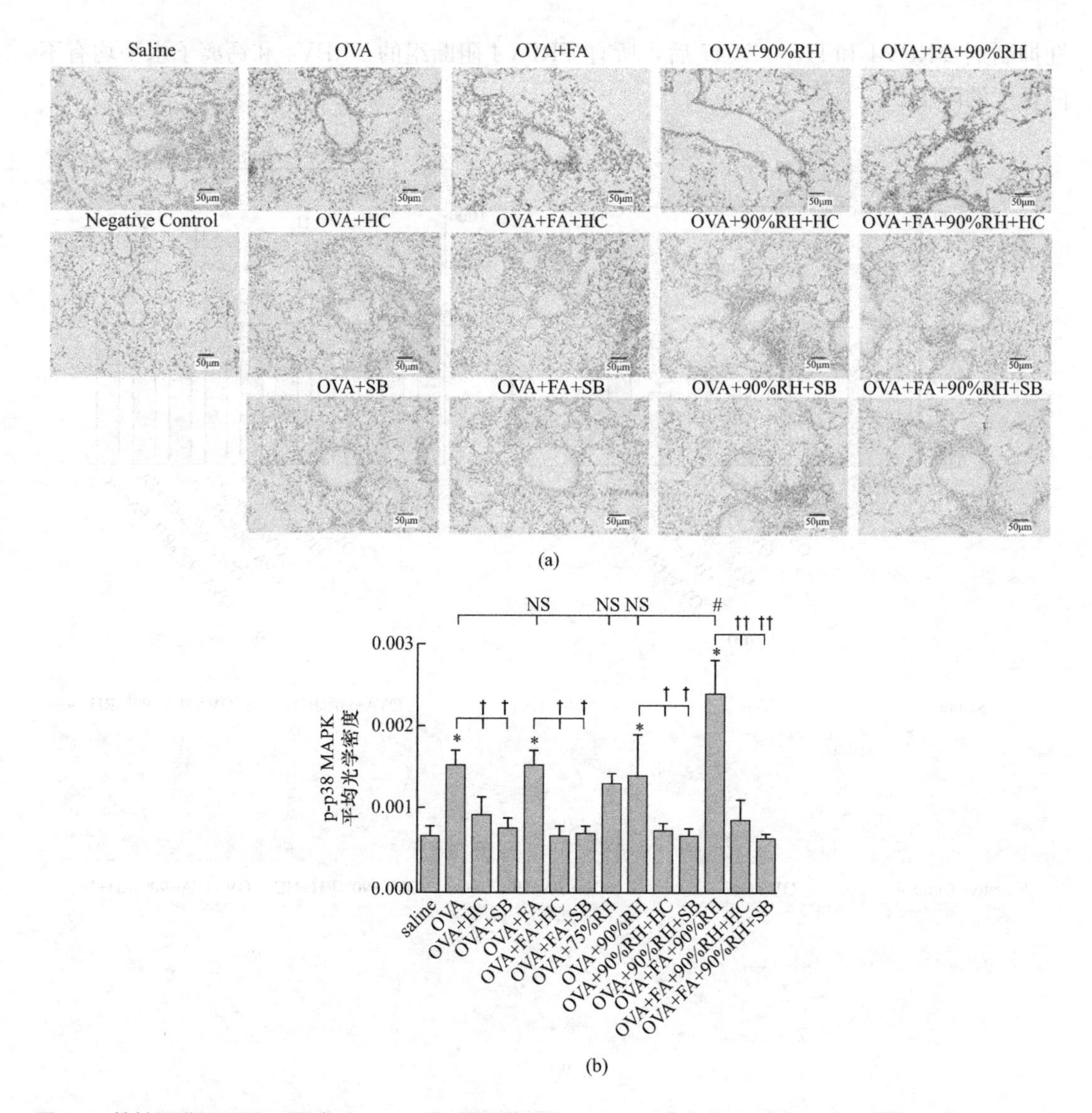

图 7-6 接触甲醛和不同相对湿度对 p38 MAPK 的影响

（a）肺组织中 p38 MAPK 磷酸化的免疫组织化学（原始放大倍数，200 倍）；（b）肺组织中 p38 MAPK 磷酸化的平均光密度

* $p<0.05$，与生理盐水组相比差异显著。NS $p>0.05$，# $p<0.05$，不同暴露组与 OVA 组比较。† $p<0.05$，†† $p<0.01$，阻断组与相应暴露组比较（$n=6$）。

7.6 总结

甲醛一直是建筑室内环境中一种备受关注的环境污染物，许多研究表明甲醛会影响某些疾病的发生或恶化，如过敏性鼻炎、过敏性哮喘、特应性皮炎和阿尔茨海默样改变[16-18]。相对湿度也与一些疾病有关，尤其是呼吸道疾病，但这些研究大多是流行病学或临床调查，研究目的并不在于揭示潜在的致病机制。通过上述实验分析，暴露于 0.5mg/m³ 甲醛或 90％相对湿度可导致过敏性哮喘的轻微加重，但不明显。而 0.5mg/m³ 甲醛和高相对湿度（相对湿度：90％）的联合暴露会导致过敏性哮喘的加重。在 OVA

致敏的情况下，单独暴露于甲醛或不同的相对湿度不会影响气道重塑或炎症细胞浸润，而甲醛和高相对湿度的共同暴露会加重气道壁重塑，增加炎症细胞的浸润，*Ri*、*Re* 和 Cldyn 的结果也表明甲醛和 90%相对湿度的联合暴露会导致 AHR 的严重恶化。相比，阻断结果证实了甲醛和高相对湿度的共同暴露可以加强 TRPV4 离子通道的开放，导致钙离子水平的增加，p38mapk 的激活增强导致气道炎症和黏液高分泌水平的增加。

Th2 细胞介导的免疫应答在过敏性哮喘的发生/发展中起着非常重要的作用。反映 Th1/Th2 免疫反应失衡的 IFN-γ 和 IL-4 水平结果显示，OVA+FA+90%RH 组肺组织 IL-4 水平显著升高，而 IFN-γ 水平仅略有升高，两者比值表明在甲醛和 90%相对湿度条件下，Th2 细胞介导的免疫应答在 Th1/Th2 免疫应答平衡中占优势。这意味着暴露于 0.5mg/m^3 甲醛或 90%相对湿度下，会导致过敏性哮喘轻微加重，但不显著，而暴露在甲醛和 90%相对湿度的环境中会大大加重过敏性哮喘样的病理学。此外，PAS 染色法计数黏液细胞的数量和气道黏液的主要大分子成分 MUC5AC 的水平测试结果显示，暴露于低剂量的甲醛或 90%的相对湿度都会加重气道黏液高分泌，但甲醛和 90%相对湿度共同暴露会加剧这种加重，意味着暴露于甲醛和/或高相对湿度会诱发过敏性哮喘模型小鼠的其他症状。

TRPV4 离子通道的激活可以调节一系列信号分子。为了证实 TRPV4 离子通道是否在甲醛和高相对湿度诱发的过敏性哮喘中起作用，研究测定了 TRPV4 的蛋白质水平和肺中钙离子的水平。结果表明，甲醛和 90%的相对湿度共同暴露会导致 TRPV4 的增加和离子通道的开放。为了确定 TRPV4 在甲醛和高相对湿度诱导的过敏性哮喘加重中的作用，采用 TRPV4 的选择性拮抗剂 HC-067047 注射小鼠[19]。HC-067047 阻断剂组小鼠体内 TRPV4 和钙离子水平显著降低，表明拮抗剂起作用。此外，已有研究表明 p38mapk 与过敏性哮喘的促炎症作用有关，抑制 p38mapk 的激活可有效抑制黏液高分泌[20,21]。这里实验中 OVA 致敏可引起肺 p38mapk 的激活，甲醛和 90%相对湿度共同暴露可使 p38mapk 的激活加重。SB203580 是 p38 MAPK 的特异性抑制剂[22]，采用 SB203580 处理小鼠后，p38mapk 的磷酸化程度降低。同样，HC-067047 治疗可显著减轻过敏性哮喘生物标志物的加重。此外，所有 HC-067047 治疗组的磷酸 p38 MAPK 水平均显著降低。这些结果证实了暴露于甲醛和/或高相对湿度条件下，TRPV4 离子通道开放程度的加重，可导致 p38mapk 活性增强，加重气道炎症和黏液高分泌。

本章参考文献

[1] 朱大年等. 生理学. 8版 [M]. 北京：人民卫生出版社，2013.

[2] KAROL M. H. Animal models of occupational asthma [J]. European Respiratory Journal，1994，7 (3)：555-568.

[3] UMETSU D T，MCINTIRE J J，AKBARI O，et al. Asthma：an epidemic of dysregulated immunity [J]. Nature Immunology，2002，3 (8)：715-720.

[4] LIU L，LI Y，WANG R，et al. Drosophila hygrosensation requires the TRP channels water witch and nanchung [J]. Nature，2007，450 (7167)：294-298.

[5] FILINGERI，D. Humidity sensation，cockroaches，worms，and humans：are common sensory mechanisms for hygrosensation shared across species? [J]. Journal of Neurophysiology，2015，114：763 - 767.

[6] MONTELL C. TRP Channels: It's Not the Heat, It's the Humidity [J]. Current Biology, 2008, 18 (3): R123-R126.

[7] BIRRELL M, BONVINI S J, BAKER K E, et al. The TRPV4 ion channel plays a key role in allergic asthma [J]. European Respiratory Journal 2016, 48: OA1792.

[8] EVERAERTS W, NILIUS B, OWSIANIK G. The vanilloid transient receptor potential channel TRPV4: From structure to disease [J]. Progress in Biophysics & Molecular Biology, 2010, 103 (1): 2-17.

[9] JIE P, HONG Z, TIAN Y, et al. Activation of transient receptor potential vanilloid 4 induces apoptosis in hippocampus through downregulating PI3K/Akt and upregulating p38 MAPK signaling pathways [J]. Cell Death & Disease, 2015, 6 (6): e1775.

[10] BAO A, YANG H, JI J, et al. Involvements of p38 MAPK and oxidative stress in the ozone-induced enhancement of AHR and pulmonary inflammation in an allergic asthma model [J]. Respiratory Research, 2017, 18 (1): 216.

[11] KIM S R, LEE K S, PARK S J, et al. Inhibition of p38 MAPK Reduces Expression of Vascular Endothelial Growth Factor in Allergic Airway Disease [J]. Journal of Clinical Immunology, 2012, 32 (3): 574-586.

[12] QIN W, DENG T, CUI H, et al. Exposure to diisodecyl phthalate exacerbated Th2 and Th17-mediated asthma through aggravating oxidative stress and the activation of p38 MAPK [J]. Food & Chemical Toxicology, 2018, 114: 78-87.

[13] Jiufei Duan, Jun Kang, Wei Qin, Ting Deng, Hong Liu, Baizhan Li, Wei Yu, Siying Gong, Xu Yang, Mingqing Chen. Exposure to formaldehyde and diisononyl phthalate exacerbate neuroinflammation through NF-κB activation in a mouse asthma model. Ecotoxicology and Environmental Safety. 2018. 163

[14] Jiufei Duan, Jing Xie, Ting Deng, Xiaoman Xie, Hong Liu, Baizhan Li, Mingqing Chen. Exposure to both formaldehyde and high relative humidity exacerbates allergic asthma by activating the TRPV4-p38 MAPK pathway in Balb/c mice. Environmental Pollution. 2020. 256 (C)

[15] Jiufei Duan, Jing Xie, Ting Deng, Xiaoman Xie, Hong Liu, Baizhan Li, Mingqing Chen. Exposure to both formaldehyde and high relative humidity exacerbates allergic asthma by activating the TRPV4-p38 MAPK pathway in Balb/c mice. Environmental Pollution. 2020. 256 (C)

[16] HAN R T, BACK S K, LEE J H, et al. Effects of Exposure of Formaldehyde to a Rat Model of Atopic Dermatitis Induced by Neonatal Capsaicin Treatment [J]. Journal of Visualized Experiments: JoVE, 2017, 127: e55987.

[17] LIU X, ZHANG Y, WU R, et al. Acute formaldehyde exposure induced early Alzheimer-like changes in mouse brain [J]. Toxicol Mechanisms and Methods, 2018, 28 (2): 95-104.

[18] DONG, KEON, YON, et al. Indoor Exposure and Sensitization to Formaldehyde among Inner-City Children with Increased Risk of Asthma and Rhinitis [J]. American Journal of Respiratory & Critical Care Medicine, 2019, 200 (3): 388-393.

[19] WU Q F, QIAN C, ZHAO N, et al. Activation of transient receptor potential vanilloid 4 involves in hypoxia/reoxygenation injury in cardiomyocytes [J]. Cell Death & Disease, 2017, 8 (5): e2828.

[20] D WEI, CHAN J, MCKAY K, et al. Inhaled p38α Mitogen-activated Protein Kinase Antisense Oligonucleotide Attenuates Asthma in Mice [J]. American Journal of Respiratory and Critical Care Medicine, 2005, 171 (6): 571-578.

[21] WIJERATHNE C, SEO C S, SONG J W, et al. Isoimperatorin attenuates airway inflammation and mucus hypersecretion in an ovalbumin-induced murine model of asthma [J]. International Immunopharmacology, 2017, 49: 67-76.

[22] WU Z, DAN H, ZHAO S, et al. IL-17A/IL-17RA promotes invasion and activates MMP-2 and MMP-9 expression via p38 MAPK signaling pathway in non-small cell lung cancer [J]. Molecular and Cellular Biochemistry, 2019, 455 (1): 195-206.